LES FLEUVES DE FRANCE

LE RHONE

PAR

LOUIS BARRON

Ouvrage orné de 134 dessins par A. Chapon.

L'art — L'histoire — La vie.

PARIS
LIBRAIRIE RENOUARD
HENRI LAURENS, ÉDITEUR
6, RUE DE TOURNON, 6

LES FLEUVES DE FRANCE

LE RHONE

MÊME LIBRAIRIE

COLLECTION DE VOLUMES GRAND IN-8 ILLUSTRÉS

Les Montagnes de France. *Les Vosges*, texte et dessins de G. Fraipont. 1 vol., avec 160 gravures.
—   —   *Le Jura*, texte et dessins de G. Fraipont. 1 vol. avec 130 gravures.
—   —   *L'Auvergne*, texte et dessins de G. Fraipont, 1 vol., avec 126 gravures.

Scènes et Vestiges du temps passé, *de François Ier à la Révolution*, par Louis Tarsot, chef du bureau au Ministère de l'Instruction publique, et A. Moulins, Inspecteur général de l'Instruction publique. 1 vol., avec 72 gravures.

Histoire des Beaux-Arts, par Paul Rouaix.
—   —   (*Antiquités, Orient*), 1 vol., avec 211 gravures.
—   —   (*Moyen âge, Renaissance*), 1 vol., avec 124 grav.
—   —   (*Art moderne, Art contemporain*), 1 vol., avec 156 gravures.

Les Fleuves de France. *La Seine*, par L. Barron. 1 vol., avec 134 grav.
—   —   *La Loire*, par L. Barron. 1 vol., avec 135 grav.
—   —   *La Garonne*, par L. Barron. 1 vol., avec 151 grav.
—   —   *Le Rhône*, par L. Barron. 1 vol., avec 168 grav.

L'Architecture, par Charles Blanc, de l'Académie française et de l'Académie des Beaux-Arts, 1 vol., avec 187 gravures.

La Peinture, par Charles Blanc. 1 vol., avec 70 gravures.

La Sculpture, par Charles Blanc. 1 vol. avec 100 gravures.

Les Trois Vernet, par Charles Blanc. 1 vol., avec 31 gravures.

Histoire de la Peinture religieuse, par Lecoy de la Marche. 1 vol., avec 71 gravures.

Les Écoles et les Écoliers à travers les âges, par L. Tarsot, chef de bureau au Ministère de l'Instruction publique. 1 vol., avec 86 gravures.

LE RHONE

AU PIED DES ALPES

CHAPITRE PREMIER

LACS ET GLACIERS

Le plus rapide des fleuves de la France, le plus majestueux, le plus grandiose après le Rhin gaulois, ne naît pas dans la patrie : nous allons en visiter et saluer les sources sur une terre libre et amie, dans l'un des sites grandioses de la Suisse.

Prends place, lecteur, dans le train qui nous emporte vers Genève ; la grande cité helvétique sera notre première étape, et puisse ce voyage, nouveau pour nous, l'être aussi pour toi : tu partageras alors nos émotions dans toute leur fraîcheur et leur vivacité. Vois-tu, sur le chemin dévoré par la vapeur, chaque chose entrevue nous intéresse, nous charme ou nous saisit. Les profondes vallées du Jura, où nous courons avec la torrentueuse Valserine, nous chantent, de leurs mille échos éveillés par le fracas des wagons, le prélude des harmonies prochaines ; des monts abrupts, trapus, noirs, arrondis, abaissant leurs pentes stratifiées au bord des gorges semées de roches énormes, nous annoncent les Alpes et leurs avalanches ; des plaques de neige en des crevasses ignorées du soleil nous préparent aux glaciers et l'ombre impénétrable des forêts de sapins, — orgues immenses vibrant à notre contact, — nous semble border la route ténébreuse de la Nuit Éternelle, aux portes de laquelle, et non loin des colonnes du Soleil, les anciens, ces poètes si naturellement imaginatifs, plaçaient le berceau du Rhône impétueux

Bellegarde !... Le voici, le fleuve ; sous nos pieds il coule, encore enfant, large à peine de quinze à dix mètres, ruisseau grisâtre, trouble, mais violent, serré de près par les murailles de deux puissants sommets, le Grand Crédo et le mont Vouache, dont naguère les plus basses ramifications, dressées béantes devant lui, l'avalaient au passage, l'ensevelissaient dans une caverne de plusieurs centaines de mètres de longueur, d'où il sortait, ressuscitait en cascade sonore et brillante. Il y a quelques années, pas un touriste n'eût manqué de s'arrêter où nous sommes, pour assister à ce phénomène, célèbre et très célébré sous le nom de *Perte du Rhône*. L'étrange escamotage d'un fleuve par une roche, sa réapparition superbe, et, un peu plus loin, le curieux défilé de la Valserine, à son confluent, s'encadraient alors dans les lignes tourmentées, heurtées d'un paysage agreste, presque désert, sauvage, aimé des peintres. Il n'en est plus ainsi ; on ne trouve plus à Bellegarde le spectacle qui ravissait les artistes. Nos ingénieurs ont surpris et détruit le mystère du Rhône, la dynamite a découvert l'obscure galerie, un tunnel perfore ses rochers calcaires, et le fleuve livrant, avant sa chute, sa force motrice aux machines qui la transmettent aux fabriques élevées de Bellegarde, ne tombe plus avec majesté. Là, comme en des milliers d'endroits, l'industrie tue le pittoresque ; ce n'est pas du moins sans dédommagement positif. Un humble village devient une cité productive, où les cultivateurs de la Bresse, du Bugey, du Beaujolais s'approvisionnent des phosphates fossiles, tirés par milliers de tonnes du grès vert des rivages rhodaniens, et broyés par les meules infatigables que le courant fait tourner.

Le plateau de Bellegarde disparaît à nos yeux, mais la gorge s'approfondit encore, les deux colosses du Jura et de la Savoie se rapprochent, comme pour s'étreindre ; le Rhône franchit, entre eux, le col que défendrait le redoutable fort de l'Écluse ; il passe sous le pont de Collonge, s'échappe dans une vallée soudainement élargie, et se montre enfin, dans sa plus séduisante parure, limpide et bleu, d'un bleu intense, comme le ciel aux jours torrides de l'été. Il vient de se purifier dans les eaux du Léman, nous sommes à Genève.

Il ne faut pas s'écarter beaucoup de la gare pour s'éprendre amoureusement des beautés de la grande ville suisse, ou, pour mieux dire, cosmopolite, et bien qu'elle soit d'une coquetterie raffinée, elle ne fait point de façons pour révéler ses attraits. La spacieuse rue du Mont-Blanc, ouverte devant vous, mène tout droit aux bords de son lac enchanté,

. . . . de la mer
Dont l'écume à la main ne laisse rien d'amer.

où se réfléchissent, avec une admirable netteté, les ombrages du Jardin public, des allées de beaux arbres taillés en berceau, puis les villas, les chalets, étagés sur les coteaux des rives. Au loin, les montagnes enchâssent le parfait miroir dans leurs énormes statures aux crêtes neigeuses : d'un côté se dressent les Alpes sublimes, le Salève, les monts du Reposoir, le Brozon, les Aiguilles, les Voirons, et, par-dessus ces géants inégaux, le formidable mont Blanc ; de l'autre s'enchaînent les sombres hauteurs du Jura. Ces masses lointaines ne pèsent pas sur l'immense horizon, où leurs contours s'estompent mollement par grandes lignes adoucies, où elles se peignent en couleurs tendres, tour à tour bleuâtres ou violettes, et semblent, elles si farouches, de si gracieuses majestés. Aussi l'ample paysage vous séduit-il par un je ne sais quoi d'indécis et de changeant. Vaporeux le matin, d'une placidité sereine au milieu du jour, rose de flamme à l'heure du crépuscule, et la nuit, incomparable encore de transparence, illuminé de lueurs célestes et terrestres, du scintillement reflété des étoiles et des astres glacés des cimes, il exerce, par la variété, la mobilité de ses aspects, l'incessant prestige dont on ne se lasse point. Genève vivifie ce tableau, digne de l'adoration que lui vouent les poètes, les femmes et les rêveurs du monde entier.

Le Léman et le Rhône partagent la ville en deux : la Cité, sur la rive gauche, au pied de l'amphithéâtre gravi par les vieilles rues calvinistes, met de modernes voies élégantes et commerçantes, de vastes édifices, des promenades, de somptueuses demeures ; Saint-Gervais, sur la rive droite, est resté le faubourg populeux des artisans, et ses carrefours, ses maisons vieillottes, ses pauvres hôtelleries, ses cabarets à tonnelles vous rappellent le mot de Jean-Jacques, fils de Rousseau, citoyen de Genève, humilié, lui, « chétif apprenti », de n'être plus « qu'un enfant de Saint-Gervais », traité dédaigneusement par son cousin Bernard, « un garçon du haut ». Toutefois il n'existe plus d'inégalité entre les deux moitiés de la ville ; elles ne sont plus assombries, isolées par les remparts, les portes fortifiées dont s'entourait la Rome protestante, toujours sur le qui-vive pour la défense de son culte et de ses libertés. Cinq ou six ponts ou passerelles joignent l'une à l'autre ; on les domine du parapet du plus beau d'entre eux, le pont du Mont-Blanc, qui prolonge la rue du même nom et que suit la rue du Rhône. Et voyez :

A votre droite, s'élève la haute et noire rangée des Bergues, quais de Saint-Gervais où grouillent, en la matinée, les villageois et les chalands d'un marché en plein air abrité par d'énormes parapluies ; ensuite un îlot pique sa pointe vers le lac, et porte la statue en bronze du penseur de l'*Émile*, du poète des *Confessions*, revêtu, par son compatriote James Pradier, de la robe des antiques philosophes, et plus semblable à quelque disciple de Platon ou d'Épictète qu'au novateur inspiré du siècle de Voltaire. Au delà, sur une île encore, se profilent les bâtiments du Château-d'Eau, dont les machines abreuvent et assainissent la ville ; ils sont très simples, mais le soir des clartés électriques leur prêtent une apparence de splendeur tout à fait extraordinaire aux regards ingénus d'un étranger. Le Rhône roule ses eaux bleues derrière cette féerie nocturne.

A l'extrémité du pont, sur une large place, un groupe de facture un peu lourde, mais non sans noblesse, consacre la réunion de Genève à la Confédération helvétique ; d'opulentes créatures les personnifient toutes les deux, et la seconde, posant une main sur l'épaule de la première, tient de l'autre un glaive, dont elle la protégerait au besoin. Ce monument, symbole de l'alliance fraternelle de peuples ligués seulement pour défendre leur indépendance, est modeste, mais nous le comparons aux colonnes, aux trophées, aux arcs de triomphe célébrant les victoires et conquêtes des pays monarchiques, et il nous touche le cœur d'une autre émotion. Ne s'exhale-t-il pas de ces statues si calmes, si fières, si dignes, le souffle de la véritable liberté, mille fois préférable à la gloire homicide dont s'enorgueillissent les princes et leurs sujets ? Tout Genève fait naître de ces réflexions enthousiastes. A quelques pas des grandes nations centralisées, des gouvernements autoritaires, des administrations tracassières, onéreuses et peu serviables, des polices compliquées et douteuses, des armées permanentes, des factions politiques, on y respire l'atmosphère infiniment agréable et salubre

GENÈVE

d'un monde différent, exempt de nos traditions et de nos préjugés, délivré de nos servitudes et de nos craintes, où personne ne subit le joug de personne. C'est une joie indicible d'aller partout, sans apercevoir nulle part la morgue d'un fonctionnaire, la livrée d'un gardien ou le sabre d'un soldat. C'est une joie plus vive encore de songer que l'on peut user sans limite de toutes ses facultés, s'assembler et s'associer à l'infini, se concerter, écrire ou discourir sur n'importe quel sujet, enseigner une nouvelle science ou prêcher un nouveau culte, chanter ou danser, *coram populo*, acheter ou vendre tout ce que l'on veut. Et notez le miracle. De l'usage habituel de tant de libertés, ailleurs restreintes ou proscrites, rien ne résulte que d'excellent pour la communauté : les journaux respectent sa constitution ; la littérature et le théâtre ses mœurs ; les orateurs son bon sens ; et pas une association ne songe à l'asservir. Chacun y choisit ses idées dans le pêle-mêle des théories courantes, et se dirige comme il l'entend. Heureux État ! république hospitalière ! tes citoyens te doivent sans doute l'aménité, l'obligeance et la franchise dont nous aurons souvent à nous louer. Pourtant, sous ces manières accortes, ces dehors plaisants, se cache, on l'assure, plus d'un grave défaut social. M. Cherbuliez dénonce la fausse austérité, l'orgueil intraitable et la dureté de cœur des classes riches ; Töppfer dépeint sous les traits ridicules de MM. Jabot, Crépin ou Jolibois la sottise et la vanité des bourgeois ; tous les deux stigmatisent l'égoïsme et le penchant à la médisance d'un peuple que des religions opposées divisent en coteries ennemies. Hélas ! il se ressent des longues dissimulations et des mœurs cafardes imposées jadis par l'effrayante tyrannie de Calvin et des « magnifiques seigneurs » qui succédèrent au prédicant. Mais ce sont là de légères taches à la robe flottante de l'auguste liberté !

Des rues escarpées aux pavés aigus, des ruelles sans pavés munies de rampes en fer, de longs passages traversant de vastes immeubles, de bizarres carrefours, de grands logis sombres que surmontent des toits écrasants, c'est le vieux Genève où nous grimpons, du Mollard au Bourg du Four, furetant à notre habitude, cherchant des traces d'histoire et des œuvres d'art. Vaine enquête ici. Les maisons graves sont muettes sur leur passé ; presque toutes avouent la répulsion certaine du protestantisme pour les superfluités ou, si l'on veut, les grâces du luxe ; elles repoussent le décor. Seuls, quelques hôtels, antérieurs à la Réforme, offrent des traits, des figures de caractère. A peu près au centre du dédale où nous essayons de nous perdre, la cathédrale Saint-Pierre élève un lourd vaisseau gothique, dénué de style, mais plein d'héroïques souvenirs.

Ne fut-elle pas, aux jours de lutte ardente du xvi° siècle, le rendez-vous de tous ceux que les doctrines du libre examen transportaient de ferveur, le refuge et l'espérance d'illustres croyants bannis de leur pays pour l'ardeur et la fermeté de leurs principes, la tribune d'où ils se faisaient entendre à leurs coreligionnaires du monde entier, en butte aux persécutions, et le temple où le peuple, aux heures de danger suprême, venait exalter son courage? Là on chanta les psaumes de Marot, devant ce poète exilé, là prêchèrent Calvin et Duplessis-Mornay, et Théodore de Bèse y édifia le glorieux auteur des *Tragiques*. Agrippa d'Aubigné repose dans le sanctuaire, non loin du fameux duc Henri de Rohan. Leurs statues agenouillées sur des mausolées de marbre, et les stalles du chœur, sculptées dans le goût allemand, méritent un regard des artistes.

Au sommet de la ville haute — *du haut* — un pan d'ancienne muraille, flanquée d'un bastion massif, protège contre les vents du nord et de l'est, la *bise* et le *séchard*, la charmante esplanade ombragée si connue sous le nom de *la Treille*. Échauffé par les rayons du midi, que rafraîchissent les glaciers, c'est un endroit délicieux pour les enfants, les vieillards, les valétudinaires. Nous en descendons pour gagner le moderne Genève, le quartier spacieux, fortuné, des grands édifices publics groupés dans une bordure d'ordonnances corinthiennes ou composites ornant des hôtels de mylords, de boyards et de banquiers. Le style classique de ces maisons rappelle celui des *splendid houses* de Londres, ce qui prouve une fois de plus que la parité des idées générales a pour conséquence la similitude des goûts. La République officielle même affecte une préférence décidée pour l'architecture selon Vignole : beaucoup de ses édifices à portiques, frontons, pilastres et colonnades, bâtis d'après les sages préceptes du *Traité des Cinq Ordres*, ressemblent à des contrefaçons de temples grecs ou romains.

La plupart des « monuments » genevois servent à l'enseignement et aux cultes ; temples, écoles, athénées, salles de cours et de conférences, musées de peinture, de dessin et d'art industriels répondent à toutes les curiosités de l'intelligence, à tous les besoins de l'âme. On ne peut faire cent pas dans une ville si érudite et si chrétienne, sans entrevoir l'écriteau d'un professeur libre convoquant à ses leçons tarifées de libres élèves, ou la pieuse invitation de quelque pasteur calviniste, luthérien, anglican, méthodiste, presbytérien, à le venir entendre commenter les Saintes Écritures. Les uns et les autres sont écoutés. Étudiants aux bérets multicolores, dévots en costumes sévères, ont l'oreille ouverte à tout discours prononcé au nom de la science, de la Bible et de l'Évangile ; le beau sexe, nullement frivole en apparence, n'est pas le moins attentif. Nous ne vîmes jamais ailleurs, en terre française, autant de jeunes filles, chargées de livres et de cahiers de notes, trottiner par les chemins studieux. A Genève, toutes les femmes doivent être des femmes savantes ; c'est une pépinière d'institutrices dont un petit nombre s'adonnent à l'enseignement. Ce ne sont point des pédantes pour cela, la solidité de leur raison les en préserve, et le développement de leur esprit n'ôte rien aux grâces de leur figure et de leur toilette. Elles sont aimables sans être des poupées. Ne vous figurez-vous pas ainsi la cité natale d'une Mme Necker-Saussure et d'une baronne de Staël, ces mémorables bas-bleus ?

Par son luxe de bon aloi, ses larges et commodes aménagements, le palais de l'Université, devant le Jardin botanique, est digne d'une ville où le savoir est en haute estime ; ses deux ailes renferment, l'une une riche bibliothèque très bien organisée et du plus facile accès, l'autre un muséum d'histoire naturelle. Nous en aimons surtout l'inscription judicieusement gravée au milieu en lettres d'or : *Le peuple de Genève, en consacrant cet édifice aux études supérieures, rend hommage aux bienfaits de l'instruction, garantie fondamentale de ses libertés.* Avouez qu'on ne saurait plus et mieux dire en moins de mots. On croit entendre la voix même d'une nation si fertile en grands hommes — savants et penseurs — qu'une page de ce livre ne suffirait pas à les citer. Assurément, les Cazaubon, les Bonnet, les Saussure, les Jean-Baptiste Say, les Huber, les Pictet, les Candolle, les Töppfer, les Petit-Senn, auraient signé cette phrase qui résume leur idée maîtresse avec une éloquente précision.

On voit avec une certaine surprise se dresser assez près du palais la statue équestre d'un guerrier moderne ; on ne l'attendait pas d'une ville essentiellement pacifique, mais il la faut mieux regarder. Le général qu'elle représente a l'épée au fourreau, sa main étendue ne l'est point pour commander le massacre, mais pour apaiser la discorde, et sa figure honnête encore plus que martiale exprime autant de bienveillance que de fermeté : c'est enfin l'effigie du général Dufour, dont l'énergie et les talents affermirent en 1847

GENÈVE — CONFLUENT DU RHONE ET DE L'ARVE

l'union indissoluble des vingt-deux cantons dans le pacte fédéral, bref un héros de la liberté.

Le théâtre, le musée de peinture, ou musée Rath, avoisinent ce monument ; le premier, jolie réduction de l'Opéra de Paris, lambrissé en dedans des plus précieux marbres ; le second exposant des tableaux anciens, mais où l'on s'étonnerait de ne pas admirer plus de belles œuvres indigènes, si l'on ne réfléchissait que la grandeur des Alpes, au lieu d'inspirer les artistes, les accable de sa sublimité impossible à reproduire. Sauf Calame, l' « École de Genève » n'a point de représentant original et ses peintres contemporains, dont nous visitâmes le *Salon*, nous semblent avec plus ou moins de talent procéder des jeunes maîtres français, Cazin, Gervex et surtout Bastien Lepage.

Pas un touriste ne voudrait quitter Genève sans en avoir couru les environs ; c'est un vœu très raisonnable que des tramways à vapeur, fréquents et peu coûteux, favorisent dans toutes les directions. On va, pour quelques sous, à travers de longs faubourgs bordés des maisons de campagne à volets verts, enviées de Jean-Jacques, et de vergers, de pépinières, de guinguettes, dans les bois de la Bâtie, sur les hauteurs de Saint-Jean. Là on assiste au confluent de l'Arve avec le Rhône, phénomène singulier : ils coulent ensemble dans le même lit pendant un moment sans mêler leurs eaux de couleur distincte ; soudain se ternit la belle robe d'azur du fleuve où tombent, par flots de boue, l'argile et le grès arrachés par le cours furieux de son tributaire aux flancs du mont Blanc. Ailleurs, on vous signale en passant la villa des Délices, où séjourna Voltaire. Et ce qui est le plus vif plaisir de l'excursion, des panoramas d'une étendue, d'une beauté sans égales se déroulent sous vos yeux et se renouvellent de distance en distance, comme autant de merveilleuses peintures sur l'écran d'une fabuleuse lanterne magique.

La route de Ferney, un peu différente, dévoile les noires montagnes du Jura, leurs forêts de sapins aux fines aiguilles, leurs vallons sauvages. On passe à côté du château de Prégny, superbe domaine de M. Adolphe de Rothschild, tout peuplé de statues et cerclé de colonnes de marbre. Le tramway s'arrête à la célèbre bourgade où Voltaire vint se fixer en 1757, et qui fut pendant vingt ans la capitale de l'empire intellectuel exercé sur le monde par ce souverain de l'esprit. Aujourd'hui encore, aux yeux d'innombrables pèlerins, sa gloire embellit un groupe franchement rustique de lourdes maisons et de pauvres chaumières bâties du xviiie siècle à nos jours. Un certain nombre de ces habitations furent élevées aux frais du philosophe, pour les émigrants de l'Allemagne, de la Savoie et de la France, auxquels il offrait la généreuse hospitalité de son fief. Le bon seigneur de village, qui, relate une inscription, prêtait sans intérêt à ses vassaux, et les nourrissait dans les temps de disette, revit, au centre de Ferney, dans une très expressive statue de Lambert : septuagénaire en habit de cour, jabot et manchettes de dentelle, le dos penché, la main appuyée sur une canne à bec de corbin, un souris malin et fin sur les lèvres, ce Voltaire de bronze semble parcourir ses États pour y répandre, avec des bienfaits, les conseils de sa raison.

Le château, simple et plaisante construction du xviiie siècle, très bien conservé, est au bout du village et d'une longue avenue de charmes et de peupliers; il appartient au sculpteur Lambert, qui voue un culte à la mémoire du grand homme. Celui-ci retrouverait, changés à peine, les appartements où les curieux sont enchantés de reconnaître son salon, sa chambre, ses bagatelles, ses souvenirs, entre autres les portraits de son ramoneur et de sa blanchisseuse exposés auprès de l'impératrice Catherine et de Frédéric le Grand. Il pourrait même, avec la permission du curé, ouïr la messe dans la chapelle seigneuriale au seuil de laquelle se lit toujours la fameuse inscription : *Deo erexit Voltarius...*

Genève a bien d'autres alentours charmants; nous les apercevrons du large, pendant le voyage que nous allons faire sur le Léman, vers les sources du Rhône. Le vapeur allume ses feux; mais il nous laisse encore le loisir d'admirer la ville mondaine et somptueuse qui se fonde, se construit à vue d'œil, auprès de la ville commerçante des horlogers, des marchands de cigares et des banquiers, sur la rive droite et dans le vaste espace des Pâquis. Là tout est neuf, brillant et large De grands hôtels hébergent les fortunés voyageurs qui n'eurent jamais le vulgaire souci de la note à payer, et qui se moquent des prodiges de l'addition, ici tout particulièrement grandioses. Aux noms les plus flattés de l'*Armorial* et de la banque appartiennent de mirifiques palais. Un élégant Kursaal réunit autour de ses tables de jeu les privilégiés de la naissance, de la Bourse et du hasard. Et parmi ces splendeurs s'élève le fastueux monument consacré à la mémoire des munificences du duc de Brunswick, ouvrage d'un goût si étrangement gothique qu'il semble dater des plus beaux jours du romantisme. Sous un mausolée — chapelle d'une architecture flamboyante — surchargé de pinacles, fleurons et dentelures, repose le noble prince, tout de son long couché sur un cénotaphe ; autour de lui veillent, debout, roides, dans une attitude de chevaliers du moyen âge, des seigneurs bardés de fer et coiffés de casques aux cimiers héraldiques. Sur toutes les faces, des écussons, des armoiries, sceptres et mains de justice s'étalent et parachèvent un chef-d'œuvre de vanité du style le plus allemand et d'une imagination décorative toute wagnérienne.

Maintenant s'enfuit à nos yeux tout cela. Le vapeur a levé l'ancre, il glisse presque sans bruit sur le lac dont une brise légère fronce un peu le cristal ; ses mouvements rythmés nous bercent, nous alanguissent, nous livrent aux joies silencieuses et ravissantes de la contemplation. L'eau fuyant sous nos pieds emporte avec elle, dans l'immensité vague, les sentiments d'amertume. Ce Léthé où les heureux de ce monde, accablés de leurs richesses et las de jouir, boivent l'oubli de la satiété, allège aussi le poids des soucis de la vie laborieuse, si dure à l'honnête homme. Tout ce qui nous environne nous invite à la sérénité et nous verse l'opium du rêve ; le Léman est si pur, ses rivages si doux, l'horizon de montagnes, de neiges éternelles et de glaciers étincelants qu'il déploie et sans cesse agrandit a tant de majesté ! Quelle douleur ne céderait à ces enchantements ? Les Alpes, « ces palais de la nature, dont les murs gigantesques élancent dans les nuages leurs têtes neigeuses, et mettent le trône de l'Éternité en des galeries de glace, d'une froide sublimité, où se forme et d'où tombe l'avalanche, le coup de foudre de la neige (1) », les Alpes nous pénètrent de leur impassibilité. Et voici que notre âme s'ouvre à la poésie, et que la prose, les vers écrits à la louange du lac merveilleux, et que nous lûmes jadis, sans pouvoir en comprendre toute la beauté non ressentie, se remettent à chanter dans notre mémoire et nous charment de leurs concerts. Byron nous entraîne dans le sillon de la barque de Childe Harold :

(1) Byron, *Pèlerinage de Childe Harold*, IIe chant, stance LXII.

> Lake Leman woos me with its crystal face,
> The mirror where the stars and mountains wiew
> The stilness of their aspect in each trace
> Its clear depth yields oft heir far height and hue.
> . . . .
> Clear, placid Leman! thy contrasted lake,
> With the wild world I dwelt in is a thing
> Which warns me, with its stilness, to forsake
> Earth's troubled waters for a pure spring.

Et nous voyons, avec Lamartine :

> De grands golfes d'azur. . . . .
> Des monts aux verts gradins que la colline étage,
> Qui portent sur leurs flancs les toits du blanc village.
> Ainsi qu'un fort pasteur porte, en montant au bois,
> Un chevreau sous son bras sans en sentir le poids,
> Plus haut, les noirs sapins, mousses des précipices
> Et les grands prés tachés d'éclatantes génisses,
> Et les chalets perdus pendant tout un été.
> Sur les derniers sommets de ce globe habité,
> Où le regard, épris des hauteurs qu'il affronte,
> S'élève avec l'amour, soupir qui toujours monte!...
> . . . .
> Par-dessus ces sommets, la neige blanche ou rose,
> Fleur que l'été conserve et que la nue arrose ;
> Les glaciers suspendus, océans congelés,
> Pour la soif des vallons tour à tour distillés ;
> Dans l'abîme assourdi l'avalanche qui plonge ;
> Et sous la main de Dieu, pressés comme une éponge,
> Noyés dans son soleil, fondus à sa lueur,
> Ce grand front de la terre exprimant sa sueur !

Que de lieux célèbres, entrevus parmi les adorables paysages, sur la rive suisse, nous pouvons seulement nommer en ce livre, où ils ne doivent jeter, en passant vite, comme sous nos yeux, que l'éclat fugitif de leurs souvenirs ! Coppet et son château, immortalisés par la glorieuse Staël ; Nyon qui fut colonie de Rome et résidence des baillis de Berne ; Prangins, domaine héréditaire des princes Jérôme Napoléon ; Rolle, que sépare de Thonon, son vis-à-vis sur la rive gauche, la plus grande largeur du lac, 13 935 mètres ; l'antique et savante Lausanne, dont la belle cathédrale gothique s'élève au pied du mont Jorat, Putry, Lully, Cully, entourés d'excellents vignobles ; Vevey, industrieuse, commerçante, prospère et riche à jamais des dons gracieux du génie : n'est-elle pas la patrie de *la Nouvelle Héloïse*, et n'apercevez-vous pas déjà les pentes de Clarens, et ses imaginaires bosquets,

> Des rêves de Rousseau fantastiques royaumes
> Plus réels, plus peuplés de ses vivants fantômes
> Que si vingt nations sans gloire et sans amour
> Avaient creusé mille ans leur lit sous ce séjour?

Moins bien exposée, moins favorisée de l'art et de la nature, pourtant, la rive française, où nous faisons plus d'une escale, ne manque pas d'intérêt, dans sa simplicité savoyarde, un peu rajeunie et modernisée depuis l'annexion. La baguette magique de la Mode a touché ses petites villes, ports groupés en amphithéâtre au bord d'un golfe, d'une crique, ou bourgades juchées sur de légères éminences, qui sont d'admirables observatoires braqués sur le Valais, le canton de Vaud, et le placide lac Léman. Des châteaux, des villas, de luxueux hôtels et des établissements de bains d'eau minérale, aménagés avec élégance, s'y mêlent aux pauvres chalets et aux lourdes maisons des montagnards. Plus d'une a son casino. L'été, elles s'emplissent de visiteurs, qui, parfois, venus avec l'idée de n'y passer qu'un jour, et subissant la fascination des Alpes, y demeurent une semaine, une saison. Ainsi Douvaine-la-Blanche; Thonon, l'indolente sous-préfecture rimant à sinécure, Amphion la ferrugineuse, Evian dont les eaux vantées assurent la fortune et dont les terrasses ombragées de châtaigniers séculaires promettent aux malades de si douces convalescences, La Meillerie, Saint-Gingolph...

Chemin faisant, de Thonon à Evian, le batelier nous a montré du doigt les restes de la célèbre chartreuse de Ripaille, ornements d'une jolie maison de plaisance, et comme, à ce mot de Ripaille, il hochait la tête, clignait de l'œil et souriait d'une manière égrillarde, il nous a suffi d'un mot, d'un geste, pour en obtenir le récit populaire des fêtes, orgies et bombances que la tradition, commentée par le dicton fameux, attribue à ce vieux couvent, château fort au xv° siècle et retraite sage et voluptueuse d'un prince de l'Église et de la terre, désabusé des grandeurs. Le fait est qu'Amédée VIII, premier duc de Savoie, et pape, durant dix années, sous le nom de Félix V, puis cardinal, vécut à Ripaille fort longtemps, dans une apparente oisiveté, à l'écart des affaires, des courtisans et des fâcheux, dans la compagnie élue de six vieillards sexagénaires et célibataires, dévoués à sa personne et partageant ses goûts. Une telle conduite en cet affreux xv° siècle, si criant d'ambitions scélérates et d'infamies politiques, dut sembler bien étrange à ses contemporains; la légende s'est chargée de l'expliquer, mais la légende est la parure ou le déguisement de la vérité.

Nous n'avons pas eu besoin qu'on nous nommât les côtes ardues de Meillerie; nos regards épiaient « le lieu sauvage » d'où Saint-Preux découvrait la demeure de Julie d'Étanges, à Vevey, et, sur un quartier détaché par les glaces, lui écrivait ses lettres brûlantes. Mais leur hauteur, abaissée par la route, ne nous a pas frappé d'étonnement; naguère la mine dispersa, écrasa les rochers, que l'amant éperdu, songeant à se précipiter de leur crête dans l'abîme, comparait à ceux de Leucade, et si l'eau coulant à leur base a toujours la profondeur énorme de 250 mètres, pour eux, ils ne sont plus escarpés.

Le bateau vogue vers Villeneuve, nous approchons du port de descente, et voici, non loin du « sweet Clarens, birthplace of deep Love », l'heureux Montreux, comblé de tous les bienfaits du ciel, ville de soleil égarée dans l'empire des neiges; puis, les hautes et blanches murailles, les tours, le donjon, bâtis sur roc, du château de Chillon, forteresse du moyen âge que les siècles n'ont pu ni détruire ni même assombrir, et dont il faut visiter les salles gothiques, les souterrains et les cachots pour s'initier aux souffrances illustres de Bonnivard, ce héros de patriotisme et de la liberté.

Auprès du petit port de Bouveret, on retrouve le Rhône, non le Rhône bleu de Genève, mais un fleuve trouble, étroit, inégal, souillé du limon et de sables qu'il se hâte de verser par plusieurs bouches dans le lac purificateur. En deçà, de l'est à l'ouest, s'étend la vallée où il court, souvent bondit, déborde à travers des prairies et des marécages, entre les montagnes. Le chemin de fer et la route en côtoient les rives; nous suivons la route : elle nous guide dans la plus vaste portion du Valais, nous découvre un pays d'étranges contrastes. Tour à tour aride et sombre, vert et lumineux, froid et chaud, parsemé d'herbes rares et de fougères, ou planté de noyers et de châtaigniers vigoureux, réunissant dans un court espace les fleurs des régions du Nord et les plantes balsamiques des contrées méridionales, il offre les points de vue les plus divers et nous lui devons les sensations les plus opposées. Ici des rochers abrupts et nus enferment dans un horizon restreint quelques hectares d'un sol jaunâtre, hérissé de ronces et de roseaux à demi noyés dans l'eau stagnante, et la morne solitude nous attriste comme un cimetière abandonné. Mais là un site gracieux, plein de soleil et de fraîcheur, nous égaye jusqu'au transport ; des essaims d'abeilles butinent et bourdonnent dans les prés, des oiseaux indigènes chantent sous les arbres, de belles génisses, blanches et pommelées, dispersées sur les gradins des monts et dans le val, paissent l'herbe brillante ; leurs colliers de clochettes sonnent gaiement. Tout, à l'unisson, nous sourit, nous amuse, les chalets de pasteurs et de fruitiers ont un air agréable d'aisance, les bonnes figures de leurs hôtes réjouissent le cœur ; on entend gronder les cascades, rouler les torrents ; un modeste ruisseau jase en se glissant sous la verdure...

Mais, en vérité, les paradis joyeux sont plus rares que les déserts mélancoliques. Le Valais est surtout pauvre et grandiose, et l'on y va plutôt chercher un air pur et des spectacles imposants que de jolis paysages et des occasions de plaisir. Il faut s'y contenter des émotions sublimes, se résigner à leur puissante monotonie. On marche sous l'escorte des Alpes gigantesques, sous les regards éblouissants de leurs glaciers, dans leur ombre énorme et difforme ; incessamment elles se succèdent, se dressent subitement dans les nues comme si quelque soudaine éruption les érigeait du sein de la terre. Elles changent, presque à chaque heure du jour, de couleur et d'aspect ; réalisent les tons de palette les plus invraisemblables et les plus féeriques. Quand leurs flancs, enveloppés d'ombre, sont bleuâtres ou noirs, leurs cimes apparaissent encore roses ou lilas, et toujours éclatantes, éclairées, on dirait, d'une flamme intérieure brûlant dans des murailles de cristal ou d'albâtre. Ces splendeurs suffisent à l'humble piéton, que ne rebute point la fatigue des montées continuelles et des innombrables détours. Son attention ne faiblit pas, son âme habite avec bonheur les régions sereines. Il contemple *d'en bas*, mais que lui servirait de gravir les sommets qui posent devant lui dans toute leur magnificence ? Ce serait moins une distraction pénible et dangereuse qu'une vaine satisfaction d'amour-propre ; il ne l'aura jamais s'il est seul.

Beau voyage, donc ! Cependant il a ses difficultés, ses surprises d'ordre intime. Nous sommes loin du temps où Rousseau louait avec tant d'éloquence la simplicité des paysans du Valais, « leur humanité désintéressée, et leur zèle hospitalier pour tous les étrangers que le hasard ou la curiosité conduisaient chez eux » ; son

MAISON DE VOLTAIRE A FERNEY

héros, Saint-Preux, dépasserait les bornes permises du romanesque, s'il s'avisait d'écrire aujourd'hui : « Quand j'arrivais le soir dans un hameau, chacun venait avec tant d'empressement m'offrir sa maison, que j'étais embarrassé du choix ; et celui qui obtenait la préférence en paraissait si content, que la première fois je pris cette ardeur pour de l'avidité. Mais je fus bien étonné quand, après en avoir usé chez mon hôte à peu près comme au cabaret, il refusa le lendemain mon argent, s'offensant même de ma proposition ; et il en a partout été de même... Leur désintéressement fut si complet, que dans tout le voyage je n'ai pu trouver à placer un patagon. »

Un patagon ne vous mènerait pas loin maintenant, cher monsieur Saint-Preux, et vous trouveriez plusieurs fois par jour l'occasion de dépenser ce petit écu. Si vous l'ignoriez, aubergistes et guides se chargeraient de vous le faire entendre. Il ne vous servirait de rien avec eux d'être simple en vos façons et rustique dans vos goûts ; le moindre objet, le plus léger repas, le plus petit service se payent, et fort cher. Est-ce à dire que l'aspect du pauvre Valais ait beaucoup changé depuis un siècle et demi? Nullement. Gageons que ses petites villes noires et raboteuses, ses villages de ruelles grimpantes, comblées de fumier et d'immondices, vous étaient familiers. Ce peuple montagnard tient à ses habitudes, mais il estime davantage son pays, depuis que la curiosité des touristes lui en révèle la valeur. Il n'est plus d'ignorants chez lui. Dans l'art d'extorquer leur argent aux étrangers, que ceux-ci voyagent pour leur plaisir ou pour leurs affaires, le pâtre vaut l'aubergiste. Une tartine de pain bis, une tasse de lait, des œufs, coûtent le même prix exorbitant dans une cabane au toit de bardeaux que dans une hôtellerie à la mode. Les dépenses de ces bons étrangers ne figurent-elles pas dans le budget du canton? Si on ne les soumet pas encore à des droits de passage et de séjour, ce n'est pas sans raison que les chemins de fer, associés aux recettes escomptées d'avance, calculent leur marche de manière à vous arrêter net, à l'heure du souper et du gîte, aux portes des hôtels qui vous guettent à ce trébuchet. Pour leur assurer une clientèle, qui chercherait peut-être à se malhonnêtement dérober, pouvait-on mieux s'y prendre?...

Bah ! soyons de bonne humeur! D'abord on enrage, mais on finit par rire de ces procédés ingénieux : c'est par où l'on devrait commencer. A ce degré, l'exploitation du pittoresque a des côtés divertissants; nous nous en amuserons en chemin, et n'y penserons plus. Le moyen de ruiner longtemps ces misères en face de la sublimité des choses? Et si, d'aventure, on rencontre une gentille Valaisanne endimanchée, parée comme une madone, de bijoux d'argent et d'or, d'agrafes, de chaînes, d'anneaux brillant sur les couleurs vives et les riches broderies de sa lourde toilette, n'est-ce pas une consolation de penser que ses pareilles nous devront un peu de ce luxe idolâtre? Le Français, du moins, né galant et sensible, ne se plaindra plus.

A part les émotions, bientôt banales, du quart d'heure de Rabelais, petites villes obscures, bourgades nauséabondes, hameaux infimes vous laissent à peine une impression vite effacée ; la beauté de la province est ailleurs. Peu de noms à citer : Reverculoz, où le Rhône devient navigable ; Colombey, où les Bénédictins vous hébergent volontiers ; Monthey, entouré de blocs erratiques; Martigny, au confluent de la Dranse, issue des glaciers du mont Saint-Bernard... De Martigny à Sion, la route se poursuit à travers des pâturages marécageux. On aperçoit sur la rive droite du fleuve, Fully, les rochers de Folaterra, Morat, Riddes, Ardon, Vetroz, Malvoisie, enfin Sion.

SAINT-GINGOLPH — FRONTIÈRE FRANÇAISE

La capitale du Valais est très curieusement située entre de basses montagnes vineuses que dominent deux rochers énormes, isolés, surmontés de ruines féodales, l'un de la tour carrée du château Valerio, l'autre de quelques pans de mur du château de Tourbillon, construit à la fin du XIII° siècle. Ces aspérités singulières, l'entassement confus, entre elles, de maisons aux toits plats, de tours, des clochers gothiques, font songer à notre saisissante ville du Puy ; ici le Valais nous rappelle le Velay. Mais le chef-lieu de la Haute-Loire, bien qu'il ne soit pas d'une irréprochable netteté, est beaucoup moins sale que celui de l'ancien département du Simplon. Sion eut l'honneur d'appartenir au grand empire français de 1804 à 1815, il reçut de nos mains un préfet et des édiles, et n'en fut point amélioré. Il subit nos lois, connut les douceurs de la conscription, et garda ses rues étranges et ses infects logis. Nos armées, les armées de la République, lorsque, pour la première fois, en 1793, y parurent les trois glorieuses couleurs, avant-courrières de la liberté, l'avaient pourtant incendié et consciencieusement pillé, comme pour le remettre à neuf : il s'en souvient, et c'est dommage que nous ne lui ayons pas légué de souvenir meilleur et plus durable. Tel que nous l'avons pris, il est encore : une ville du moyen âge, dont l'église cathédrale, avec ses quinze autels, ses tombeaux, ses inscriptions romaines, l'hôtel de ville, et la tour de Kalender, la tour de Chênes, sont les édifices rudes et puissants, harmoniques.

Au delà de Sion : *Sprechen Sie deutsch?* Puissiez-vous répondre : *Ya*. Cette réponse, si elle n'est pas trop présomptueuse, facilitera vos relations obligées avec *Herr Wirth*, monsieur l'hôtelier, et *Herr Seller*, monsieur le guide, comme avec une foule d'autres *Herren,* roturiers et paysans, dont les avis pourront vous sembler utiles, car tout le peuple de la haute vallée, des Alpes Pennines aux Bernoises, parle allemand. Que cela ne vous inquiète point sur leur état d'âme ; nullement enclins à de particulières sympathies pour les compatriotes de M. de Bismarck, ils réservent à tous les écus du monde le même accueil empressé, leur *Vaterland* n'est que la pratique *Switzerland*.

Donc, tantôt en char à bancs, tantôt à dos de mulet, plus souvent à pied, le bâton ferré bien en main, vous avancez vers les profondeurs ténébreuses des sources. A votre gauche, les gigantesques statures des Diablerets, puis celles du Gemmi s'élèvent et leurs contreforts abaissent leurs pentes vers la route ; à droite le fleuve bourbeux, plus ou moins large, encombré de pierres, vous sépare des larges vallées où coulent le Borgne, la Viège, d'autres affluents du Rhône, descendus des monts immenses : le Cervin, le Rose, le Simplon... Vous traversez un pays pauvre, refroidi de plus en plus par le rayonnement des glaces éternelles ; toute culture cesse. On voit encore sur quelques versants exposés au midi croître le seigle, l'orge, l'avoine, mais les terres basses, humides, marécageuses, sont entièrement nues, tristes, sombres. Maintes étapes, imposées par la fatigue ou le mauvais temps, vous laissent le souvenir d'un maigre dîner, composé de pain si dur qu'il faut le couper à la hache, de fromage moisi, de beurre rance ; l'hôte, souvent le curé du village, n'a rien de plus succulent à vous offrir. En revanche, vous dormez moelleusement sur une paillasse, quelquefois sur et sous une botte de paille, dans une grange à galeries latérales que des poutres tiennent suspendues, ou dans une hutte éclairée par des disques de verre sertis dans un cadre de plomb, et couverte de toits d'ardoises ou de bardeaux, que de grosses pierres surchargent, protègent contre les assauts du *Fœhn*, ce terrible ouragan des Alpes.

Point de soleil dans ces villages, ces bourgs valaisans, presque toujours tassés au pied des monts, dans une cavité dont les parois les plongent dans une nuit affreuse, mais les abritent un peu, les défendent des frimas, des inondations, de l'avalanche. Comment, enfermés dans ces trous mélancoliques, les habitants garderaient-ils une humeur égale, bienveillante, obligeante? Il en est ainsi pourtant. Rompus aux privations, habitués aux permanentes menaces de la nature, ils n'y pensent pas plus que les millionnaires-nés à la sécurité de leur bien-être. Leur condition n'a pas d'in-

ÉVIAN

fluence fâcheuse sur leur caractère; plutôt lui devraient-ils certaines vertus très rares : la confiance absolue, la probité naïve : chez eux, pas de serrures aux portes, et dans les relations d'affaires, le papier, garantie de la bonne foi qui présume la mauvaise, ne remplace pas encore la parole donnée. L'encoche sur taille suffit aux marchands pour connaître les droits de leurs clients; avisez-vous de leur demander leurs livres de comptabilité : « A quoi bon? vous diront-ils, cela n'est pas nécessaire parmi nous. »

Ces mœurs, quasi primitives, très nouvelles pour des civilisés, font le charme de quelques cités à peu près indifférentes : Sierre, qui fut au xv° siècle le théâtre d'un siège héroïque soutenu par les Valaisans contre la tyrannie de leur seigneur, le baron de Raron; Louècle ou Leuk, aux eaux thermales, bâti à près de 800 mètres au-dessus du niveau de la mer, dans l'antre d'une montagne, dont une forêt de sapins et de mélèzes cache la base; Toutemagne.

Bas-Châtillon — (Uebergestelen) ; — Viège le Noble ; Brieg, à qui ses clochers arrondis en coupoles, son château orné de boules de fer-blanc, ses toitures recouvertes de schiste micacé, le tout luisant, scintillant à la lumière du jour, donnent une vague apparence de ville orientale égarée dans la région des neiges...

Maintenant, plus de villes devant vous ; des chemins escarpés, puis des sentiers de montagne, çà et là, coupés de hameaux chétifs, Munster, Obergestelen (Haut-Châtillon), celui-ci au pied du Grimsel : vous approchez du but. Déjà les cimes merveilleuses du Gémmi, de la Jungfrau s'enchaînent à votre gauche, vers l'est. A votre gauche aussi vous avez laissé le splendide glacier d'Aletsch, qui s'incline du Gemmi au Grimsel pendant six lieues de longueur, vous l'avez laissé pour suivre les marges ombragées de conifères du glacier du Rhône, encore plus vaste, étendu comme un magnifique éventail en cristaux d'un vert glauque, rayé de cassures étincelantes, depuis le dôme neigeux du Gallenstock jusqu'aux sommets jumeaux du Gelmerhorn et du Gerstenhorn... Cette grande mer de glace, où vous ont conduit le col du Grimsel, les bords de la Todtensee, lugubre « mer des Morts », enfin le sentier fleuri du Marienwand, voilà l'une des véritables sources du fleuve, l'un des principaux réservoirs où il se forme incessamment de la fonte des neiges accumulées sur les cimes éperdues des Alpes Bernoises, sur les cimes déjà passées sous nos yeux éblouis, et sur celles qu'ils découvrent ; Schreckhorn, Finsterhaarhorn, Furka... A ce roi des glaciers, à cette source essentielle, s'unissent, pour accroître, animer, régulariser le cours du Rhône, deux cent soixante autres glaciers inférieurs qui marchent comme lui, avec lui, lentement, mais toujours, et sans cesse, avec la patience infinie des forces immanentes, élargissent la vallée fluviale, semée, traversée peu à peu de leurs moraines.

Cependant, écoutez l'objection du *seller* : « Non, monsieur, ce n'est pas ici la source du Rhône. — Comment cela et qu'est-ce à dire ? le torrent sorti fougueux, lumineux, des énormes voûtes de glace, n'est-ce pas le fleuve ? — Si fait, mais le glacier n'en est pas la source première, illustre et consacrée parmi nous. — Menez-nous donc au terme du voyage. »

Le guide obéit. On l'accompagne en deçà du torrent, vers le terre-plein herbu, ombreux, silencieux, où s'abaisse le Saasberg. Là, nous montrant, au pied de la montagne, trois petites fontaines d'eau ther-

SION

male, légèrement rougie par la présence d'infusoires ou la dissolution de sels métalliques, trois nymphes modestes en robe rose. « Voilà, dit-il, *die Rotten*. Ce sont les vraies sources du Rhône ; voyez-les plus loin se réunir et couler ensemble avant de se jeter et de s'engloutir dans le torrent superbe ! »

Acceptons de la tradition cette humble origine : le fleuve, dont nous allons suivre le cours impétueux, ne nous en paraîtra que plus grand !

CHAPITRE II

LACS ET GLACIERS : EN SAVOIE

C'est faire une magnifique entrée dans la Savoie que d'y pénétrer à l'issue du Valais, par les cols de Balme ou de la Tête noire. Le souverain des Alpes, le colossal mont Blanc, dans sa gloire éblouissante, va se lever à votre approche du milieu de son palais de glace, et vous pourrez envoyer un dernier adieu aux compagnons de votre beau voyage, la Yungfrau, le Finsteraarhorn, le Grimsel, la Furka, dont les fronts sublimes semblent encore se pencher doucement vers vous ; ainsi les têtes blanches des aïeux suivent du geste les petits enfants, déjà loin, qui se retournent pour leur sourire une dernière fois...

A partir de Martigny, où nous voici revenus, la route de France monte jusqu'à la Forclaz, sous des sapins, des hêtres, des poiriers, des châtaigniers, des pampres luxuriants. A Trient, deux chemins bifurquent et nous tentent ; n'hésitons pas entre eux, ils ont un seul but et leurs attractions se valent. L'un à droite nous conduirait à Valorsine, aux cascades de la Barberine et des Jours ; l'autre remettrait sous nos yeux, de la cime du col de Balme, la vallée suisse du Rhône dans toute son étendue, et près de ce tableau bientôt effacé de nos plaisirs évanouis nous déroulerait celui des grandes montagnes savoisiennes où de nouvelles joies nous attendent. Ils se rejoignent à l'Argentière, aux bords de l'Arve, tout près de Chamonix.

Chamonix ou le Prieuré — nommé ainsi d'un couvent de Bénédictins fondé en ce lieu sauvage, au XIe siècle — groupe humblement quelques centaines de maisons et de chalets au fond de l'étroite vallée que domine, écrase de son ombre, le formidable massif du mont Blanc. Il est là comme le Petit Poucet auprès de l'Ogre ; du moindre choc, de la plus légère avalanche, le géant pourrait l'écraser, le pulvériser ou l'ensevelir ; il tolère par pitié la fourmilière humaine tapie à ses pieds monstrueux. Mais vivre sous cette menace permanente, tandis que le soleil éclaire le val, tandis que les fleurs des Alpes exhalent leurs aromes, que l'air pur réchauffe et caresse, c'est pour les heureux du monde un bonheur de plus. Ils viennent ici de partout, principalement de l'Angleterre ; très nombreux pendant trois mois d'été, ils y apportent la vie, la gaieté, l'argent. Regardez. Les uns et les unes en cavalcades font voler au vent les écharpes vertes ornant leurs chapeaux de paille ou leurs casques de toile blanche ; les autres remplissent un char à bancs tapageur ; ceux-ci, au retour d'une excursion alpestre, s'avancent nonchalamment assis à dos d'âne ou de mulet ; ceux-là, courageux piétons, en complet d'alpi-

VALLÉE DE CHAMONIX

niste, frappent le sol de leur bâton ferré en signe de victoire... ils ont vaincu la peur !

Quand ces touristes s'en iront, Chamonix dormira, s'enfouira dans son trou, comme la marmotte indigène, et vivra comme elle jusqu'à la saison prochaine du grain amassé pendant les jours de soleil. Pour le moment, il les héberge en d'assez beaux hôtels, dont le luxe fait un singulier contraste à de pauvres habitations frileusement encapuchonnées de toits lourds assez solides pour résister au poids des neiges. Il leur montre un muséum consacré à l'histoire naturelle du mont Blanc, un monument élevé à de Saussure, qui décrivit le premier les splendeurs du roi des Alpes ; un autre monument élevé à

Jacques Balmat qui, le premier aussi, en 1786, atteignit le sommet du colosse, car ici tout est à la gloire du mont Blanc.

GLACIER DES BOSSONS

Dès que vous entrez, son image vous hante; vous n'entendez parler que de lui, vous le voyez partout représenté, de face, de profil, de trois quarts avec toutes ses curiosités, précipices, gouffres, ponts suspendus, sources et forêts ; et c'est à qui vous proposera de le gravir.

La profession de guide est celle de presque tous les habitants mâles de Chamonix. La plupart, hommes de taille moyenne, aux

PAYSAN DE LA SAVOIE

épaules larges, aux jambes fortes, l'air très calme et doux, vous inspirent une entière confiance dans leur vigueur et leur sang-froid ; leurs services coûtent, moins que jadis cependant, car ils sont tarifés. Encore faut-il compter avec le pourboire, ce frère jumeau du *Trinkgeld*, de la *bona mano* et du *backchich* ; mais saurait-on payer trop cher la volupté du péril ?

En avant donc, si le cœur vous en dit ! Emboîtez leurs pas, obéissez à leurs conseils, aidez-vous de l'*alpenstock*, chaussez des souliers ferrés ou de feutre. et vous pourrez aller contempler de près les merveilles naturelles racontées, vantées, depuis de Saussure, par tant de voyageurs enthousiastes...

Combien ! La source de l'Arveiron, si curieuse encore, mais dont l'issue, par une arche de glace formée de blocs entassés dans un prodigieux équilibre, maintenant brisée ou fondue, était naguère une des choses les plus étonnantes des Alpes; la Mer de Glace, ses flots immobiles, blancs, vitrifiés, semblables aux vagues d'une mer véritable, saisie, fixée dans sa colère à l'instant d'une tempête, ses crevasses béantes, énormes, et dont les profondeurs bleues donnent le vertige, ses grottes aux parois transparentes, ses lacs, ses ruisseaux, ses cascades formées et s'écoulant dans l'intérieur du glacier, par des rigoles de glace, vers la terre où elles forment les fleuves. On vous recommandera le Montanvers, ce pâturage d'émeraude, planté, par le caprice de la nature, à près

CHEMINÉE DU BRÉVENT

de 900 mètres au-dessus de Chamonix, puis d'autres glaciers, le Triolet, le Dolent, l'Argentière, les Jorasses, le Géant, les Bossons, d'autres montagnes vertes et fleuries. On vous fera connaître le Jardin, le Chapeau, la Flégère, la cascade des Pèlerins, le Brévent, les gorges de la Diosaz, le Buet; les étranges superpositions de granit que l'on appelle les Aiguilles, les névés, ces ébauches de glaciers, les moraines, ces débris d'Alpes détachées par les avalanches ou les glaciers eux-mêmes dans leur mouvement continuel. Enfin, s'il vous plaît d'ajouter votre nom à la liste déjà longue des ascensionistes du mont Blanc, libre à vous; le chemin est tracé. Seulement il ne faudrait pas, sur la foi de l'illustre Tartarin (de

Tarascon) et de plus d'un guide imprimé, vous y aventurer avec l'idée saugrenue qu'il s'agit d'une innocente promenade sur une montagne machinée comme un décor d'opéra, préparée pour exercer sans péril les muscles des alpinistes et dont les abîmes, s'il en existe, sont de simples trappes garnies au fond de piles de matelas... L'industrie moderne n'en est pas à ce degré de perfection miraculeuse; on n'obtient rien sans peine, et vous ne jouirez des grands paysages, des sublimes horreurs qu'au prix de bien des fatigues et non sans braver quelque danger. Au revoir! Nous vous laissons à ces spectacles, un volume ne suffirait pas à les décrire et notre route fluviale est trop longue, trop compliquée, pour nous permettre de courir les sentiers des montagnes, si beaux, si attrayants qu'ils soient.

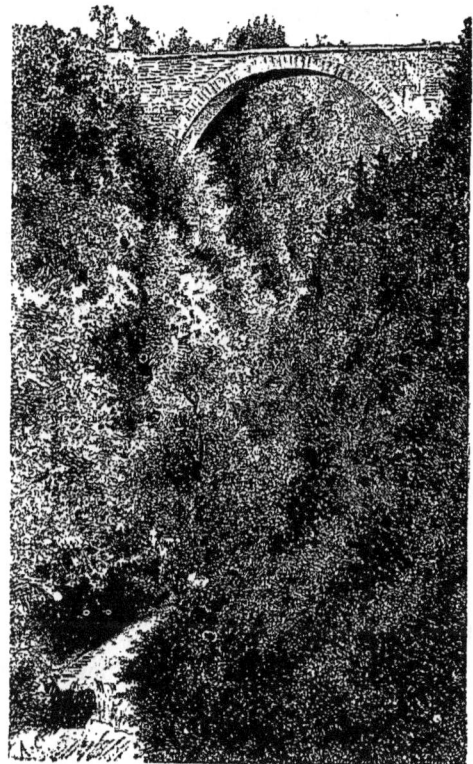

SAINT-GERVAIS — PONT DU DIABLE

... L'Arve fangeuse, coulant vers l'ouest, nous mène à Saint-Gervais, charmante station thermale, à Sallanches où l'on ne manque guère de s'arrêter pour admirer au coucher du soleil les fantastiques illuminations du mont Blanc, ses glaces incendiées par les rayons de l'astre dont elles réfractent par leurs millions de facettes les flammes et les flèches d'or.

Voici Cluzes, son École nationale d'horlogerie, ses fabriques de mouvements de montres; Bonneville, au-dessus de laquelle, près du pont de l'Arve, se dresse la statue du roi de Sardaigne Charles-Félix, bienfaiteur de cette contrée, qu'il s'efforça de protéger contre les inondations de la torrentueuse rivière. Déjà les montagnes se sont abaissées, les vallées élargies, le paysage n'a plus le même caractère de grandeur, et l'Arve descend presque en plaine vers Genève. Mais son affluent, le Toron, arrose à la Roche un site tourmenté : du bord de cette rivière, un roc dominant la bourgade porte une tour du xii° siècle, et le tout s'enlève avec une vigueur étonnante dans un cadre de hauteurs abruptes, de mélèzes et de sapins.

Annecy, de loin, produit un assez grand effet ; son château féodal, construit du xiv° au xv° siècle sur un roc culminant, et flanqué de tours, de contreforts, se plaque en masse imposante sur un vaste horizon ; des maisons se pressent confusément alentour ; elles semblent nombreuses ; on dirait une grande ville : ce n'est rien moins. Le château, résidence au moyen âge des comtes du Genevois, est maintenant une caserne dont une seule façade conserve des fenêtres à meneaux et à linteaux arqués. Les maisons, assez tristes, suivent des rues obscures, mal pavées et, dans le quartier le moins insignifiant, bordées de lourdes arcades où l'on va prendre le frais pendant les chaleurs estivales ; çà et là, de longs passages voûtés, véritables rues souterraines, traversent des pâtés d'immeubles.

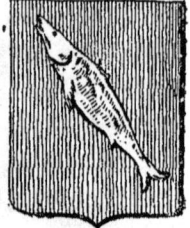

ANNECY

Deux canaux, le Thioux et le Vassé, alimentés par le lac d'Annecy, arrosent la ville ; ils découpent au point de leur jonction le cap où sont les vieilles prisons, des logis caducs : c'est le seul coin pittoresque d'Annecy.

Les églises, d'une architecture indifférente, sont revêtues de grisailles représentant avec une adresse tout italienne des sculptures en relief d'une illusionnante réalité. La plus moderne, celle du couvent de la Visitation, réunit les reliques de l'illustre François de Sales, premier évêque d'Annecy, où il vint se fixer après avoir été chassé de Genève par les calvinistes, aux reliques également vénérées de son amie et collaboratrice sainte Jeanne de Chantal.

Annecy peut se passer de monuments ; il possède dans son lac une attraction naturelle dont les étrangers apprécieront toujours le charme exquis. Cette transparente nappe d'eau commence à s'étendre à l'est de la ville, et sert de limite à ses plus jolies promenades ; l'élégante préfecture et la statue de Berthollet s'élèvent presque sur ses bords. Elle couvre ensuite, sur une surface de

14 kilomètres de longueur et de 3500 à 2000 mètres de largeur, un lit profond de 50 mètres en moyenne, grossi par plusieurs petites rivières, et réfléchit de toutes parts une bordure de hauteurs en pente douce, effrangée comme une dentelle. Le tour du lac est aisé à faire, et rapide ; chaque jour des vapeurs le parcourent en entier ; ils desservent Sévrier, Saint-Jorioz, villages assis contre les rives, au pied du mont Semnoz, parmi des arbres verts et des vignes ; Duingt et son château Louis XV flanqué d'une tour féodale ; Menthon, où les Romains avaient des Thermes, renouvelés à une autre place, et dont le château, bâti au moyen âge, rappelle le nom du fondateur des hospices du Grand et du Petit Saint-Bernard, Bernard de Menthon.

CASCADE PRÈS DE SALLANCHES

Interrompez à Menthon votre navigation sur le lac d'Annecy ; prenez la route dont les pentes du mont Tournette tracent les détours ; vous irez à Thônes, une aimable petite ville de montagne, couchée sous des forêts de sapins séculaires. Vous êtes là en pleine Savoie religieuse, profondément attachée à ses coutumes, à ses mœurs. Les rochers de la Morette, tout voisins, gardent peut-être les éraflures des héroïques combats livrés en 1793 par les montagnards sous la conduite d'une femme, Marguerite Avet, aux troupes républicaines qui, leur disait-on, venaient leur ravir leur indépendance, renverser leurs autels, massacrer leurs prêtres.

L'une des plus curieuses rivières de la Savoie, le Fier, arrose l'hônes. Si vous en remontez le cours jusqu'au delà d'Annecy, vous entrerez avec elle dans l'admirable défilé nommé les Abîmes du Fier.

ANNECY — PORT ET CHATEAU

où elle s'enfouit à 90 mètres de profondeur entre des parois de roche calcaire, si étroites que, des galeries pratiquées pour les visiteurs, on peut les toucher toutes les deux, en étendant les bras. Ce passage extraordinaire a 256 mètres de longueur. Plus loin, le Fier s'enfonce en d'autres gorges non moins belles ; il fertilise la grasse vallée de Rumilly, grenier de la Savoie, se resserre dans le célèbre val de Fier pendant une lieue, passe sous un rocher formant un pont naturel dit le pont Navet, et se jette dans le Rhône, au-dessous de la jolie ville de Seyssel, au centre d'une région de petites montagnes, de cascades, de cirques vraiment ravissante... Mais il n'est pas temps pour nous de reprendre la route du fleuve, le railway nous a conduit de Rumilly à Aix-les-Bains.

Paresseusement couchée entre le mont de la Cluze et le mont du Chat, ainsi défendue par eux contre les vents meurtriers de l'orient et du septentrion, Aix jouit d'une température égale, d'un climat doux et chaud ; c'est la plus heureuse petite ville de la Savoie. Les Romains en appréciaient l'agrément : *Aqua* ou *Aquæ Gatianæ* (*Vicus aquarum*) ne manquait sans doute ni de villas, ni de visiteurs. Les guerres, les incendies qui l'affligèrent au moyen âge détruisirent la *vivitas* ancienne ; il lui reste cependant de notables témoins de son antiquité : l'arc de Campanus où l'on déchiffre encore le nom de Lucius Pompeius Campanus et quelques lettres d'une inscription votive, les fragments d'un temple dédié à Vénus ou à Diane, des Thermes un peu mieux conservés... Aix alors, comme aujourd'hui, devait son importance, présumable d'après ces débris, aux vertus curatives des eaux sulfureuses que lui versent en abondance deux sources différentes, nommées l'une, Fontaine de Saint-Paul ou Eau d'Alun, l'autre, Eau de Soufre. Mais après la ruine de l'Empire, médecins oublièrent et malades délaissèrent les thermes allobroges : on y revint seulement à la fin du xviiie siècle. En 1772, Victor Amédée III, roi de Sardaigne, fit construire l'établissement balnéaire qui, très agrandi depuis l'annexion, et fort bien aménagé, s'élève en face même de l'arc romain ; il est aujourd'hui en pleine vogue. Dès la belle saison, les malades y affluent ; rhumatisants, scrofuleux, blessés dont les plaies ne se cicatrisent pas, prennent en douches, en bains, en boisson les eaux guérissantes. Si l'on en croit le musée local, où leurs cas pathologiques sont représentés en cire, et « d'après nature », ils recouvrent la santé.

A ses milliers de solliciteurs du plus précieux des biens, Aix offre de confortables hôtels, des villas embaumées, des jardins où le figuier et l'olivier viennent en pleine terre, à côté des plantes du Nord et des fleurs des Alpes. Ils ont pour se promener, se distraire, un casino d'une rare somptuosité, une Villa des Fleurs, un parc, et,

GORGES DU FIER

ce qui vaut mieux que tout cela, les promenades en bateau sur le lac du Bourget, le beau lac chanté dans les vers immortels de Lamartine, le lac cher aux curieux des origines de l'humanité, depuis qu'on y reconnut, à maints vestiges, l'existence, aux époques préhistoriques, d'une colonie ancestrale établie en des habitations lacustres.

Le petit port où l'on s'embarque est à moins d'une lieue de la ville; on y va par une route ombragée qui passe devant les carrières de pierre appelées Roches du Roi, d'où les Romains extrairent longtemps les matériaux de leurs constructions. D'un faible promontoire, on découvre une assez grande étendue du lac : nappe d'eau limpide et bleue, d'un bleu sombre, dormant entre des rochers escarpés, âpres et nus sur la côte occidentale, sur la côte orientale plus mollement abaissés et parsemés de riantes végétations. Il a 16 kilomètres de longueur, 5 de largeur moyenne, 100 mètres de profondeur entre deux points extrêmes. Le bateau en fait le tour en quelques heures, dessert d'assez jolis villages : le Bourget, recommandable par son église du moyen âge ; Bourdeau, dont le chastel gothique, bâti sur le roc, domine toute la surface du lac de son faîte couronné de créneaux et de ses poivrières ; l'abbaye de Haute-Combe, le château à demi ruiné de Châtillon où Lamartine, hébergé par un vieux gentilhomme savoisien, lui dédia, en façon de remerciement, une de ses plus gracieuses méditations ; puis Marlioz, Tresserve, voisins des antiques ruines lacustres.

Le bateau vous achemine non loin de la gorge étrange de Sierroz, de la belle cascade de Grésy, mais le chemin de fer, suivant la rive droite du lac, le franchissant même en partie sur une mince jetée, peut vous conduire assez près de ces rares spectacles. Ce qu'il ne peut pas, c'est mener à Haute-Combe ; il y faut le secours d'un batelier, qui ne manque jamais d'amateurs.

Vaste ensemble de bâtiments dénués de style, que signale au loin une tour carrée dressée contre le rivage, le monastère de Haute-Combe était la nécropole auguste des ducs de Savoie, leur Saint-Denis. Les tombeaux de beaucoup d'entre eux garnissent encore l'intérieur de l'église, reconstruite en partie en 1824 et faiblement ornée de peintures et de sculptures dans le goût troubadour de l'époque. Les mausolées des princes, en pierre blanche et tendre de Seyssel, surmontés de leurs statues couchées ou agenouillées, et ornés aux faces de bas-reliefs funéraires, brillent par une exécution élégante et facile ; les plus beaux, rangés contre la porte de la sacristie, sont ceux de Pierre de Savoie et d'Anne de Zæringen ; ils respirent la grandeur. Pour la chapelle Saint-André, où sont inhumés les moines, elle offre des tableaux et des vitraux de mérite.

Au midi du lac du Bourget, à l'ouest du lac beaucoup moins étendu, mais tout aussi charmant d'Arguebelette, Chambéry tasse ses hautes maisons grises dans un cirque de montagnes dont la plus haute est la Dent de Nivolet ; par sa propreté relative, la largeur de ses

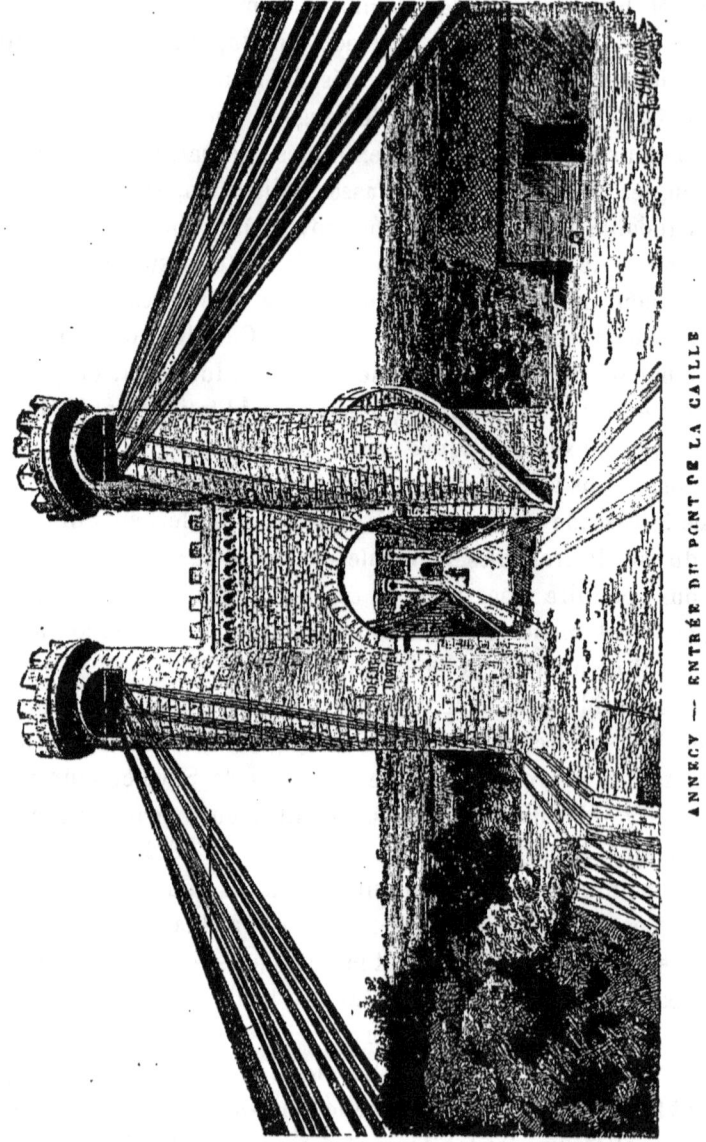

ANNECY — ENTRÉE DU PONT DE LA CAILLE

rues, ses édifices, l'ancienne capitale du duché de Savoie justifie assez bien son ancienne importance. A tout seigneur, tout honneur : le château comtal et ducal transformé en préfecture d'abord attire les regards. C'est une vaste construction élevée en terrasse sur des murs énormes, compliquée de tours et de tourelles à mâchicoulis et dont l'ensemble ne manque pas de caractère. Plusieurs siècles y ont mis la main ; on reconnaît à ses portes, à ses fenêtres les styles des xiii°, xv° et xvi° siècles. Dans le plein de l'édifice s'emboîte une très élégante Sainte-Chapelle, décorée à l'extérieur de jolis fleurons encadrant de hautes fenêtres ogivales et revêtue au dedans de fresques en grisaille d'un agréable coloris.

Ce château moitié forteresse, moitié palais, servit de résidence

LE RHONE A SEYSSEL

aux heureux descendants des petits comtes de Maurienne devenus, à force de politique et de batailles, les premiers des nombreux féodaux de la Savoie. C'est de là que toute cette lignée de princes aventureux, guerriers et braves, préparèrent, en se mêlant sans cesse aux affaires de la France et de l'Allemagne, la grandeur de leur maison. Chambéry, après Saint-Jean-de-Maurienne, fut le berceau des futurs rois de Sardaigne et de Piémont, qui gouvernent l'Italie aujourd'hui. C'est à Chambéry qu'Amédée V, dit le Grand, s'étant croisé, substitua dans ses armes la croix blanche des chevaliers de Rhodes à l'aigle du Saint-Empire. C'est à Chambéry qu'Édouard Ier organisa l'escadron de Savoie, noyau d'une armée permanente bientôt célèbre pour sa vaillance et sa solidité. C'est encore à Chambéry qu'Amédée VIII, le sage ou voluptueux ermite de Ripaille, le Salomon de son siècle, disait-on, reçut de l'empereur

LAC DU BOURGET — CHATEAU DE BOURDEAU

Sigismond, en 1416, le titre de duc. Un siècle et demi après cet événement, ses successeurs, ayant conquis le Piémont, transportaient à Turin le siège de leurs États. Alors cessa le rôle politique de Chambéry. Il eut un gouverneur. Bien que souvent troublé, de Henri IV à Louis XV, par les invasions françaises, il vécut sans doute de la bonne vie bourgeoise dépeinte par Jean-Jacques dans les *Confessions*. Écoutez-le : « S'il est une petite ville au monde où l'on goûte la douceur de la vie dans un commerce agréable et sûr, c'est Chambéry. La noblesse de la province, qui s'y rassemble, n'a que ce qu'il faut de bien pour vivre, elle n'en a pas assez pour parvenir ; et ne pouvant se livrer à l'ambition elle suit par nécessité le conseil de Cynéas. Elle dévoue sa jeunesse à l'état militaire, puis revient vieillir paisiblement chez soi. L'honneur et la raison président à ce partage. Les femmes sont belles, et pourraient se passer de l'être ; elles ont tout ce qui peut faire valoir la beauté et même y suppléer... »

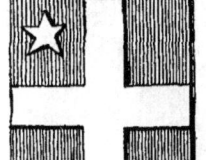

CHAMBÉRY

Ou nous nous trompons fort, où Chambéry produirait sur un étranger appelé à y demeurer quelque temps, et mêlé comme Jean-Jacques au « beau monde », l'impression si joliment décrite. Il nous apparaît toujours peuplé d'une vieille noblesse provinciale, modeste en sa fortune, en ses goûts, et d'une bourgeoisie bienveillante, à l'humeur facile. Mais nous y passons trop vite pour emporter, ainsi que le protégé de Mme de Warens, des souvenirs aimables « d'accueil aisé et gracieux, d'esprit liant ». Ces fleurs délicates ne s'épanouissent guère sous les pas du touriste. Nous voyons de grands murs, teintés de gris, couleur peu réjouissante, de lourdes églises dont les peintures murales exécutées en trompe-l'œil, à la mode italienne, ne sont que d'habiles décors ; des casernes très grandes, et par les boulevards, aux alentours de la gare, un peuple endimanché — c'est le jour du Seigneur — se promenant sans plaisir visible, l'allure grave, la figure morne. Et, songeur, nous nous demandons si Chambéry, capitale d'un petit État, n'était pas plus original, plus vivant, plus allègre, que ce chef-lieu administratif d'un des quatre-vingt-six départements français.

Il s'embellit, cependant. Au centre, sur la plus belle place, s'élève une fontaine « monumentale » d'un goût singulier ; le socle en est flanqué de quatre éléphants de granit et porte une colonne surmontée de la statue d'un Savoisien illustre... en Savoie : le général de Boigne. Des bas-reliefs rappellent les exploits de ce soldat chez les Mahratas, dans les Indes, où il conquit une immense fortune ; une inscription constate qu'il fut le généreux bienfaiteur de ses compatriotes.

Le Musée départemental a été installé récemment dans un édifice luxueux ; ses collections abondantes de monnaies et de médailles, de minéraux, ses cartes et ses plans en relief, sont intéressants pour l'histoire et la géologie de la Savoie. Entre le musée et le palais de Justice, se dresse la statue du jurisconsulte Favre, homme de bien, mort en 1624. Antoine Favre fut le père du grammairien Vaugelas, né à Meximieux, dans le Bugey, et l'ami particulier de saint François de Sales : celui-ci l'un de nos excellents prosateurs au commencement du XVIIe siècle, celui-là, dont les recherches savantes, l'épuration méticuleuse, fixèrent la langue française, saine et forte, des écrivains du grand siècle. Tous les deux

MOULINS DE GRESY

prouvent à quel point notre littérature était alors en honneur et en culture dans la studieuse Savoie ; notre génie échauffait ses intelligences d'élite, nos grands hommes leur étaient des modèles et des exemples, et nous devons Jean-Jacques à cette heureuse influence ; il reçut en Savoie l'étincelle et la leçon.

Sans offrir les attraits superbes des Grandes Alpes, les alentours de Chambéry sont pittoresques. Si vous avez le loisir d'aller aux abîmes des Myans, autour de Chignin, aux cascades de Jacob, s'il vous sourit de gravir la Dent de Nivolet ou de chercher, à la base de cette montagne et de celle de la Chaffardon, la gorge où la Doria se précipite dans un abîme, certes, vous n'en aurez pas le regret. Pour nous, séduits encore par la littérature, les descriptions magiques d'une plume ensorceleuse, nous sortons de la ville pour monter la rampe ardue qui mène au vallon des Charmettes. Nous y voici. A gauche, des bois de petite futaie ombragent un coteau ; à droite, grimpent des vignes et des vergers dépendant de simples maisons, assez semblables les unes aux autres pour nous faire hésiter. Laquelle fut la retraite de Mme de Warens, où commença « le court bonheur » de la vie de Jean-Jacques, les « paisibles mais rapides moments » qui lui donnèrent le droit de dire : « J'ai vécu » ? Nous la cherchons du regard ; c'est la dernière et encore « la plus jolie ». Elle est couverte en ardoises ; un pavillon de jardinier la précède ; on lit sur la façade, au-dessus d'un écusson nobiliaire, la date de 1662 ;

ABBAYE DE HAUTE-COMBE

elle a des volets verts, un appentis pour les instruments de jardinage. De la terrasse où elle est située, on descend par quelques marches dans le jardin, que traverse une allée de très vieux platanes.

Un banc de pierre, sous un berceau, abritait sans doute les rêveries de l'ardent jeune homme, incertain de son avenir et cherchant à tâtons le chemin de l'immortalité. Tout ce qu'il aimait nous semble à sa place accoutumée : le petit bois de châtaigniers, les prés pour l'entretien du bétail, et rien ne dépare l'agreste horizon où point, à peine distincte, la ville. Les années même ont respecté l'inscription gravée sur marbre en 1793 par les soins du conventionnel Hérault de Séchelles :

Réduit par Jean-Jacques habité,
Tu me rappelles son génie,
Sa solitude, sa fierté,
Et ses malheurs et sa folie.
A la gloire, à la vérité,
Il osa consacrer sa vie,
Et fut toujours persécuté
Ou par lui-même ou par l'envie.

A trois ou quatre lieues de Chambéry, par une route encore bordée de quelques-unes de ces tours à signaux dont les feux allumés en

MONTMÉLIAN

cas de guerre, de danger imminent, jouaient au moyen âge le rôle du tocsin dans les pays de plaine, Montmélian ou Montmeillan (*Mons Æmilianus, Monte-Migliano*) dresse encore sur un roc des lambeaux de la forteresse puissante qui défendait jadis l'accès des quatre routes du mont Cenis, de la Tarentaise, de Grenoble, et de Chambéry. Prise en 1600 par Henri IV, qui faillit y être tué d'un boulet de canon, et par Lesdiguières, mais surtout ruinée en 1691 par les troupes de Catinat, après trente-trois jours de tranchée ouverte, ce n'est plus qu'un joli point de vue, d'où se déploient les deux superbes moitiés de la vallée de l'Isère, le Graisivaudan et la Combe de Savoie.

De Montmeillan on pourrait, laissant derrière soi l'étrange contrée des Abîmes de Myans, toute semée de lacs et de monticules, ceux-ci élevés, ceux-là creusés en 1248 par un éboulement célèbre du mont Granier, lequel détruisit d'un coup seize villages, on pourrait, disons-nous, remontant avec le train le cours de l'Isère, aller à la riante Saint-Pierre-d'Albigny, aux ruines de l'antique château de Miolans, sur le chemin de Châtelard, cette capitale imperceptible du fertile pays de Bauges, dont on dit : « Plantez le soir un bâton dans un pré, le lendemain vous ne le verrez plus, tant l'herbe aura grandi ». Vous voilà aux portes de la pauvre Albertville que l'Arly

VALLÉE D'ALBERTVILLE

divise toujours en deux parts distinctes : l'Hôpital, sur la rive droite, et, sur la rive gauche, Conflans, assiégé par François Ier, lors de sa première expédition d'Italie. Mais ici plus de chemin de fer ; s'il vous plaît d'approcher les grands sommets des Alpes Grées, louez un mulet et un guide. Voulez-vous parcourir la Tarentaise? Prenez la diligence. Vous arriverez par la route nationale à Moutiers, ville naguère épiscopale, dont l'église renferme de curieuses reliques des arts du moyen âge. Le pays est sombre, pauvre, presque toujours froid, mais les admirables spectacles! Le Doron de Bogel roule sous les sapins, entre les rochers extraordinaires de la gorge de Champagny, les eaux abondantes déversées par les énormes glaciers de la Vanoise. L'Isère, de cascade en cascade, s'élance et bondit dans les gorges de Brévières et parmi les herbages du val le Tignes. Cependant l'histoire a vivifié ces régions austères : Aime, l'antique Axima, Bourg-Saint-Maurice, Seez, Tignes, entourés de lacs, vous intéressent à leurs antiquités celtiques et romaines. Le val de Tignes vous montre à la fois les sources de l'Isère et les frontières de la France dans le glacier de la Galise ; mais, à moins de chasser le chamois, aurez-vous jamais le désir de vous enfoncer dans ces profondes solitudes?

On va dans la Maurienne beaucoup plus aisément que dans la Tarentaise : le chemin de fer y trace la grande route d'Italie, des trains la sillonnent plusieurs fois par jour en sa grande largeur. Ces trains, qui répandent ailleurs la civilisation, ne profitent guère à cette âpre contrée de rudes et noires montagnes enserrant trois vallons ignorés, d'un accès difficile. Partout les sapins y étendent leur noir manteau ; les glaciers y maintiennent pendant huit mois de l'année une température frigide ; des torrents la dévastent à la fonte des neiges ; les ours, dans leurs cavernes, y sont plus à l'aise que les hommes dans leurs chétifs villages isolés. Une population misérable, qui diminue chaque année, lui donne à peine l'apparence de la vie. Elle se compose pour un tiers de malheureux sujets atteints de ces deux infirmités inséparables, le goitre et le crétinisme, que la science attribue à l'influence des roches magnésifères Ce n'est que dans les lieux élevés, baignés d'air pur, que les hommes échappent à ces maux du terroir ; ils sont alors remarquables par l'obligeance, l'aménité et la droiture du caractère.

SAINT-JEAN-DE MAURIENNE — TOUR DE L'HORLOGE

Saint-Jean-de-Maurienne est la grande ville de la vallée. Oh! une bien petite grande ville, bien mal bâtie, bien sale, cependant presque illustre, car elle fut la résidence et la citadelle de ces vaillants seigneurs de Maurienne, d'où sortit, par le comte Humbert *aux blanches mains*, protégé de l'empereur Conrad, la maison royale de Savoie. Le mausolée du comte Humbert décore précisément le portail de la cathédrale, où l'artiste et l'archéologue auront plaisir et profit à s'arrêter. C'est un assez beau vaisseau gothique, commencé au xii° siècle, achevé au xv°, mais l'architecture extérieure en est le moindre mérite. Le grand luxe et les goûts élevés des puissants évêques de Maurienne se révèlent principalement dans la charmante décoration du chœur et des chapelles. Il y a là des boiseries superbes, quarante-quatre stalles sculptées par Mochet (de Genève) dans un style large et robuste. De belles figures rustiques, copiées dans le pays même, y représentent, avec infiniment d'énergie et de naïveté dans la physionomie, des hommes et des femmes de la Bible, de l'Évangile. A côté de ces boiseries, les Italiens du xv° siècle ont laissé de gracieux reliefs en albâtre, dont les personnages sont posés, groupés, drapés avec toute l'aisance et la délicatesse de leur meilleure époque.

Au delà de Maurienne, les rives de l'Arc nous conduisent dans la région, de plus en plus déserte, où se disséminent les dernières petites villes de la frontière : Modane d'où le train prend la direction du sud et disparaît, *extra patriæ*, sous le tunnel des Alpes ; Saint-Michel, Lanslebourg... Mais il nous faut revenir en pleine France, sur les bords du Rhône. Et le train nous montre pour la seconde fois le rivage dentelé, les eaux limpides et bleues du lac du Bourget, et, dans ce pur miroir, les longs reflets tremblants des noires silhouettes de la Dent du Chat, des pâles façades de Haute-Combe.

Entre Rions et Culoz, le fleuve est passé : très large, vif, encombré d'îlots qui sont des touffes de verdure, on l'entrevoit dans un éclair. Il court ainsi, bondit droit vers le sud, jusqu'au bloc inaccessible où se juche le fort de Pierre-Châtel ; là, brusquement, il se détourne vers l'ouest, puis s'incline, et, tout à coup, monte au nord-ouest, achève de dessiner l'anguleuse presqu'île dans laquelle s'enferme le montueux et boisé pays de Belley.

Cependant, le chemin de fer, assez loin de la rive gauche du Rhône, dont il se rapproche peu à peu pour le rejoindre aux portes de Lyon, traverse le fruste Val-Romey. Sur chaque côté de la voie se penchent de sombres montagnes, le Grand-Colombier, le Molard-de-Don, le

Charvet : de Virieu à Ambérieu, il circule avec de claires rivières, aimées des truites, la Ferrand, l'Albarine, dans un étroit et profond défilé, souvent le murmure des sources, les sonorités des cascades, grossis par l'écho, se mêlent à son fracas. Il visite des bourgades indifférentes, entre autres Virieu, lieu féodal, marquisat, où vécut et composa la célèbre *Astrée* le seigneur écrivain Honoré d'Urié.

CLOCHER DE LA CATHÉ-
DRALE DE SAINT-JEAN-DE-
MAURIENNE ET MONTAGNE
DU GRAND CHATELARD

Comme les beautés agrestes d'une région peu foulée se rencontrent en deçà et au delà, un voyageur, débarqué à Virieu, s'en ira de cette station explorer fort aisément le Grand-Colombier, riche en végétaux ; sur sa route se dresse l'aqueduc romain de Vieu, creusé dans le roc et si solide qu'on l'utilise encore ; plus haut, la commune de Songieu l'intéresse aux ruines de l'ancienne ville forte de Châteauneuf, capitale du Val-Romey, au moyen age.

A défaut de l'embranchement construit pour desservir le calme Belley, c'est de Virieu une promenade de deux heures à peine. Belley, vieille cité ecclésiastique, où réside toujours l'évêque, pasteur de la Bresse, du Bugey et du pays de Dombes, se flatte de posséder dans sa cathédrale une admirable statue de la Vierge, presque un chef-d'œuvre, sculpté par Chinard, et dessiné par Canova. Mais les amants de la poésie, les jeunes gens, les femmes, n'y cherchent-ils pas avant tout le collège où Lamartine fut élevé, et soupira les vers inscrits au frontispice des *Méditations* ?

Aux alentours de Belley, vous voyagez sur une terre célèbre dans la tradition religieuse. Plus d'une abbaye y fut en grand renom. Des vallons presque fermés, ignorés, convenaient aux retraites monastiques. Nulle part on ne croit être plus loin du monde que dans la solitude mélancolique du lac des Hôpitaux, où s'établit la fameuse chartreuse de Portes, si ancienne, si vénérée, protégée par les comtes de Forez, les archevêques de Lyon, les rois de France

Cependant, à deux lieues, on retrouve la plaine et la vie active. Déjà sont tout animées par l'industrie la remuante Ambérieu, Meximieux qui garde la maison natale de Vaugelas, la pittoresque Montluel... Voici la banlieue de Lyon, les talus rectilignes de Villeurbanne, les hauteurs de la Croix-Rousse...

LYON

LYON

Venez-vous à Lyon pour le voir? montez sur la colline de Fourvière. Soudain il vous apparaîtra dans sa majestueuse étendue, sa grâce, et se gravera dans votre souvenir en traits ineffaçables. Nulle ville au monde mieux située et qui soit plus dans le vœu de la nature. Le confluent de deux fleuves magnifiques appelait sur ce point une cité maîtresse. Les peuples du Midi, venus par le Rhône des rivages de la Méditerranée, devaient y rencontrer les peuples du Nord amenés par la Saône; et de leur union, au centre même des terres helvétiques et gauloises, pouvait naître une incomparable capitale, où les mieux douées des races aryennes se fussent donné la main. Lyon n'a pas eu cette haute destinée; mais sait-on ce que l'avenir lui réserve? Les vaisseaux de l'Orient, naviguant sur le Rhône dompté par la science des ingénieurs, ne se rencontreront-ils pas un jour dans son port avec les steamers de l'Amérique, descendus par la Saône? ne sera-t-il pas alors dans l'Europe occidentale l'entrepôt du commerce du monde entier? Le géographe, l'historien, le penseur ont le droit d'entrevoir pour lui ces merveilleuses perspectives, justifiées par ses dons naturels et par la vitalité de son âme profonde, sortie saine et sauve des plus effroyables épreuves.

Regardez-le de la terrasse, mieux encore, du clocher de sa nouvelle basilique de Fourvière, éblouissant symbole de son invincible foi dans l'idéal et de son mysticisme ardent. Nulle ville plus imposante. Devant vous, à vos pieds, la Saône, puis le Rhône répandent la lumière et la vie entre de larges quais réguliers, actifs, dont le parcours total atteint 30 kilomètres. Ces deux grandes voies mobiles, la première nonchalante et paisible en ses longues sinuosités, la seconde impétueuse et trouble, presque droite, tracent, avec ordre la clarté, les divisions des quartiers et des faubourgs. D'un coup d'œil vous en embrassez l'ensemble et les détails.

A l'est, par delà la rive gauche du Rhône, vers le Dauphiné, les Alpes, visibles à votre horizon, s'étendent, grandissant toujours, le faubourg ouvrier de la Guillotière et te riche faubourg des Brotteaux. Celui-ci, les fabricants et les négociants du Centre s'y transportent pour etre plus au large dans de plus modernes constructions; celui-là, aux émigrants d'alentour attirés par la force centripète des cités florissantes, offre un asile très vaste et libre encore. Ainsi, dans cette portion de ville neuve, le pauvre et le riche se coudoient, les rues ensanglantées par les guerres sociales touchent aux avenues somptueuses, leurs limites réciproques s'effacent, la blouse et le paletot se mêlent et vont se confondre, et l'on se demande si les classes antagonistes, rapprochées de la sorte, ne finiront pas par fraterniser?

De la rive du Rhône à la rive gauche de la Saône s'allonge, de plus en plus menue, jusqu'à la pointe de la Mulatière, la presqu'île où, descendue des hauteurs de Fourvière, la ville antique fit quelques pas, où grandit la ville du moyen âge, reconnaissable encore à ses églises, mais où surtout s'imposa, industrieuse et riche, la ville monarchique de Louis XIV. Depuis le grand XVIIe siècle, au quartier historique des Terreaux, au quartier aristocratique de Bellecour, se sont joints le faubourg des tisseurs de la Croix-Rousse et le faubourg industriel de Perrache. Jadis la cité, bornée au sud par la jonction des fleuves, s'arrêtait à l'église abbatiale d'Ainay, édifiée dans le haut moyen âge sur un emplacement où longtemps on crut qu'avait existé le temple consacré par soixante nations de la Gaule à Rome et au divin Auguste. En 1770, l'architecte Perrache conçut l'idée de souder à la ville des terrains d'alluvion agglomérés par le remous des deux cours d'eau, et connus sous le nom d'île Mogniat (1), et il y parvint.

---

(1) Sous Louis XIV, racontent les Lyonnais, le Domaine royal manifesta l'intention de s'emparer de l'île; Mogniat, qui en était le propriétaire, adressa au roi ce spirituel quatrain:

> Qu'est-ce pour toi, grand monarque des Gaules,
> Qu'un peu de sable et de graviers?
> Que faire de mon isle? il n'y croît que des saules,
> Et tu n'aimes que les lauriers.

La poétique requête fut accordée.

Ramenés à la rive gauche de la Saône, vos regards découvrent l'écheveau des rues anciennes, par-dessus lesquelles montent les tours de la cathédrale Saint-Jean. Ils aperçoivent à droite la colline de Saint-Irénée, plus loin celle de Sainte-Foy, à gauche le faubourg de Vaise, et se reposent enfin sur Fourvière, lieu de la commune origine de ces quartiers, de ces faubourgs, aujourd'hui si populeux, si laborieux; jadis, longtemps avant l'ère chrétienne, bois, prairies, déserts, fécondés par les deux fleuves coulant libres, à pleins bords. Alors, sur l'une des deux collines fameuses, Croix-Rousse, Fourvière, suivant les uns une colonie de Rhodiens aventureux s'est établie ; selon d'autres, un humble *oppidum* de Ségusiaves attend, pour devenir une cité, les soins du consul Lucius Munatius Plancus. Seul, ce dernier fait semble prouvé. L'an 48, le Romain appelle des Viennois fugitifs sur ce point unique de la vallée du Rhône, le fortifie, y

LYON — ABSIDE DE NOTRE-DAME DE FOURVIÈRE

laisse garnison et fonde ou transforme Lugdunum: *Log-dun* ou *Lucius-dun* (le rocher du fleuve) ou, de préférence, parce que plus éloquent, *Luctûs dunum*, colline de la douleur! — Ainsi un îlot de boue, *Lutetia*, voilà l'œuf de Paris; un roc, c'est l'œuf de Lyon : image sensible de la différence de leurs tempéraments, car, à travers les siècles, la capitale de la France, malléable comme l'argile, reçoit et garde chaque empreinte, jusqu'à perdre tout caractère original et devenir purement cosmopolite, tandis que Lyon, solide comme le granit dans son indépendance morale, grandit sans perdre son originalité.

Tout de suite, la cité nouvelle devient la première des Gaules et l'une des plus importantes de l'Empire. Auguste y séjourne trois ans ; son gendre Agrippa trace, vers le palais des César, où doivent naître Claude et Caracalla, quatre voies principales. L'habile ingénieur y régularise le cours des eaux, l'abreuve d'eau de sources par des aqueducs dont on admire les restes indestructibles ; il consacre des temples à ses dieux, associés aux dieux des conquérants ; lui bâtit des théâtres, des cirques : l'amuse à des naumachies. Des écoles florissantes y enseignent aux vaincus la langue et la science des vainqueurs. Profitables leçons, qui portent des fruits précoces et merveilleux. Pas de peuple plus prompt à s'instruire ; bientôt il égale ses maîtres. On écrit, on parle avec tant d'éloquence et si purement l'idiome de Cicéron dans l'intelligente cité, que — le fervent Lyonnais Brossette le rappelle à Boileau — les avocats étrangers tremblent de commettre une faute quand ils doivent plaider devant les magistrats de Lugdunum. C'est un proverbe : peureux comme un rhéteur devant le tribunal de Lyon, *ut Lugdunensem rhetor dicturum ad aram.*

Tout à coup, en une nuit, les flammes consument la brillante création du génie latin. *Una nox*, dit Sénèque, *fuit inter urbem maximam et nullam,... penè inauditum, tot pulcherrima opera una nox stravit. Lugdunum quod ostendebatur in Galliá, queritur...*

Ce feu sinistre et mystérieux, qui précéda de cinq années l'embrasement de Rome, attira cependant la pitié de Néron sur Lugdunum ; il fut secouru, reconstruit avec plus de splendeur, enrichi, embelli par les Antonins. Trajan y fit construire le forum monumental dont le nom vieilli, « Forum Vetus », s'est changé, perpétué en Fourvière. Et voici déjà le temps où, sur la ville prédestinée, se lève l'aurore du Christianisme. Le Grec saint Pothin ose prêcher à Fourvière la foi et les doctrines de l'Évangile ; on va l'écouter en foule. Disposé au mysticisme par la contemplation de ses grands paysages brumeux aux lignes austères, le peuple accueille avec transport et grave dans son cœur les beaux rêves et les divins préceptes du Nazaréen. Par centaines, par milliers, des prosélytes demandent le baptême, et par centaines, par milliers, périssent victimes de l'ardeur de leur foi Une première persécution, sous Marc-Aurèle, les livre aux bourreaux, aux gladiateurs, aux bêtes. Vainement. C'est mal connaître les Lyonnais de penser qu'ils puissent céder aux plus terribles rigueurs.

Sérieux, tenaces, froidement passionnés, ils s'attachent d'autant plus à leurs convictions qu'elles sont plus menacées. L'apôtre saint Pothin

LYON — VUE DE LA SAONE — PONT DU PALAIS DE JUSTICE

décapité, saint Irénée lui succède ; on le massacre à son tour par les ordres de Septime-Sévère avec dix-huit mille de ses disciples, hommes, femmes, enfants ; mais le Christianisme triomphe : Lyon sera la primatiale des Gaules, d'où la foi du Christ rayonnera sur toute la nation.

Lugdunum, ruiné par les invasions barbares, abandonne la colline pour la plaine; vous n'en trouverez plus à Fourvière que des vestiges : fragments d'aqueducs, d'édifices, de tombeaux, d'autels votifs, bordant l'agréable sentier en zigzags frayé le long de ses pentes et connu sous le nom de passage Gay. A Saint-Irénée, se voient d'énormes débris de l'aqueduc qui partait du mont Pila. On croit reconnaître au quartier Saint-Just l'hémicycle d'un théâtre, et la tradition place à l'hospice de l'Antiquaille, dans la crypte même de sa chapelle, les cachots du palais des empereurs et la colonne où fut attachée, au moment de son supplice, la chaste martyre sainte Blandine.

Une basilique remplace le Forum Vetus. De granit et de porphyre, des marbres les plus divers et les plus précieux sont soutenues ou parées les murailles de ce sanctuaire si célèbre. L'église est surmontée de quatre tours polygonales. Sa nef byzantine, sa crypte de même style, de même grandeur, d'un luxe égal, sont revêtues d'éclatantes peintures symboliques rehaussées d'or ; la flore merveilleuse et l'étrange faune des cieux apocalyptiques s'y épanouissent au ciel des voûtes sous l'œil bleu des séraphins ; deux lions accroupis au pied des marches de l'autel réalisent la phrase du verset : *Et duo leones stabant.*

A côté de la basilique, dont le luxe prodigieux fait songer aux temples légendaires de Babylone et de Memphis, la chapelle de Notre-Dame de Fourvière, bâtie au xiie siècle, sur les fondations de l'oratoire dédié à Notre-Dame de Bon Conseil, s'ouvre encore, sans cesse, à d'innombrables pèlerins. Ses murs sont entièrement lambrissés d'ex-voto naïfs et touchants ; devant son chevet, un clocher de 28 mètres de hauteur porte la statue colossale de la Vierge mère représentée les bras étendus, bénissant la ville pieuse.

Maintenant, descendez de la colline dans la ville moderne ; mêlez-vous à sa vie, observez ses mœurs originales, étudiez ses goûts. Lyon vous paraîtra pauvre en monuments anciens ; songez à ses malheurs. Son histoire politique est celle des calamités qui l'affligèrent, du ve siècle à nos jours. Des Burgondes, ces puants et gloutons barbares, dont l'odeur et les habitudes offusquaient les sens délicats du patricien Sidoine Apollinaire, il passe sous les lois de l'avide Mérovingien. Au viiie siècle, les Sarrasins le détruisent et le brûlent. Après la mort de Charlemagne, son protecteur, il devient un moment la capitale du royaume éphémère de Provence, puis un fief du Saint-Empire germanique, puis enfin la proie de nombreux féodaux qui l'accablent de péages onéreux. Entre ceux-ci, l'archevêque primat des Gaules et le comte de Forez restent seuls face à face, pour s'en disputer le gouvernement et les richesses ; c'est entre eux une lutte acharnée. L'archevêque triomphe avec l'aide du roi de France, déclaré suzerain. Alors le peuple entre en scène, il proteste et se révolte contre l'autorité temporelle de l'Église, investie de la justice séculière ; il se bat pour ses franchises, est frappé et frappe sans pitié, finalement obtient le droit de nommer librement ses consuls.

CATHÉDRALE SAINT-JEAN A LYON

Vous voilà devant le palais de ces archevêques, jadis si puissants, encore si écoutés ; vous y êtes arrivé par les seules rues où l'on puisse remarquer quelques logis plus ou moins ornés du moyen âge et du xvie siècle. Le palais même, très simple, sans caractère, touche à la cathédrale de Saint-Jean, construite du xiie au xve siècle, et au curieux bâtiment du xie siècle connu sous le nom de Manécanterie, qui veut dire École des élèves chantres.

Saint-Jean, église primatiale, est un sombre édifice sans grandeur Sa façade, du xive siècle, abîmée, pillée par les iconoclastes de la Réforme, intéressera pourtant les artistes : si les niches, pratiquées dans les voussures de ses trois portes, ont perdu leurs statuettes, les médaillons sculptés autour de leurs piédestaux sont intacts et représentent naïvement une foule de petites scènes, de légendes sacrées A l'intérieur, sous la lumière de glorieux vitraux, près du maître-autel, deux croix rappellent le concile général tenu en 1274, où fut proclamée l'union des Églises grecque et latine. Des boiseries entourant le chœur proviennent de l'abbaye de Cluny. Une horloge monumentale est signée Nicolas Lipius de Bâle, 1660. La chapelle de la nef, dite de Saint-Louis ou des Bourbons, est ornée de charmantes sculptures gothiques, très fouillées, brodant un dais dressé au-dessus de saint Louis et de sa fille Isabelle, fondatrice de l'abbaye royale de Longchamp.

Les grands souvenirs du moyen âge se rattachent aux quartiers effacés, presque silencieux, dont Saint-Jean est le centre clérical.

A droite de l'église métropolitaine, près des quais, Saint-Paul, vieille église paroissiale, ornée de figures extatiques, anges musiciens, sculptés au xiii° siècle, rappelle le grand nom de Jean Gerson. Le célèbre théologien, exilé de Paris, où le menaçait la haine du duc de Bourgogne, Jean sans Peur, meurtrier, flétri par lui, du duc d'Orléans, se réfugia à Lyon dans un couvent de Célestins ; il enseignait à Saint-Paul les enfants de ce pauvre quartier ; peut-être y fut-il inhumé.

A gauche, Saint-Just, sous l'invocation d'un évêque de Lyon, mort en Égypte dans la cellule d'un anachorète, et dont le corps, en odeur de sainteté, fut rapporté au v° siècle en sa ville épiscopale. Saint-Just se compliquait jadis d'un cloître où vécut durant sept années le pape Innocent IV. A Saint-Just, le politique Bertrand de Got, élu pape, prit la tiare sous le nom de Clément V, en présence de Philippe le Bel, des grands de France. Et, comme au sortir de la cérémonie le nouveau pontife passait en grande pompe dans la rue voisine du Gourguillon, un mur délabré, s'écroulant tout à coup, le renversa de sa mule, tua sur-le-champ son frère, blessa légèrement le duc de Valois et mortellement le duc de Bretagne qui tenaient, avec le roi, les brides de la monture papale.

Au delà de Saint-Just, sur la hauteur, une église moderne, Saint-Irénée, a pour base la crypte où se rassemblaient les fidèles aux premiers siècles du Christianisme. Un puits, au milieu de la nef de cette église souterraine, fournissait aux néophytes l'eau lustrale du baptême ; on le combla avec les cadavres des martyre tués endant la persécution de Septime-Sévère, et dont les restes exhumés sont exposés maintenant dans un ossuaire contenu par une triple grille.

Par le pont d'Ainay, passez des quais de la rive droite de la Saône sur les quais de la rive gauche ; vous abordez le quartier, sinon le plus luxueux, du moins le plus discrètement riche de la ville, Bellecour.

LYON — MANÉCANTERIE PRÈS DE SAINT-JEAN

Les rues, spacieuses, correctes, tranquilles, disent la vie régulière, confortable de leurs hôtes. Elles appartenaient autrefois à la noblesse de la province ; cette aristocratie, décimée par la Révolution, et, depuis, éclipsée par les hautes fortunes des classes bourgeoises, n'est plus l'unique propriétaire du faubourg Saint-Germain lyonnais. Cependant, les Jésuites y ont fixé leur demeure, comme dans le lieu le plus favorable à leur influence, ici particulièrement réelle et profonde.

Ainay est l'antique paroisse de Bellecour. L'étymologie probable de son nom paraît en indiquer l'origine : *Athanatos* — immortel — consacrerait la sépulture des bienheureux Pothin, Blandine et Irénée. Une abbaye puissante avait jadis en garde les reliques de ces martyrs; elle parut un jour étrangement occupée des choses du siècle, toute mondaine. Alors Théodore du Terrail, oncle de Bayard, en était l'abbé. Dans le cloître de Saint-Martin d'Ainay, transformé en lice guerrière pour un tournoi solennel, le « bon chevalier, sur la dix-huitième année de son âge », fit ses débuts sous les yeux de Charles VIII et de la cour de France. Or, raconte le Loyal Serviteur, « il avait affaire à un des plus habiles et expérimentés chevaliers de guerre qui fût au monde. Toutefois, je ne sais comment ce fut, ou si Dieu lui en voulait donner l'honneur, ou si messire Claude de Vauldray prit plaisir avec lui, mais il ne se trouva homme en tout le combat, tant à cheval comme à pied, qui fît mieux ni si bien que lui. Et de ce les dames de Lyon lui en donnèrent la louange, car, il fallait, après avoir fait son devoir, aller le long de la lice, visage découvert; par quoi, quand il convint que le bon chevalier le fît, assez honteux, les dames, en leur langage lyonnais, lui en donnèrent l'honneur en disant : *Vey vo cestou malotru; il a mieux fay que tous les autres* ». Le jour même, on l'armait chevalier dans l'église.

Cette église, datée du x° siècle, mais trop restaurée pour être originale, conserve au moins les grandes lignes du style roman ; une marqueterie de pierres rouges et noires ressort autour de ses fenêtres cintrées ; son portail est orné de figures hiératiques, ses chapiteaux de longues palmes. Hippolyte Flandrin en a décoré de peintures à fresques l'abside et deux chapelles ; un sculpteur lyonnais, d'un talent facile et gracieux, Fabisch, a sculpté le maître-autel dont le marchepied est formé de deux mosaïques, l'une moderne, l'autre fort ancienne, représentant le pape Pascal II, lequel inaugura le second sanctuaire d'Ainay vers l'an 1106.

Laissons, à droite d'Ainay, le quartier tout battant neuf de la presqu'île de Perrache, son vaste Cours du Midi, tracé devant la gare des voyageurs, sa place Carnot, sa luxueuse église de Sainte-Blandine, et pénétrons plus avant dans la ville historique. Voici la place de Bellecour, simple, vaste, ombragée, ouverte sur la perspective de Fourvière ; — autrefois place Louis-le-Grand, elle porte la statue équestre, sculptée par Lemot, du roi-soleil. Si, à l'ordinaire de la plupart des places percées sous Louis XIV, vous ne la voyez pas bordée de solennelles maisons uniformes, sachez que c'est ici même, à l'angle sud-est, que, le 26 octobre 1793, quinze jours après l'entrée des troupes révolutionnaires dans Lyon soumis et terrorisé, Couthon, pour obéir au décret de la Convention (1), donna le signal de détruire

ÉGLISE D'AINAY A LYON

les hôtels des « ci-devant ». Comme ses infirmités l'empêchaient de marcher, « il se fit placer dans un fauteuil et porter devant un des

---

(1) « Il sera nommé par la Convention nationale une commission extraordinaire de cinq membres, pour faire punir militairement et sans délai les contre-révolutionnaires de Lyon.

« Tous les habitants de Lyon seront désarmés. Leurs armes seront distribuées sur-le-champ aux défenseurs de la République. Une partie sera remise aux patriotes de Lyon qui ont été opprimés par les riches et les contre-révolutionnaires.

« La ville de Lyon sera détruite, tout ce qui fut habité par les riches sera démoli ; il ne restera que la maison du pauvre, les habitations des patriotes édifices de la place Bellecour qu'il frappa d'un petit marteau d'argent, et dit : « La loi te frappe !... » Dans le cortège figuraient quelques hommes armés de pioches et de leviers... » Aussitôt la destruction commença. Beaucoup d'hôtels de grand style tombèrent sous la pioche civique : vous en rencontrerez bien peu dans Bellecour ; il en existe à peine quelques-uns, au quai Saint-Clair, sur la place Tolozan, centre du riche négoce. Cependant plus clémente fut la pioche que le canon et la guillotine ; on massacra les hommes, on épargna relativement les propriétés. Les églises, respectées des révolutionnaires mystiques qui se souvenaient du sans-culotte Jésus, ne furent pas atteintes ; si vous en voyez de mutilées, attribuez ces odieuses profanations aux violences sectaires des huguenots du baron des Adrets, assiégeants ou maîtres de la cité, en plusieurs années lamentables du xvi° siècle, notamment en 1560, 1562.

Au seuil même des vivants quartiers du commerce et de l'industrie, la place Bellecour les commence pour nous ; son Louis XIV y semble hériter de la gloire plus justement dévolue à Colbert, protecteur énergique et persévérant des fabriques lyonnaises. Avant le xvii° siècle, Lyon, où des artisans italiens, exilés de leur patrie au xiii° siècle, avaient importé l'art de faire des étoffes d'or, d'argent et de soie, comptait déjà de nombreux métiers, mais il était surtout l'entrepôt du commerce des soies. Si, pour vêtir galamment les courtisans de Charles VIII, de Louis XII, de François Ier, ses hôtes à l'aller comme au retour des expéditions d'Italie, il fabriqua les somptueux habits dont la description, sous la plume d'un André de la Vigne, d'un Jean d'Auton, d'un Brantôme, nous émerveille encore, il le cédait pourtant à la ville de Tours. Les manufactures tourangelles, protégées par Louis XI et Henri IV, occupaient « plus de vingt-cinq mille personnes du menu peuple » ; grâce à Colbert, la suprématie passa de Tours à Lyon. Un négociant lyonnais, Octavio Mey, inventa

---

égorgés ou proscrits, les édifices spécialement employés à l'industrie et les monuments consacrés à l'humanité ou à l'instruction publique.

« Le nom de Lyon sera effacé du tableau des villes de la République.

x La réunion des maisons conservées portera désormais le nom de *Ville affranchie*.

« Il sera élevé sur les ruines de Lyon une colonne qui attestera à la postérité les crimes et la punition des royalistes de cette ville, avec cette inscription : LYON FIT LA GUERRE A LA LIBERTÉ, LYON N'EST PLUS ! »

alors l'art de lustrer la soie. En 1660, Lyon eut douze mille métiers. Il en avait davantage quand la révocation de l'édit de Nantes, chassant

LYON — PLACE BELLECOUR

ses meilleurs ouvriers, brisa l'essor de cette industrie. Elle se releva lentement. En 1802, Jacquard lui donna son admirable machine. Depuis, avec des chances diverses, des périodes de prospérité brillante et de chômage désastreux, elle lutte à la fois contre les fluctuations de la mode et les efforts de la concurrence étrangère, elle lutte, mais elle vit. Et c'est d'elle encore, de son ingéniosité sans rivale, de son fini, de son éclat, que Lyon tire le principe de sa richesse et son renom universel. La foule que nous croiserons, de la place Bellecour à celle des Terreaux, des Terreaux à la Guillotière, à la Croix-Rousse, à Vaise, dépend plus ou moins de la Jacquard. Heureuse et satisfaite, si les commandes en précipitent l'allure rapide, elle s'émeut, se désole dès que languit, s'arrête l'intelligente mécanique ; son cœur bat à l'unisson des soixante-dix mille métiers groupés dans la ville, les faubourgs, la vaste banlieue ; sa vie est suspendue, pour ainsi dire, à un fil de soie !

Le monde des affaires et du travail anime de ses fièvres la moderne et spacieuse rue de la République, longue suite de magasins, d'hôtels, de cafés, de maisons superbes, entre lesquels, au large, s'élève le palais de la Bourse et du Commerce, si remarquable par l'élégance de ses proportions et son luxe décoratif, auquel ont contribué les sculpteurs Bonnassieux, Fabisch et Roubaud. A quelques pas de ce palais, l'église Saint-Bonaventure ferme le quartier Grôlée, qui fut longtemps un fief féodal, distinct de la ville. Le quartier des écoles et des érudits n'est pas loin. Vous touchez aux admirables quais du Rhône, où donne une façade du lycée, et d'où la petite rue Gentil mène à la basse porte indifférente de la bibliothèque de la ville, installée dans une grande et belle salle, construite sous Louis XIII. Bien qu'à demi ruinée sous la Révolution, qui lui ravit ses chartriers, ses in-folio de Bénédictins, « suspects de fanatisme » et pour ce brûlés en place publique ou vendus à des chiffonniers, la bibliothèque est riche encore de 150 000 volumes, confiés au distingué savant qui nous fait le grand honneur de présenter cet ouvrage à ses concitoyens.

Le Grand Théâtre et l'Hôtel de Ville se font vis-à-vis, à l'issue de la rue de la République ; mais la façade principale de la maison commune regarde la place des Terreaux. Cet édifice, excellent ouvrage de Simon Maupin, fut construit de 1646 à 1655, incendié en 1674, plusieurs fois restauré depuis. Il se compose d'un avant-corps et de deux ailes, sobrement décorés et d'un heureux effet. Des statues emblématiques s'accoudent aux frontons ; au milieu, le cintre d'un tympan encadre la statue équestre de Henri IV. Dans le vestibule monumental sont placés les deux groupes des frères Coustou, *le Rhône* et *la Saône*, qui jadis ornaient le piédestal de la statue de Louis XIV à Bellecour.

Sur la place des Terreaux, le palais des Arts ou de Saint-Pierre,

STATUE DE JACQUARD A LYON

ancien couvent aristocratique des « dames de l'abbaye royale de Saint-Pierre », étale une large façade décorée de pilastres d'ordre dorique et corinthien ; renferme de très belles collections artistiques. En la cour, verte, fraîche et charmante, règne une galerie dont la frise est plaquée de bas-reliefs copiés sur ceux du Parthénon. Le musée lapidaire, exposé sous les arcades, comprend des pièces de premier ordre : sarcophages, tombeaux, dalles tumulaires, inscriptions votives, bas-reliefs, amphores, ossuaires, le fameux taurobole exécuté par l'ordre de « la divine mère des dieux » pour le salut de l'empereur Adrien. Le musée de peinture possède de beaux tableaux des Écoles hollandaise et flamande et, dans l'École française, des toiles supérieures de Le Brun, des Coypel, de Fr. Desportes, du Poussin, de Rigault et de Lesueur. Une galerie particulière est réservée aux peintres lyonnais : Berjon, Bonnefond, Clément, Hippolyte et Paul Flandrin, Genod, Grobon, Guichard, Jacomin, Leymarie, Martin-Daussigny, Orsel, Pupier, Saint-Jean, Soulary, Trimolet, Puvis de Chavannes... L'œuvre de Paul Chenavard, peintre éminent, poète et penseur, lambrisse une salle entière de cartons représentant les scènes grandioses de l'histoire de l'Humanité. Ces belles pages, d'une large facture, sont animées du souffle humanitaire et romantique qui nous les rend déjà rares et précieuses, comme des documents d'une lointaine époque, oubliée et méconnue ; elles répondent aux conceptions philosophiques d'un Quinet, d'un Ballanche, d'un Lamennais et sont dans la peinture l'équivalent de leurs généreux poèmes. Pour Lyon même, elles commentent les fameuses journées ouvrières de 1832, 1834, les chants enflammés de Pierre Dupont...

Comme Toulouse en son Capitole, Lyon, dans son Palais des Arts, consacre une salle des Illustres à la gloire des hommes célèbres qu'il a produits, représentés par leurs bustes à l'admiration de leurs compatriotes. Ainsi se rassemblent Philibert Delorme, Guillaume et Nicolas Coustou, le graveur de Boissieu, Lemot, les de Jussieu, Jean-Jacques Ampère, Ballanche, le maréchal de Castellane, Bonnefond, Jacquard, Perrin, et parmi les femmes Louise Labé, la belle cordière, et Mme Récamier, ce type exquis de la pure beauté lyonnaise issue de la beauté latine. Bientôt, prendront place en cette rare compagnie Pierre Dupont, le savoureux chansonnier, le grand peintre Meissonier, et Soulary, l'impeccable ciseleur de sonnets.

Les Terreaux, c'est, par excellence, la place civique de Lyon. Là, de bonne heure, siégèrent les juges établis pour surveiller les grandes foires du moyen âge, veiller à ce que les privilèges royaux fussent respectés, et décider entre les marchands de leurs contestations. Ce fut aussi le siège des Consuls, puis du Prévôt des marchands et des échevins ; les corporations des métiers y avaient leurs bureaux ;

l'Académie des Sciences, Belles-Lettres et Arts s'y assemblait. On célébrait aux Terreaux les fêtes solennelles de la monarchie ; on y proclamait les édits royaux et, dans les plus graves circonstances, lorsqu'on voulait frapper l'esprit du peuple par des exemples de

LYON — RUE DE LA RÉPUBLIQUE

rigueur, là s'exécutaient les sentences du Parlement. Le 12 septembre 1642, la garde urbaine, le *Pennonnage*, formée de quatre compagnies de bourgeois, se range au centre de la place, autour d'un échafaud de « sept pieds de haut et environ de neuf pieds en quarré, au milieu duquel, un peu plus sur le devant, s'élevait un poteau de la hauteur de trois pieds ou environ, devant lequel on coucha un bloc de la hauteur d'un demi-pied.. » Ce bloc d'un demi-pied, dont parle Montrésor, est un billot, et ce billot funèbre attend la tête charmante et frivole du grand écuyer Cinq-Mars et la tête plus grave de de Thou, ami fidèle jusqu'à la mort.

De la place des Terreaux partait l'ordre de réprimer les insurrections de la faim, déjà fréquentes au xviii° siècle, provoquées par les inondations, les guerres ruineuses, les caprices de la mode. Aux Terreaux commença, par une fusillade et une riposte de coups de canon, le 29 mai 1793, la contre-révolution royaliste et girondine qui devait aboutir aux horribles catastrophes du mois d'octobre suivant. Là, fut guillotiné, par les ordres du tribunal de Rhône et Loire, l'étrange Chalier, sincère ami du peuple, mais à la façon de Marat, tribun sanguinaire mais de bonne foi, auquel il semblait que la Révolution exigeait des sacrifices humains et qui prenait le couperet de la guillotine pour le niveau de l'égalité. Dans l'Hôtel de Ville même, les juges de hasard, nommés pour venger ce meurtre, tinrent les inoubliables séances racontées par l'historien : « ...Ils s'assemblaient le matin de neuf heures à midi, le soir de sept heures à neuf, dans une salle très décorée et dont le plafond représentait des jeux folâtres, des grâces, des amours. Au delà d'une longue table qui partageait la salle et supportait huit flambeaux, on apercevait les cinq juges : Parrein, président, au centre ; à sa droite, Lafaye et Brunière, qui opinaient pour l'indulgence ; à sa gauche, Fernex et Corchand, qui opinaient pour la rigueur. Ils siégeaient tous en uniforme, en épaulettes, la tête couverte d'un chapeau à panaches rouges. Ils portaient des sabres suspendus à un large baudrier noir ; et, sur leur poitrine, un ruban tricolore en sautoir soutenait une petite hache étincelante. Quand ils touchaient la hache, cela signifiait la guillotine ; quand ils mettaient la main à leur front, cela voulait dire la fusillade ; leur bras étendu sur la table, c'était la liberté : signes équivoques qui, mal compris, pouvaient donner la mort et, quelquefois, la donnèrent. Il y avait deux caves à l'Hôtel de Ville, la bonne et la mauvaise : c'était dans la seconde qu'étaient conduits, au sortir de l'audience, ceux qui devaient mourir. On frémit en pensant à quel fil fragile tenait la vie d'un accusé, lorsque, entre les deux juges humains placés à sa droite et les deux juges implacables siégeant à sa gauche, Parrein hésitait ! »

Aux Terreaux, le 21 novembre 1831, parurent les ouvriers en armes, suivant un drapeau noir sur lequel flamboyaient les mots terribles :

VIVRE EN TRAVAILLANT OU MOURIR EN COMBATTANT !

inscription commentée par les cris furieux : « Du travail ou la mort ! » Ils s'emparèrent de la maison commune, et pendant plusieurs jours, honnêtes loqueteux, seulement unis et soulevés pour

LE CHEMIN DE FER A LA FICELLE A LYON

obtenir des salaires moins misérables, gouvernèrent la ville sans dérober un sou à ses immenses richesses.

Ces ouvriers, pauvres créateurs des merveilles du luxe, instruments passifs des plus opulentes fortunes, si remarquables d'ailleurs par leur talent, leur exaltation et leur probité, il nous les faut aller voir chez eux, dans le faubourg légendaire de la Croix-Rousse.

Non loin de la place des Terreaux, un chemin de fer incliné, nommé drôlement « la Ficelle », gravit en quelques minutes la célèbre colline. Vous y êtes ; plusieurs rues s'ouvrent devant vous ; prenez celle qui vous plaira, elles se ressemblent. Ce sont de longues rangées de maisons chétives, écaillées, malpropres, puantes, louées par des ménages et divisées en exigus logements, même, hélas ! en simples chambres, dont les hôtes — ayant le courage de railler leur misère — peuvent encore chanter avec le poète :

> Mal nourris, logés dans des trous,
> Sous les combles, dans les décombres,
> Nous vivons comme les hiboux
> Et les renards, amis des ombres.

Çà et là, entre elles, de maigres jardinets s'étiolent. Plus ou moins, elles retentissent des trépidations que leur impriment les pédales ronronnantes et les battants secs de la jacquard. Quand la commande donne, soixante mille tisseurs, travaillant par petits groupes, où chacun chez soi, — abeilles dispersées de la ruche immense, — produisent ensemble bourdon monotone et joyeux cliquetis. Ce ne sont pas tous de misérables prolétaires ; un grand nombre d'entre eux possèdent un métier, beaucoup en ont davantage ; plusieurs canuts sont même les propriétaires de leurs demeures. La plupart des immeubles de la Croix-Rousse, nous disait l'un d'eux, appartiennent à des ouvriers qui en achetèrent le terrain et payèrent la construction de leurs économies, amassées sou à sou.

Entrez dans l'un de ces petits ateliers de tisseurs, ne serait-ce que pour assister à la fabrication d'une pièce de soie, sous l'œil attentif de l'artisan dont le pied met en branle le mécanisme : La navette joue, les fils des écheveaux se dévident et, descendant vers la trame préparée, y viennent docilement former les dessins creusés en relief sur le patron conducteur ; un déclic à sonnerie, obéissant à ce modèle, ordonne et règle les phases du travail ; l'ouvrier semble n'avoir qu'à le surveiller. Cependant, ne vous y trompez pas, son art est difficile, exige un apprentissage de plusieurs années ; tous les aspirants n'en sont point capables.

Mais il y a souvent dans ces modestes intérieurs de canuts autre chose de plus intéressant à observer que des procédés techniques. C'est l'union intime et profonde des membres d'une famille dans le commun labeur. Le chef, parvenu à force de persévérance, d'application, d'économie, à acheter, l'un après l'autre, quatre, cinq ou six métiers, emploie tous les siens à les utiliser. Il reçoit les commandes des fabricants, partage la besogne entre ses collaborateurs, répond de leurs salaires, et, s'il prélève, suivant la coutume, 50 pour 100 de leurs gains pour le loyer de ses jacquards, ce n'est point égoïsme, puisque son bien leur reviendra, il leur constitue seulement un fond d'épargne. Obéi, respecté, ce maître naturel répond à l'idéal social conçu par Le Play. A surprendre ces braves gens dans leur intimité, à les entendre parler de leurs affaires, de leurs espérances

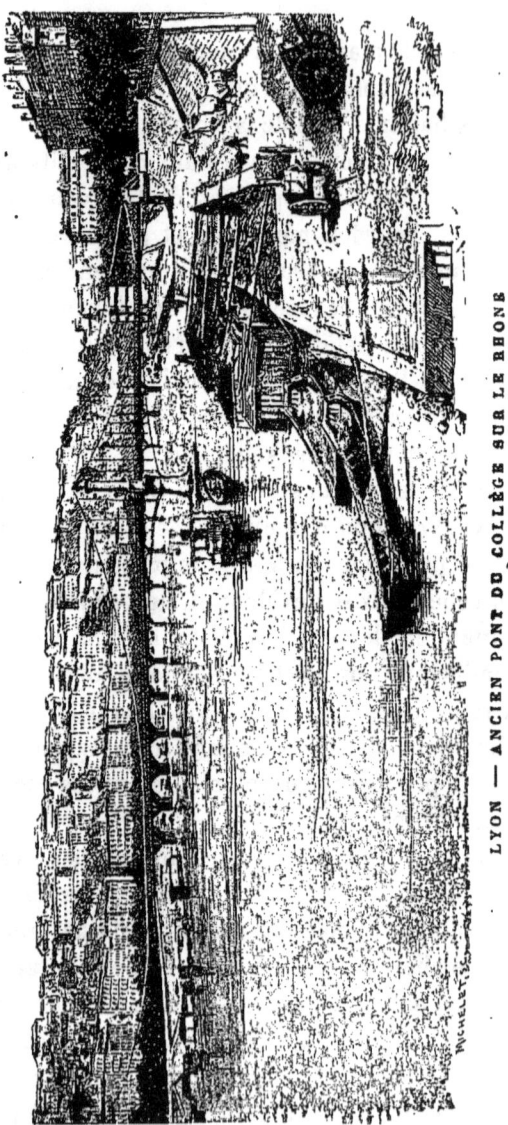

LYON — ANCIEN PONT DU COLLÈGE SUR LE RHONE

et de leurs craintes, vous ne pourrez que rendre hommage à leur candeur, à leur douceur. Résignés aux lois sociales, même lorsqu'ils en souffrent le plus, courbés sans murmure sous la fatalité de l'offre et de la demande, cause obscure et terrible de la hausse et de la baisse des salaires, ils ne se plaignent pas, s'imposent des privations si le profit diminue, luttent sans acrimonie contre les exigences des fabricants, se défendent sans rudesse et, se comparant aux ouvriers des grandes usines, se déclarent heureux de leur indépendance relative. Vivre chez eux, pour eux, de leurs propres instruments de travail, voilà leur idéal. Certes, la gravité de leur caractère, l'honnêteté de leurs mœurs le justifient. S'ils redoutent, repoussent de toutes leurs forces la concentration industrielle ; s'ils détestent la caserne ouvrière, c'est leur droit ; qui oserait les blâmer ? Vivre libre en travaillant est une devise légitime...

S'acheminer des hauteurs de la Croix-Rousse au quai Saint-Clair, limite des Terreaux, c'est passer du monde des ouvriers dans celui des fabricants et des commissionnaires. Là sont les magasins, les comptoirs des *soyeux*, en des locaux sans apparence des fortunes considérables. Ainsi notre promenade dans la ville même s'achève. Mais nous citerons, car un Lyonnais nous reprocherait de les oublier, et nous les vîmes en passant, certaines églises dont il est fier. Saint-Nizier nous montra, dans la rue Centrale, non loin de l'Hôtel de Ville, les œuvres de deux grands artistes : sa façade construite par Philibert Delorme et une statue de Coysevox, *Vierge mère*, de la plus douce expression et d'une allure mouvementée toute charmante. Nous nous arrêtâmes, à la Croix-Rousse, sous le dôme élégant de l'ancienne église des Chartreux, élevée par Servandoni, et dite de Saint-Bruno, devant les stalles sculptées et les statues de Sarrazin.

Voulez-vous maintenant nous suivre par les faubourgs ? Nous passerons le Rhône sur le large pont Morand sans cesse animé ; nous entrerons dans le vaste arrondissement des Brotteaux, superbe en sa blancheur neuve, symétrique, aéré, confortable et sans doute très coûteux. C'est aux Brotteaux, alors empli de terrains vagues, que furent consommés par les balles, la mitraille et l'arme blanche, les horribles massacres des mois d'octobre et de novembre 1793. « ...Sur une levée d'environ trois pieds de large, entre deux fossés parallèles, propres à servir de sépulture, et que bordait en dehors, le sabre à la main, une double haie de soldats, vous eussiez vu, garottés deux à deux et à la suite les uns des autres, soixante jeunes gens qu'on venait d'extraire de la prison de Roanne. Derrière eux, dans la direction du plan horizontal qu'ils couvraient, des canons chargés à boulets...

« Au moment de mourir, les soixante condamnés avaient entonné le chant girondin : le bruit du canon les interrompit... Les uns tombent pour ne plus se relever ; les autres, blessés, tombent et se relèvent à demi ; quelques-uns sont restés debout. O spectacle sans nom ! les soldats franchissent les fossés et réparent à coups de sabre les erreurs commises par le canon. Ces soldats étaient des novices : l'égorgement dura... (1) »

Une autre fois, ce fut plus terrible : « ...Deux cent dix, dont sept au moins se trouvent là par hasard, sont conduits sur le champ de mort. Leurs mains sont liées au dos par une corde qu'on attache à un câble fixé à chacun des arbres d'une longue rangée de saules ; ils ont en face les soldats qui vont les fusiller, et deux canons prêts à vomir la mort contre eux. Le signal est donné ; leurs membres volent épars ; ceux dont les bras sont emportés ne tiennent plus au câble ; ils fuient, la cavalerie part et les achève à la course ; d'autres, en se baissant avaient évité la décharge ; la plupart, qui n'étaient que mutilés, crient à leurs bourreaux : « Achevez-nous, ne nous « épargnez pas ! » et le soldat n'hésite pas de tomber sur les uns et sur les autres à coups de sabre et de baïonnette. Leur grand nombre rendit l'immolation excessivement longue ; la lassitude des assassins ne leur permit pas de la consommer. Combien palpitèrent longtemps ensuite ? Combien respiraient encore le lendemain, lorsqu'ils furent dépouillés et inhumés par des fossoyeurs qui les achevaient à coups de pioche et couvraient leurs corps avec de la terre et de la chaux, dans le moment même du passage de la vie à la mort (2) ? »

Un monument expiatoire, édifié sous la Restauration, rappelle l'affreux excès de nos discordes. Mais les heureux habitants des Brotteaux, favorisés entre tous, ont-ils à songer à ces tristesses ? sur la frontière de leur quartier, à quelques pas de leurs demeures, le délicieux parc de la Tête d'Or ouvre ses allées sinueuses à leurs plaisirs.

Ce parc de 114 hectares, très joliment dessiné, offre, ainsi que le bois de Boulogne parisien, de vaporeuses perspectives, des ombrages habilement nuancés, de grandes pelouses pour les jeux des enfants

---

(1) Louis Blanc, *Histoire de la Révolution française.*
(2) *Récit d'un contemporain*, M. Delandine, ancien bibliothécaire de Lyon.

et les dîners en famille sur le gazon ; une vacherie, un jardin botanique, des volières, des pâturages où broutent moutons et chèvres ; un jardin zoologique où des autruches, des chameaux, des ours, des cerfs se pressent contre les grilles; une basse-cour où picorent toute sorte de gallinacés. Naturellement, ne manquent à ces élégantes attractions ni le grand lac pour les promenades en nacelle, ni les îles ni les îlots où peuvent atterrir les navigateurs, ni les chalets-restaurants, ni l'hippodrome inévitable pour les *steeple-chases* et les courses plates organisées par le Jockey-Club. Cependant, comme une grave pensée au seuil d'un lieu folâtre, se voit à l'entrée du parc, près du quai, un monument pathétique récemment élevé « aux légionnaires du Rhône morts pour la Patrie » pendant la guerre de 1870-71. Debout, au centre d'un hémicycle, la Ville de Lyon, belle de courage et de fierté, élève le drapeau national et, de la voix et du geste, appelle ses enfants à la défense du sol envahi. A ses pieds un soldat meurt ; un mobile vise l'ennemi, un clairon sonne la charge... Ce groupe est signé « Pagny, 1887 ».

Il est tard, le soleil décline. Par les quais ombragés du Rhône, revenons à Bellecour. Belle promenade encore! Le Rhône puissant, le Rhône sauvage en ses colères, le Rhône que le sculpteur symbolise en la forme d'un tempêtueux Neptune, levant son trident meurtrier sur les monstres marins qu'il excite ; le Rhône dont les crues soudaines emplirent tant de fois la ville submergée sous ses flots, unis à ceux de la Saône, de ruines, de douleur et de terreur ; le Rhône, maintenant, roule entre des murs de granit, de bons ports ménagés avec art, de digues protectrices, ses ondes bleues embrasées des flammes du crépuscule, et il semble très doux, assagi. Peut-être, contraint et dompté, l'est-il à jamais ! De beaux ponts le franchissent : pont Saint-Clair, pont Morand, pont du Collège, pont La Fayette, pont de l'Hôtel-Dieu, pont de la Guillotière, pont du Midi. Et ils versent, de la rive droite à la rive gauche, des flots humains, calmes en apparence, comme ceux du fleuve, souvent aussi redoutables, toute la foule, libérée du travail, qui s'engouffre dans les rues tortueuses de la Guillotière, où des maisons montrent encore avec orgueil leurs façades éraflées par les fusillades et les canonnades de la guerre sociale. Là, certaine enseigne percée de balles en 1834, ressemble autant à une cible qu'à un drapeau.

Ne serait-ce point pour le dominer ou l'apaiser que l'administration supérieure s'est fait construire au seuil de ce faubourg, qui joua le second rôle dans les révoltes de 1832 et de 1834, le premier dans l'insurrection de 1871, le palais préfectoral du cours de la Liberté? Elle y serait alors aidée par le plus formidable appareil militaire que

LYON. — LE PARC DE LA TÊTE D'OR

l'on ait pu concevoir, par les forts des Brotteaux, de Villeurbanne, de la Motte, du Colombier, de la Vitriolerie, enserrant de toutes parts, pressant et menaçant le périmètre de la Guillotière, que protègent en outre les vastes casernes de la Part-Dieu, au fond obscur de l'immense faubourg, dans le vague et sinistre espace où grouillent la débauche et la misère noire, sœurs jumelles!

Laissez le faubourg révolutionnaire ; regardez plutôt, sur l'autre rive, son antidote, l'admirable Hôtel-Dieu, dont la façade a 300 mètres de développement et que surmonte, au milieu, un dôme de Soufflot. Très riche, il reconnaît pour fondateurs, au vi^e siècle, le roi Childebert et la reine Ultrogothe. Il dispose de douze cents lits gratuits, de deux cents lits payants; ses services médicaux et pharmaceutiques sont, de l'aveu général, bien organisés. D'ailleurs, les pauvres ont d'autres asiles où frapper en cas de maladie, d'infirmité, de détresse. Hôpitaux, hospices, orphelinats, ouvroirs, écoles d'apprentissage, bureaux de bienfaisance, maisons de retraite et de refuge ne font pas plus défaut à la grande ville que les forteresses et les redoutes, et la charité y doit prévenir les excès de la misère, que le canon réprimerait au besoin.

Cependant, la nuit est tombée; des bouquets de lumière s'allument aux terrasses de la Croix-Rousse; c'est l'heure où la ville active se repose, se tait. Bientôt les rues seront désertes; le Lyonnais, sa laborieuse journée finie, préférant aux flâneries du dehors, aux distractions du café, si cher aux Méridionaux, les joies tranquilles du foyer domestique. Mais il aime aussi les nouveautés théâtrales. Nous le rencontrerons, flegmatique, à son habitude, au Grand Théâtre, où l'on chante l'opéra, dans les salles coquettes des théâtres Bellecour, des Célestins et des Variétés, où l'on joue les comédies, vaudevilles, opérettes, farces et bouffonneries en vogue sur les scènes parisiennes; il ne dédaigne pas non plus le café-concert, les refrains idiots que l'on écoute, la cigarette ou la pipe aux lèvres, en buvant de la bière frelatée... Nous l'aimons mieux, il nous semble qu'il s'amuse davantage, avec plus d'expansion, de franchise, au spectacle de Guignol, dont les acteurs sont des marionnettes fort drôlement costumées et mises en scène. Là, du moins, il s'entend penser et parler, il jouit des saillies de son esprit original et des verdeurs de son idiome pittoresque. Guignol, créé à son image, lui prend son accent traînard et bonhomme, son ton narquois de pince-sans-rire, son bon sens, sa probité, et ce canut de bois peint a des façons de s'exprimer librement, sans vergogne, sur tous les sujets, sur tous les hommes en vue, où il se reconnaît et ne se fatigue pas de s'applaudir. Il faut entendre Guignol se railler des « gognandises » de la politique, des prétentions des parvenus, de l'égoïsme des gros bourgeois, de tous les pantins du monde, quémandeurs de popularité, flatteurs du peuple, charlatans de philanthropie, brasseurs de véreuses affaires; rien de plus jovial et qui porte plus sûrement. Ses compères, Gnafrou, Cadet et l'impayable Mme Gnafron, **type de la** médisante commère, dépensent à lui donner la réplique une verve étourdissante.

N'importe. Le caractère lyonnais est ordinairement froid et con-

LYON — PONT DE LA GUILLOTIÈRE

centré, pensif : il ne s'épanouit qu'au soleil des belles saisons, hors de la grande ville toujours en œuvre et toujours inquiète. Heureusement Lyon a de charmants alentours, vivifiés par son industrie, ses métiers, ses teintureries, ses usines, ses fonderies, agrestes tout de même, semés de maisons de plaisance, de châteaux aux grands parcs et de gentilles guinguettes. Aux dimanches d'été, les Lyonnais de la menue bourgeoisie et du peuple, ouvriers, employés, s'y répandent, et chemins de fer, tramways, *cars-riper*, bateaux à vapeur de tout pavillon : mouches et guêpes, parisiens et gladiateurs, se disputent la faveur de les conduire. Les uns se décident pour la vallée du Rhône, vont à Oullins, où gît l'illustre et malheureux inventeur Jacquard ; à Pierre-Bénite ; à Saint-Genis-Laval, où Charles IX et Henri IV séjournèrent, dans le château de Beauregard ; à Brignais où, le 12 avril 1361, une sanglante bataille, entre les routiers de Séguin Batifol et les troupes de Jacques de Bourbon, coûta la vie à ce prince, à son fils, couvrit de blessures le sire de Grôlée...

Les autres — ce sont les plus nombreux — optent pour les bords de la Saône ; mêlons-nous à leur foule, mais, en partant de la pointe de la Mulatière, où le Rhône bleu et la verte Saône confondent lentement, dans le même lit, leurs eaux, leurs nuances. La vapeur siffle : en route ! Voici le chemin des Étroits ; là, dit-on, Jean-Jacques Rousseau, « couché voluptueusement sur la tablette d'une espèce de niche ou de fausse porte enfoncée dans un mur de terrasse », dormit, à la belle étoile et au chant du rossignol, un si bon somme qu'il s'en souvenait encore en écrivant ses *Confessions* : « ... Mon sommeil fut doux, mon réveil le fut davantage. Il était grand jour : mes yeux, en s'ouvrant, virent l'eau, la verdure, un paysage admirable. Je me levai, me secouai, la faim me prit : je m'acheminai gaiement vers la ville, résolu de mettre à un bon déjeuner deux pièces de six blancs qui me restaient encore. J'étais de si bonne humeur que j'allais chantant tout le long du chemin. »

Nos compagnons de voyage, amateurs de distractions champêtres et de matelotes, n'iront pas à la ville chercher un déjeuner qu'ils trouveront excellent sur les terrasses du quai, mais peut-être chanteront-ils en chemin !

Maintenant nous apparaissent les vénérables édifices de la cité ; nous passons sous le pont du Change, dont une arche, l'arche Merveilleuse, fut célèbre jadis, au temps de la procession des Merveilles, instituée pour commémorer « la glorieuse merveille des quinze mille martyrs, compagnons de saint Irénée ». C'était là une bizarre cérémonie : le clergé de la ville, chantant des litanies, des cantiques, passait sous l'arche sur un bateau pavoisé ; le peuple priait du rivage et se livrait ensuite à des jeux, à des courses nautiques, après quoi « on précipitait un bœuf vivant dans la Saône, par une

L'ILE BARBE AUX ENVIRONS DE LYON

petite porte située au-dessous de l'arche, et toutes les barques se mettaient aussitôt à sa poursuite. On l'atteignait au port du Temple ; là il était abattu, écorché, dépecé et distribué à la foule ».

On double l'antique Fourvière ; voici Saint-Georges, Saint-Jean, Saint-Paul ; au pied d'un rocher, la bizarre statue de bois que le vulgaire appelle l'*Homme de la Roche* représente, selon la tradition, l'industriel philanthrope, Jean Fleberge ou Cléberger, conseiller de la ville en 1548, lequel employait, chaque année, une certaine somme à doter les filles pauvres du quartier du Bourg-Neuf. Le rocher de Pierre-Scise — *petra scissa* — rappelle les travaux d'Agrippa qui le fit scier pour imprimer au cours de la Saône une autre direction. Du château fort redouté, où l'on emprisonna longtemps les criminels d'État, nulle trace ; le beau roman d'Alfred de Vigny sous les yeux, vous ne pourriez en conscience vous y attendrir sur les infortunés Cinq-Mars et de Thou, qui passèrent dans cette lugubre geôle leur dernière nuit d'angoisse.

Nous dépassons le riche faubourg de Vaise, celui de Serin ; la ville s'efface, les jardins, montant à l'assaut des rives accidentées, voilent des maisons de campagne que l'on présume délicieuses. Saint-Rambert est devant nous, et ses frais ombrages de l'île Barbe. Pèlerins du passé, descendez ici. Cet îlot, dans le haut moyen âge, fut un monastère illustré par la science et les vertus de ses religieux. Charlemagne y séjourna, lui emprunta les livres de sa bibliothèque. Il avait alors une enceinte, des tours fortifiées dont il reste quelques débris, entourant la vieille chapelle, Notre-Dame de Grâce, édifiée au xiie siècle. Aujourd'hui, ce lieu d'étude et de prière retentit des éclats de rire et des folles chansons de la jeunesse dispersée aux alentours, attablée sous des tonnelles, ou dansant sous les arbres aux flonflons des ménétriers.

LES RÉGIONS DE LA SAÔNE

CHAPITRE IV

DU BEAUJOLAIS EN BOURGOGNE

Pour continuer sur la Saône le voyage commencé, prenons place dans les vapeurs *parisiens*, qui joignent Lyon à Chalon par un service de transports quotidiens ; ce sera charmant. Le bateau, naviguant vite, mais sans secousse, sur la rivière lente, nous déroulera pli à pli, comme de lourdes toiles peintes aux dessins changeants, les paysages que le train du chemin de fer dévorerait. Cette façon d'aller ne fermera pas nos yeux aux beautés, aux curiosités d'alentour ; de fréquentes escales nous permettront de les voir et d'excursionner fort au delà.

Adieu terrasses chevelues de Saint-Rambert, rochers verts de l'île Barbe, blanches hauteurs de Colluire-et-Cuire, aérienne et fraîche banlieue lyonnaise !... De grands parcs, enveloppant des châteaux, moutonnent sur la rive droite ; des usines sont éparses sur la rive gauche. Tous les villages aperçus, nommés en passant, sont familiers aux habitants de la grande ville. Saint-Cyr, Collonges et le vallon agreste de la Roche-Cardon, dans le massif de collines Mont d'Or, servent de but, d'attrait, à leurs parties champêtres ; ils y vont goûter sous les tonnelles les meilleurs fromages de chèvre de la région. Sathonay les séduit aussi souvent. Le spectacle d'un camp permanent, des exercices militaires, de la vie du troupier sous la tente, peut-il jamais lasser ? et n'est-ce pas un plaisir de s'en retourner, par le Chemin des Soldats, vers l'île Barbe, sans oublier de saluer à mi-côte le tombeau du maréchal Castellane, que désigne au respect la brève inscription :

CI-GIT UN SOLDAT.

... Jusqu'à Trévoux, des hauteurs rocheuses bordent les deux rives ; altières, brusques et raides, ou mollement penchées, tantôt elles ferment l'horizon, tantôt elles ouvrent au regard des échappées superbes sur les Dombes ou sur les monts du Lyonnais ; toujours elles offrent des sites d'une âpreté ou d'une grâce inattendues. Ici, les eaux vertes se resserrent et se pressent entre les murailles escarpées du défilé de Rochetaillée qui les surplombent et les compriment ; là, elles coulent au pied du rocher de Couzon, aux immenses carrières. Cependant, le mont Ceindre, le mont Verdun, le mont de la Roche, principaux sommets du massif d'Or s'enlèvent en vigueur au-dessus des campagnes accidentées de Limonest...

Trévoux, en amphithéâtre sur la rive droite de la Saône, fait bonne et hautaine figure. Écharpant les gradins supérieurs, ses remparts en ruine, une tour octogonale, rude encore, annoncent bien la capitale de l'ancienne principauté de Dombes. Et, malgré la banalité des maisons étagées en bas, les panaches des fabriques, les sifflets de deux chemins de fer, on songe facilement au passé féodal et religieux de la célèbre petite ville dominée par le clocher d'une église du xive siècle. Il serait singulier qu'il en fût autrement, car, isolée presque du royaume, elle garda jusque vers la fin de la monarchie des institutions particulières.

Trois voies romaines se croisaient à Trévoux — de là son origine et son nom ; — tout près Jules César battit les Helvètes. Au moyen âge ce fut le fief envié, considérable, des sires de Thoire-Villars et des Bourbons. François Ier le confisqua au connétable révolté et le donna à sa mère. Louise de Savoie y établit un Parlement qui siégeait encore au xviiie siècle. Il revint plus tard aux Bourbons-Montpensier. La grande Mademoiselle le céda, pour mériter Lauzun, au légitimé de la Montespan, Louis-Auguste de Bourbon, duc du Maine. A ce prince, Trévoux dut l'illustration littéraire ; il y fonda la grande imprimerie dont les Jésuites usèrent aussitôt pour répandre de nombreux ouvrages de propagande et de polémique, souvent discutés, souvent raillés, jamais indifférents. En 1704, parut le fameux *Dictionnaire de Trévoux*, qui n'est point sans valeur, et, dès 1701, les *Mémoires de Trévoux*, journal périodique destiné à changer de nom plusieurs fois. De savants hommes y traitaient des sciences, des belles-lettres, des ouvrages nouveaux et des auteurs contemporains. Ils s'attaquaient volontiers aux plus forts, ce fut à leur dam. Boileau, « insulté » par eux,

BORDS DE LA SAONE PRÈS DE MACON

répondit à ces Aristarques indiscrets par la satire de l'*Equivoque* et l'épigramme :

> Mes Révérends Pères en Dieu
> Et mes confrères en satire
> Dans vos écrits, en plus d'un lieu
> Je vois qu'à mes dépens vous affectez de rire.
> . . . .
>
> Grands Aristarques de Trévoux,
> N'allez point de nouveau faire courir aux armes
> Un athlète tout prêt à prendre son congé,
> Qui, par vos traits malins au combat rengagé,
> Peut encore aux rieurs faire verser des larmes.
> . . . .

Cela n'est pas accablant, plutôt serait-ce miséricordieux. Mais Voltaire, plus malmené que le satirique par les confrères de Nonotte et de Patouillet, ripostait avec infiniment plus de verve, de sel, d'énergie. Ces guerres de plume popularisaient le nom de Trévoux, inconnu auparavant. Célébrité éphémère ! Hormis les rats de bibliothèque et les spirituels lecteurs de Voltaire, qui se souvient du journal et des journalistes de Trévoux ? Il ne reste du Parlement que la belle grande salle du palais de justice, peinte à tresque par Sévin. Mais l'industrie anime un peu le modeste chef-lieu d'arrondissement; s'il pense moins, il travaille davantage. L'*Arguet*, son usine renommée pour l'affinage, le tirage et le battage des matières d'or et d'argent, intéresse les gens du métier.

Des hauteurs de Trévoux, on embrasse distinctement, s'il fait clair et sec, une vaste étendue du brumeux pays des Dombes. Et l'on s'émerveille à l'aspect original de cette contrée, semée d'une multitude de petits étangs, luisant comme des fragments de vitre, entre les buttes des *poypes*, parmi les cultures de seigle, d'avoine, de froment, les terres brunâtres et les chaumières en pisé. Ce tableau rappelle celui de la Sologne autrefois, celui des Landes aujourd'hui; les Dombes sont pourtant bien différents. Ils offrent un plateau de 200 à 300 mètres d'altitude, entièrement couvert d'amas de cailloux roulés, de quartzites des Alpes, sous lesquels des couches d'argile et de calcaire, riches en fossiles, constituent un excellent réservoir agricole. Ces étangs ne sont pas de création naturelle, mais le triste ouvrage des hommes, le résultat pernicieux de leurs discordes et de leur imprévoyance. La plupart proviennent de l'amas des pluies dans les creux du sol imperméable, complètement négligé à la suite des guerres incessantes du moyen âge qui changèrent en un désert affreux une campagne fertile. Pendant plusieurs siècles leurs eaux stagnantes causèrent des maux infinis. Jusqu'en ces dernières années même les fièvres paludéennes décimaient les Dombes; ils s'améliorent à présent. Une ligne de chemin de fer les traversant du sud au nord, de Lyon à Bourg, a nécessité des travaux d'assèchement, d'assainissement dont ils commencent à recueillir les fruits. La mortalité y est moins grande; beaucoup d'étangs en ont disparu, transformés en terre végétale: beaucoup d'autres ne sont conservés que pour fournir du poisson à leurs riverains; il en est que l'on vide tous les deux ans pour les ensemencer, et qu'on remplit derechef après la même période de culture. En somme, la petite province, pittoresque sans être dangereuse, est amusante à visiter. N'y manquent point les ressources; brochets et carpes de chair exquise figurent ordinairement sur les tables d'hôte de ses auberges et les gourmets apprécient fort ses oies et ses dindons, qui sont de la famille des fameuses volailles de la Bresse...

A présent le vapeur longe le Beaujolais ; on voit au loin se dessiner les coteaux où croissaient naguère ses vignobles estimés parmi les meilleurs. Hélas ! en maints endroits le phylloxéra moissonna ces raisins vermeils et tarit l'une des sources abondantes du sang généreux de la France. Il fallut arracher d'innombrables ceps contaminés, planter à leur place des ceps américains, lents à se pénétrer des qualités du terroir. Cependant il n'est pas impossible de boire encore, sans la payer trop cher, une bouteille de *pineau* et le *gamay* se trouve aisément partout. Si vous le voulez, nous nous en rafraîchirons dans la capitale de ce pays, à Villefranche. La ville est à quelque distance de la Saône, sur le Morgon ; elle est industrielle ; sa vieille église, Notre-Dame du Marais, mérite qu'on se donne la peine d'aller admirer les vantaux sculptés de ses portes, la flèche hardie de son clocher... Puis nous reviendrons à bord.

De plus en plus s'effacent les monts du Beaujolais ; seulement, comme de gros points isolés, apparaissent les sommets dont les 900 ou 1 000 mètres d'altitude percent l'horizon. Nous reconnaissons l'église abbatiale de Belleville à son beau clocher roman ; Beaujeu, à l'ouest, cache les restes de son château seigneurial illustré par une des premières familles de France, surtout par la courageuse et prudente Dame, fille de Louis XI, régente de France.

On nous signale, sur la rive droite, les crus célèbres de Thorins et de Romanèche ; les châteaux de Loise, de Luguets, de Tours ; tout nous annonce la proximité d'une ville importante. Et voici, face à face, la Bresse et la Bourgogne ; celle-ci représentée sur la rive droite de la Saône par Mâcon, celle-là par le bourg de Saint-Laurent.

Les quais de la Saône, spacieux et ombragés, sont la jolie chose de Mâcon, le coin de rêverie, de poésie, d'une ville modeste dont les rues, les ruelles, les impasses, poudreuses ou boueuses, gravissent un amphithéâtre sans beauté. La rivière, large nappe placide, facilement enveloppée de brouillards, semble un lac au bord d'une plaine immense. Qui la domine du rivage voit dans un très vague lointain s'estomper les noires silhouettes du Jura et les cimes blanches des Alpes. Ces grandes perspectives émeuvent l'imagination, favorisent le rêve, inspirent le sentiment de l'éternelle beauté. Elles convient à les interpréter l'art et la poésie. Elles emportent l'âme, associée aux spectacles sublimes de la Nature, mais assez loin d'eux pour n'en être pas écrasée, dans les régions sereines où ils se manifestent. Et cette âme, ainsi élevée, si elle est douée, sonore, vibrante, si elle a le génie, se répandra en chefs-d'œuvre d'expression idéaliste. Lamartine dut subir cette influence ; nous attendions ici même l'image du plus illustre des fils de cette terre. Le poète, sculpté dans le bronze, est debout ; la tête dressée, noble et fière, il parle aux foules ; il tient d'une main des feuillets, de l'autre un style ; on cherche sa lyre, mais, bien que le vent du *lac* paraisse soulever l'ample manteau du chantre d'*Elvire*, peut-être l'ouvrage de Falguière fait-il plutôt penser à l'orateur politique.

La maison natale du poète se trouve au plus obscur de la vieille ville, sur la hauteur ; c'est un ancien logis gothique dont la porte est ornée d'un écusson. On lit sur la façade la date de la naissance d'Alphonse Prat de Lamartine : 14 octobre 1790. Depuis cette époque, depuis les belles années de jeunesse, racontées dans les *Confidences*, Mâcon, bien que florissante, enrichie par le commerce des vins, par la tonnellerie, ressemble encore trait pour trait à la description du maître : « ... Deux clochers gothiques, décapités et minés par le temps, attirent sur la ville petite, mais gracieuse, l'œil et la pensée du voyageur. Au-dessous de ces ruines de la cathédrale antique, s'étendent, sur une longueur de près d'une demi-lieue, de longues files de maisons blanches et des quais où l'on débarque et où l'on embarque les marchandises du midi de la France et les produits des vignobles mâconnais. Le haut de la ville, que l'on n'aperçoit pas de la rivière, est abandonné au silence et au repos ; on dirait une ville espagnole : l'herbe y croît l'été entre les pavés ; les hautes murailles des anciens couvents en assombrissent les rues étroites ; un collège, un hôpital, des églises, les unes restaurées, les autres délabrées et servant de magasins aux tonneliers du pays ; une grande place plantée de tilleuls à ses deux extrémités, où les enfants jouent, où les vieillards s'asseyent au soleil dans les beaux jours ; de longs faubourgs à maisons basses qui montent en serpentant jusqu'au sommet de la colline, et, aux alentours de la place, cinq ou six hôtels ou grandes maisons presque toutes fermées qui reçoivent, l'hiver, les anciennes familles de la province ; voilà le coup d'œil de la haute ville. C'est le quartier de ce qu'on appelait autrefois la noblesse et le clergé. »

Les deux clochers gothiques, cités par le poète, sont les tours de l'ancienne cathédrale de Saint-Vincent, aujourd'hui complètement délabrée, abandonnée, mais encore intéressante par d'assez beaux détails : les sculptures de la façade, un rang d'élégantes arcatures et de nombreux débris, réunis à ceux d'un cloître, près d'un tombeau épiscopal du xiiie siècle. Une autre église, Saint-Pierre, est aussi neuve et brillante que Saint-Vincent est sombre et ruiné ; elle a 100 mètres de longueur et le style d'une basilique romane. Avec l'Hôtel-Dieu, construit sur les plans de Soufflot, l'Hôtel de Ville, le lycée Lamartine installé dans l'ancien collège des Jésuites, tous édifices « considérables », mais assez peu artistiques, ce sont là les monuments de la ville.

Mâcon, peu fréquenté au moyen âge, très secondaire ensuite, n'eut jamais grande splendeur ; peut-être doit-il à sa longue obscurité la rare faveur d'avoir pu conserver à travers les siècles une population du type le plus original et d'un caractère accentué. Ce sont des hommes de taille médiocre, trapus, râblés comme les courtes montagnes de leur région, noirs comme leurs forêts, le cou gros, les membres robustes, le teint apoplectique, des hommes rugueux, noueux, marchant avec des allures de portefaix, mais aisément affinables, débordants de sève, curieux et avides de tout savoir, emportés, bouillants à la surface, au fond doux, loyaux, même affables ; les femmes à l'avenant, vives et sensibles. L'excellent vin d'un terroir chargé de principes ferrugineux infiltre dans leurs veines la force exubérante. Si les humbles des champs et de l'atelier se dépensent en discussions, cris, tempêtes, dont le tumulte

MACON — ÉGLISE SAINT-VINCENT

emplit les cabarets, les élus de la fortune, du bien-être se poussent naturellement vers les spéculations élevées, la littérature, les arts, les sciences. On lit beaucoup à Mâcon, on cause des livres. A deux pas de nous, à table d'hôte, un jeune homme du pays dit à l'un de ses camarades :

— J'étudie le violon ; avec une éducation complète, il est *sot* de ne pas savoir la musique.

A notre avis, des mots de ce genre décèlent l'orgueil et l'ambition d'un tempérament.

S'il nous fallait rechercher la cause ancienne et profonde de ces goûts intelligents, nous l'attribuerions volontiers à l'influence séculaire de l'illustre abbaye de Cluny. Ç'a été une très bonne fortune pour la région tourmentée, ardue, quasi sauvage du Mâconnais, que la fondation, au x⁰ siècle, de cette colonie de Bénédictins. Agriculteurs, ingénieurs, architectes, par-dessus tout humanistes épris de l'étude des lettres latines, merveilleux copistes, analystes consciencieux, précieux enlumineurs, les moines de Cluny, desséchant les marais, plantant la vigne, construisant des ponts, des canaux, fondant des écoles, furent des civilisateurs énergiques et de premier ordre. Moralistes, ils prêchèrent d'exemple ; les vertus laborieuses des Odon, des Mayol, des Odilon, des Hugues et Pierre le Vénérable, répandirent au loin la renommée d'un institut de sagesse et de progrès, absolument incomparable. Artistes, ils n'eurent point de rivaux ; leur basilique de Saint-Pierre, édifiée de la fin du xi⁰ siècle au milieu du xii⁰, était un chef-d'œuvre de grandeur où s'harmonisaient, dans un cadre digne de les recevoir, les ouvrages les plus accomplis des gens de métier, verriers, peintres, imagiers, artisans du bois et du fer. Est-ce que la vue habituelle de ces richesses artistiques, augmentées encore de tous les dons de la Renaissance et des siècles classiques, ne fut pas pour quelque chose dans la vocation et le génie du peintre Prud'hon, ce Lamartine de la peinture ?

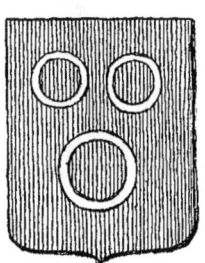
MACON

L'admirable édifice n'est plus ; les Vandales, auxquels des imbéciles le livrèrent pour un peu d'argent, n'en ont laissé subsister que ce qu'ils ne pouvaient vendre, mais ces restes mêmes sont dignes d'attention. Et si le plus puissant foyer intellectuel du moyen âge, avant le xiii° siècle, est à jamais éteint, nous voulons voir encore le lieu consacré d'où il rayonnait sur toute la France chrétienne et contempler ses cendres.

MAISON ROMANE A CLUNY

Une ligne de chemin de fer mène lentement à Cluny, point central d'une contrée montueuse et boisée du plus singulier aspect. La petite ville, nullement déchue, commerçante, bien peuplée, se tasse dans un gracieux vallon cerclé de collines arrondies, qui s'entr'ouvrent sur des perspectives moelleuses. Quelques villages sur les hauteurs font des taches claires parmi les bois, des vignobles s'échelonnent à leurs pieds ; partout, des ruisseaux courent et scintillent. Un chemin de faubourg va de la station aux rues anciennes, correctement tracées entre des maisons de style, reconnaissables sous le plâtre encrassant leurs sculptures. Une inscription sur l'un de ces logis rappelle la naissance du peintre Prud'hon, le 4 avril 1758. Bientôt on aperçoit les bâtiments de la défunte abbaye, utilisés par une École professionnelle d'arts et métiers, condamnée à disparaître prochainement.

L'École occupe l'ensemble des bâtiments conventuels construits du xiv° au xv° siècle, augmentés, masqués et défigurés au xviii° siècle, pour faire place aux architectures de « bon goût » que les hommes d'alors préféraient infiniment au style « barbare et gothique » des âges de foi. Une seule façade, restaurée d'ailleurs, garde le style pittoresque du moyen âge, ses hautes croisées à meneaux sculptés et ses masques symboliques.

A cette façade se rattache le cloître, aujourd'hui tout à fait insignifiant, mais dont l'église bordait un côté de son magnifique vaisseau surmonté de cinq tours et clochers du plus majestueux caractère. Il reste une des tours et trois chapelles de cet édifice, un des plus vastes et des plus beaux du monde. Deux tours énormes en commandaient l'entrée ; elle avait triple nef, double transept, double abside, de nombreuses chapelles rayonnantes, le tout du plus grand luxe décoratif. Elle survécut à la Révolution, mais, profitant de l'abandon où on la laissait, les paysans se mirent à en desceller les pierres pour se construire des maisons. La bande noire consomma la ruine du chef-d'œuvre de l'art chrétien en Bourgogne. A une certaine distance des restes de la superbe église, un arc brisé de son ancienne porte se dresse, énorme, gigantesque, pareil à l'ossement d'un formidable fossile, comme pour permettre de mesurer sa grandeur abattue.

A côté de ce lambeau s'ouvre, sur le vide, l'ample porte romane qui donnait accès dans l'abbaye ; non loin de cette porte, deux pavillons du XV° siècle, très bien conservés, jolis, renferment les bureaux de la mairie et un petit musée d'antiquités locales fort curieux. Ce musée conserve les épaves de l'abbaye et de sa basilique, des coffres-forts, des bahuts munis de ferrures à ramages, des cheminées de grand style, des landiers, des statuettes et des statues, des morceaux d'arcades, de clefs de voûte et de pendentifs, de gracieux reliefs, des clefs massives et d'un travail compliqué, des horloges et des portraits entre lesquels on remarque celui du cardinal de La Rochefoucauld, dernier archi-abbé. Ce prince de l'Église ne régnait plus, en 1791, à la veille même de la ruine, que sur quarante religieux bénédictins, soumis directement à son autorité, mais plus de deux cents bénéfices et deux mille monastères, dispersés en Europe, reconnaissaient encore la prééminence de Cluny.

Auprès de cette collection, passablement mélancolique, le musée expose quelques bonnes peintures, l'œuvre suave de Prud'hon, entièrement gravée, enfin un grand tableau et des estampes, représentant l'abbaye en son état de splendeur ; ces vues ne sont pas faites pour affaiblir nos regrets.

Parmi les abbés de Cluny, qui en compta beaucoup d'illustres, figure au premier rang un cardinal de Guise, ami des arts et fort riche. On doit à ce grand seigneur l'élégant pavillon de la mairie, construit dans le goût de la Renaissance et orné de charmants caprices, malheureusement presque effacés, tombés en poussière.

Tels sont les chétifs restes de l'abbaye d'où sortirent tant de docteurs, où des conciles s'assemblèrent, où des rois, des empereurs et des papes venaient demander aide et conseils, où se formèrent tant d'artistes, où naquit pour s'élever si haut la féconde école des architectes bourguignons, où Pierre le Vénérable, égal d'un souverain pontife, rivalisait d'éloquence avec saint Bernard C'est peu; pourtant la petite ville, à peine moderne, garde encore la forte empreinte de l'institution disparue.

TOMBEAU DE LAMARTINE — CIMETIÈRE DE SAINT-POINT

Les murailles du fief clérical enveloppent Cluny, ses tours de défense à créneaux et mâchicoulis la dominent; les logis, bâtis pour ses tenanciers du xi° au xv° siècle, sont encore debout. On y entre par trois portes du xvi° siècle, et, si elle n'a plus au-dessus d'elle les clochers et les tours de la basilique, ceux des églises Saint-Maïol, Notre-Dame et Saint-Marcel, visibles de loin, lui prêtent toujours l'apparence d'une cité religieuse.

Les alentours de Cluny, de Mâcon, de Tramayes, fourmillent de châteaux plus ou moins modernisés, mais bâtis au bel âge féodal pour assurer à leurs maîtres la possession de bois giboyeux et de vignobles fertiles. Entre ces terres nobles figuraient, à la fin du siècle dernier, Milly et Saint-Point, propriétés des Lamartine. Le gentilhomme de la rue des Ursulines, à Mâcon, y demeurait une partie de l'année ; c'est au milieu de leurs montagnes, sous leurs ombrages, que le futur poète de *Jocelyn* rencontra ses premières et ses plus fraîches inspirations. Lui-même en fait l'aveu en ce commentaire de la première et ravissante pièce des *Méditations* : *l'Isolement*.

« Je l'écrivis un soir du mois de septembre 1819 au coucher du soleil sur la montagne qui domine la maison de mon père, à Milly. J'étais isolé depuis plusieurs mois dans cette solitude. Je lisais, je rêvais, j'essayais quelquefois d'écrire, sans rencontrer jamais la note juste et vraie qui répondît à l'état de mon âme... »

Milly, où d'innombrables pèlerins, si le sentiment de la poésie ne meurt pas étouffé par la science positive, iront dévotement chercher les traces du chantre mélodieux, c'est dans les *Mémoires* du poète qu'il faut le chercher et l'aimer. Au temps de son enfance, c'est « un pauvre village, bâti en crête sur le sommet d'une colline nue et plantée de vignes maigres, à quelque distance de Saint-Sorlin ; quand on a passé ce village, on descend à gauche dans une étroite et profonde vallée remplie par des prés où paissent des vaches blanches et quelques chèvres noires. Un joli ruisseau voilé de saules tordus et d'épines y trace une ligne bleue dans les herbes, pareille aux lignes sinueuses d'un serpent fuyant la poursuite d'un berger... »

De ce petit vallon, un sentier ardu et pierreux entre deux vignes monte vers l'église, et redescend vers la maison du poète. « La porte tenait de la physionomie d'un donjon qui, se souvenant d'avoir été jadis quelque chose de presque seigneurial, voudrait s'élever aux régions supérieures de la noblesse, mais qui est retenu par des constructions rustiques et lourdes aux régions de la bourgeoisie. C'était bien la figure de Milly.

« Du salon, la vue était haute, libre et belle. Elle glissait d'abord, par des toits en pente rapide, du village dans un vallon de vignes entremêlées de champs d'orge et de fèves ; puis elle s'élevait à l'horizon sur des pentes noires où elle reposait sur les tourelles d'un vieux château gothique appelé le château de Berzé, qui était comme la borne du pays. De toutes parts le regard y montait et venait s'y engouffrer par les vallées étroites, par les hauteurs pyramidales, par les crêtes ardues, par les toits des donjons, par les pointes des tourelles, qui y convergeaient en s'y groupant, comme les volutes d'un immense champignon de bois, de pierre, de terre, de rocher. L'œil ne pouvait s'en détacher. C'était comme la parole de ce paysage parlant des temps écoulés aux temps à venir, et défiant la pensée humaine de le démolir ou de l'oublier... »

Jamais le poète n'oublia le rustique Milly, évoqué, célébré magnifiquement dans ces vers :

>Montagnes que voilait le brouillard de l'automne.
>Vallons que tapissait le givre du matin,
>Saules dont l'émondeur effleurait la couronne,
>Vieilles tours que le soir dorait dans le lointain;
>
>Murs noircis par les ans, coteaux, sentier rapide,
>Fontaine où les pasteurs, accroupis tour à tour,
>Attendaient goutte à goutte une eau rare et limpide,
>Et, leur urne à la main, s'entretenaient du jour.
>
>Chaumière où du foyer étincelait la flamme,
>Toit que le pèlerin aimait à voir fumer;
>Objets inanimés, avez vous donc une âme
>Qui s'attache à notre âme et la force d'aimer ?
>
>. . . . .
>
>Voici le banc rustique où s'asseyait mon père,
>La salle où résonnait sa voix mâle et sévère,
>Quand les pasteurs, assis sur leurs socs renversés,
>Lui comptaient les sillons par chaque heure tracés.
>
>Voilà la place vide où ma mère à toute heure
>Au plus léger soupir sortait de sa demeure,
>Et, nous faisant porter ou la laine ou le pain,
>Vêtissait l'indigense ou nourrissait la faim.
>Voici les toits de chaume où sa main attentive
>Versait sur la blessure ou le miel ou l'olive,
>Ouvrant près du chevet des vieillards expirants
>Ce livre où l'espérance est permise aux mourants.
>
>. . . . .
>
>Ces bruyères, ces champs, ces vignes, ces prairies
>Ont tous leurs souvenirs et leurs ombres chéries.
>Là, mes sœurs folâtraient, et le vent dans leurs jeux
>Les suivait en jouant avec leurs blonds cheveux.
>Là, guidant les bergers au sommet des collines
>J'allumais des bûchers de bois mort et d'épines...

Après les années glorieuses et si agitées de son âge mûr, le poète fut se reposer dans les domaines de ses aïeux. Il y menait l'existence quasi rustique des gentilshommes campagnards, faisait valoir son bien, soignait ses récoltes, s'occupait des vendanges ; il était adoré de ses voisins pour son urbanité et son bon sens ; il les étonnait même par sa connaissance pratique des affaires qu'il entendait parfaitement. Cependant les dettes l'accablaient ; on menaçait de vendre ses propriétés. Une souscription nationale, couverte par ses admirateurs, lui conserva Saint-Point où aujourd'hui, selon son vœu suprême, il dort son dernier sommeil, dans le tombeau de ses pères.

Au nord de Mâcon, jusqu'à l'embouchure de la Seille, la Saône continue de séparer la Bourgogne de la Bresse, le département de Saône-et-Loire de celui de l'Ain. La Seille nous conduirait à Louhans, dans la direction de Lons-le-Saunier ; la Saône nous achemine à Tournus, simple chef-lieu de canton, mais petite ville industrieuse, active, plaisante, où florissait une abbaye de Saint-Philibert, fondée pour les Bénédictins par l'empereur Charles le Chauve. La très belle église romane de Saint-Philibert, au joli clocher, était celle de l'abbaye dont les bâtiments conventuels, précédés d'une porte fortifiée, sont occupés par une manufacture. Tournus a d'autres églises : Saint-Valérien, Sainte-Madeleine, toutes les deux construites au XII° siècle ; mais la première n'est plus qu'un entrepôt. La seconde possède un tableau du grand peintre dont la statue décore la place de la ville : Jean-Baptiste Greuze, né en 1725. Greuze est aussi populaire à Tournus que Prud'hon à Cluny. Ces deux maîtres, fils de la même patrie, sont d'ailleurs un peu parents ; tous les deux ont aimé passionnément le Beau idéal, la grâce et la suavité des formes. Si le premier, épris des modèles antiques, est plus pur, le second nous semble plus humain. Quel dommage que l'auteur immortel de *l'Accordée de village* et de *la Malédiction* ne puisse assister un moment à sa gloire posthume ! Il y aurait là de quoi le consoler de l'affreuse détresse à laquelle, pauvre grand homme, il succomba !

Le vapeur s'arrête au bord des deux îles où se groupe la ville la plus considérable du département de Saône-et-Loire : Chalon, véritable port de commerce, servi par de nombreuses voies de communication. Le canal du Centre s'y abouche, les grandes lignes du Nivernais, du Berry, de la Bresse et de la Franche-Comté se croisent aux alentours. Les vins de la Bourgogne y affluent ; les marchandises en transit qui, des différents ports de la Méditerranée et de l'Océan, sont conduites dans l'intérieur de la France, y doivent passer. C'est donc une ville toute moderne, large, neuve et propre, très ancienne cependant : elle existait et prospérait sous la domination romaine ; elle subit les ravages des Barbares, fut saccagée par les Sarrasins et rebâtie par Charlemagne. Il lui reste un beau monument du moyen âge : la cathédrale de Saint-Vincent, bâtie du xiie au xve siècle, mais la façade de cette église, rééditiée de 1827 à 1851, et flanquée de

CHALON-SUR-SAONE

deux tours, n'est qu'une habile imitation du style gothique fleuri. Près de Saint-Vincent, un hôtel privé offre un spécimen original de l'architecture du xve siècle ; d'autres logis, dans les vieilles rues, sont d'époques plus reculées. Un pont de cinq arches, orné d'autant d'obélisques, rappelle, bien qu'élargi en 1780, la date de sa construction (1418) ; et c'est tout. Chalon, tout aux affaires, se soucie médiocrement d'histoire et d'art, ces superfluités. Qui n'est point homme de négoce peut se contenter de le regarder du rivage et, sans regret, passer vite à d'autres émotions.

Maintenant, la Saône nous guiderait vers le nord-est, où elle reçoit le Doubs, auprès de Verdun, baigne Seurre, dont les remparts furent rasés pendant la guerre de la Fronde, et Saint-Jean-de-Losne qui mérita, pour son héroïque conduite au siège de 1636, le surnom de

Belle-Défense. Belle défense, en effet! Quatre mille de ses citoyens et sa garnison de cinquante soldats repoussèrent l'effort de cinquante mille Espagnols et Allemands! Admirable exemple de courage où se reconnaît, à notre avis, la secrète vertu de ces vins de Bourgogne, si chauds à la tête et au cœur. Songez-y, vous qui parlez niaisement de les proscrire au profit de l'eau et de la bière !

Nous sommes au pays des vins généreux. Laissons la Saône s'en éloigner pour courir à travers la Franche-Comté ; nous y pénétrerons davantage encore en revenant sur nos pas, vers Beaune et la ligne de Dijon. Et, tenez, voici déjà le clos de Montrachet aux vins blancs dignes de la table des dieux ; Volney, Pomard, l'Hôpital, Meursault, dont il suffit d'énoncer les noms illustres, en sont à quelques lieues ; partout les vignes couvrent jusqu'au sommet les pentes gracieuses de la Côte d'Or. L'art, en ce pays de liesse, fut toujours le bienvenu ; la richesse appelle les créations du luxe, et la sienne, tirée des entrailles mêmes du sol, semble inépuisable. Églises et châteaux le prouvent ; il en est peu d'indifférents et beaucoup se recommandent par des œuvres exquises. Aussi, quel voyage plus rempli d'intérêt? Nous allons à Nolay saluer la statue en bronze de « l'organisateur de la Victoire », du héros de l'intégrité républicaine et du patriotisme, Lazare Carnot. Bien près, le curieux village de La Roche-Pot rassemble, comme en un résumé de l'histoire de la région, un dolmen désigné sous le nom de « la Pierre-qui-vire », des tombelles gauloises, une église du XIIe siècle, dallée de pierres funéraires aux inscriptions gothiques, et les ruines grandioses du château féodal où demeura l'un des grands hommes d'État du XVe siècle, Philippe Pot, sénéchal de Bourgogne, le fameux orateur, « la bouche d'or » des états généraux de 1483.

Beaune, la cité des vins, se trouve au fond d'un val assombri par un hémicycle de hauteurs lourdes et la silhouette du mont Battoir. Jadis ville forte, une claire rivière arrose ses remparts, changés en simples fossés, que traverse l'avenue de la Gare, entre deux grosses tours rondes, restes de l'ancien château. Bien qu'elle ait beaucoup de rues étroites, aux pavés aigus, Beaune respire l'aisance ; les hôtels y sont nombreux, spacieux, entourés de jardins ; les gens paraissent de bonne humeur. Leurs figures rubicondes plaident en faveur de leur santé, et l'on éprouve sans peine qu'ils ont plus d'esprit que

Piron ne consentait à leur en accorder. Assurément ils sont incapables d'inscrire sur un pont ce légendaire aveu d'un si naïf orgueil : *Ce pont a été fait ici*. Mais nous parlons des bourgeois. Pour les gens du bas peuple, peut-être justifieraient-ils, aux yeux d'un observateur attentif, les malices du joyeux métromane. Ils ont l'ivresse querelleuse, la joie grossière ; l'oreille la moins délicate serait choquée de les entendre échanger à tout propos le gracieux mot de « charogne », détourné complètement de son sens.

L'étude de ces mœurs serait d'un faible attrait pour retenir le voyageur, mais Beaune possède un rare et merveilleux édifice. Ce n'est pas son église Notre-Dame, malgré son clocher, ses jolies chapelles de la Renaissance, ses tapisseries de haute lisse et les vantaux de son porche aux jolies sculptures, enroulées en crosses et en zigzags. Ce n'est pas non plus son beffroi du xv° siècle, bien que sa tour carrée, terminée en pointe accrochant lanternes et clochetons, soit d'un bel effet sur la place de la Mairie que décore en outre la célèbre statue de Monge par Rude, hommage forcé d'un Dijonnais à un Beaunois. Ce n'est pas davantage son église Saint-Nicolas. C'est l'hôpital, dont le style rappelle celui des plus remarquables hôtels de ville de la Hollande et de la Belgique.

HOTEL-DIEU DE BEAUNE

Au dehors, ce brillant édifice ne paye pas de mine; sa courte façade passerait même inaperçue, si un auvent crépi en bel azur semé d'étoiles ne protégeait de son dais ouvragé la porte basse qui vous en ouvre l'accès. D'ailleurs, une inscription sur plaque de marbre armoriée vous signale l'hospice fondé en 1443 et recommande à vos sentiments ses fondateurs : Nicolas Rolin, chancelier de Bourgogne, et Gingonne de Salins, son épouse. S'il en faut croire les mauvaises langues, ce Rolin, détrousseur de grand'route, pillard éhonté et brigand très heureux, ne fut vertueux et charitable qu'à son heure dernière, et probablement par pénitence, afin de mériter au moins le purgatoire ; mais cette explication des largesses du personnage sent un peu l'ingratitude et il vaut mieux ne pas y ajouter foi.

Les façades intérieures, tout en bois ouvragé, sont basses, encapuchonnées d'une énorme toiture en ardoises dont les bords saillants posent sur des colonnettes formant galerie ; des fenêtres en batière, surmontées de gables et piquées de girouettes alternant avec des lucarnes très ornées, versent d'en haut la lumière. De naïves sculptures s'épanouissent aux chapiteaux des colonnes, des aigrettes dentelées courent aux angles des toits et des fenêtres. Très solide, puisqu'il a résisté à l'usure des siècles, l'édifice est d'une légèreté, d'une finesse ravissantes ; on le dirait découpé à l'emporte-pièce dans une planche de sapin frêle, comme un chalet de Nuremberg ou de Saint-Claude. Dans la cour, un puits du xvi° siècle, aux élégantes ferrures, surgit d'un buisson de fleurs ; il alimente un lavoir de la même époque ; tout auprès, une chaire se penche dans le vide. Girouettes aiguës cerclées de couronnes ducales, aigrettes à fleurons recroquevillés, railleuses sculptures, sveltes galeries, tout s'harmonise dans un pur tableau du xv° siècle. Et, comme pour en achever l'illusion, les dames du logis portent précisément le costume bleu céleste ou blanc de lis prescrit par les règles de leur ordre, fondé pour l'hospice de Beaune, aussi ancien que lui, et qui ne s'étend pas au delà.

Ces dames ne sont pas moins fidèles aux autres us et coutumes établis depuis des siècles. Chacune est tenue d'apporter à la communauté une dot de dix mille francs destinée à subvenir à son entretien. Elles prononcent des vœux temporaires, préparent elles-mêmes leurs repas, payent le blanchissage de leur linge, en un mot ne coûtent à l'hospice qu'une somme de 3 francs par an, unique loyer de leurs services, et des vivres deux fois par jour. A ce prix, qu'on ne taxera pas d'exagéré, elles se chargent, avec l'aide d'un infirmier ou d'une infirmière par salle, de tous les soins dus aux malades ; elles prennent part au gouvernement de la maison, elles en surveillent les intérêts. Ce n'est pas là non plus une mince affaire, car l'hospice est fort riche, possède de vastes domaines et jouit de revenus considérables, ceux-ci provenant surtout des vignobles affermés à des cultivateurs, lesquels, en vertu de leurs baux à cheptel, partagent frais et bénéfices. Les vins de l'*Hospice de Beaune* se vendent tous les ans aux enchères à des prix très élevés; ils sont estimés parmi les meilleurs de la Bourgogne.

Grâce à sa fortune, la maison peut recevoir et bien traiter les malades que lui envoient la ville et le département; elle accueille aussi des pensionnaires, obligés à une faible rétribution. Ces malades occupent d'immenses salles voûtées en berceau et carrelées de faïences vernissées, où sont empreintes les armes des fondateurs; la plus grande, restaurée par Viollet-le-Duc, reluit de magnificence

CLOS-VOUGEOT

et de méticuleuse propreté. Traversée de poutres terminées en têtes de dauphins, garnie de lits à longues courtines, rouges en hiver, blanches en été, de sièges, de meubles en chêne lustré, de vaisselle, d'ustensiles étincelants rigoureusement inodores, elle fait plaisir à voir comme le parfait décor de la charité. Les cuisines, les landiers et certain tournebroche à fantoches mécaniques sont d'un archaïsme congruent à l'ensemble.

Le riche hospice expose dans un musée les plus rares pièces d'un trésor accumulé par les ans : ce sont des coffres sculptés, des bahuts couverts en cuir de Cordoue, des tapisseries de Beauvais, — beaux spécimens des quatre-vingt-sept séries de tapisseries que possède la maison, — des horloges étonnantes; des tapis plissés, destinés à draper les murailles et brodés aux armes parlantes des fondateurs, une bible enluminée du XIVe siècle, un exemplaire du roman de Gérard de Roussillon provenant de la bibliothèque des ducs de

Bourgogne ; cent autres objets inestimables. Mais la perle de cet écrin est le *Jugement dernier* de Van der Weyden, merveilleuse peinture des élus ravis en extase et des réprouvés terrifiés à l'aspect des flammes de l'enfer, où des démons les précipitent. La naïveté béate, la raideur anguleuse, la fixité effrayante des figures prêtent à ces créatures chimériques l'hallucinante réalité des êtres de cauchemar, d'autant plus qu'ils se meuvent dans un site terrestre extraordinaire dont les riches détails, exécutés avec une perfection stupéfiante, sont d'un relief qui donne envie de les saisir. C'est toute une vision intense et quasi surnaturelle des espérances et des effrois du moyen âge !

Autour de Beaune brillent, fleurons de sa couronne bachique :

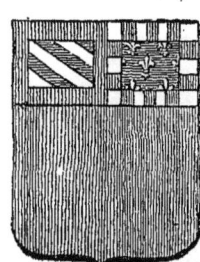

DIJON

Savigny, Nuits, le Clos-Vougeot, Gevrey-Chambertin ! Ces grands crus de Vougeot, de Nuits, des moines les ont plantés, les possédèrent durant plusieurs siècles ; nous sommes à deux pas de la fameuse abbaye de Citeaux, dont Vougeot même conserve les vendangeoirs. Nous irions volontiers a Citeaux, mais que reste-t-il des créations de l'abbé Robert de Molesme, des vicomtes de Beaune et de Saint-Bernard ? Rien ! L'antique monastère a été transformé en colonie agricole de jeunes détenus. Mieux vaut donc, si l'on s'écarte du chemin, aller du côté de l'ouest, vers le mont Afrique, le Plan de Suzon, visiter les beaux jardins, les sources du château d'Urcy, où Lamartine, chez son oncle, écrivit plusieurs *Méditations*.

Mais regardez au loin poindre les tours élancées de Saint-Bénigne, voici l'illustre Dijon, assis au pied du mont Afrique, dans une maigre et vaste plaine où les faibles rivières, l'Ouche et la Suzon, n'apportent plus assez d'eau pour les besoins d'une population sans cesse grandissante. L'antique capitale de la Bourgogne devient l'un des centres industriels de la France. De la Lorraine et de l'Alsace, de la Franche-Comté, lui viennent des ouvriers transfuges, attirés par l'espoir de trouver plus de ressources dans le chef-lieu d'une grasse contrée que dans leur pays natal. A cette invasion, Dijon gagne et perd ; il s'agrandit pour loger les nouveaux arrivants, se renouvelle, mais son originalité s'en va ; il ne sera bientôt plus la charmante ville que nous aimons, que l'on ne peut pas ne pas aimer. Heureusement, il possède encore ce qui nous séduit : ses bonnes vieilles rues provinciales, embaumées de l'esprit du passé, ses belles églises, ses nobles édifices historiques, les demeures de ses grands hommes, ses promenades délicieuses au rêveur. Il est encore la ville saine et de joyeuse humeur : ses autochtones, au gras parler traînard et chantant, aux mœurs simples, aux manières obligeantes, n'ont point disparu, et peut-être formeront-ils à leur image les étrangers qui prennent droit de cité chez eux ?

Le moderne Dijon, aux alentours de la gare, a l'aspect chaotique et battant neuf des villes naissantes : de grandes avenues le traversent pour rayonner vers le centre ; un tramway roule, cahin-caha, d'une large voie de ses avenues à la chaussée étroite d'une rue ancienne; des terrains vagues, parsemés de moellons, poudroient, et de hautes maisons blanches sentant le plâtre frais logent les

FONTAINE-LEZ-DIJON — PATRIE DE SAINT BERNARD

hôtels, les cafés, les bazars et les magasins où de brillants étalages de maroquinerie, de liqueurs et de pain d'épice sollicitent les convoitises du voyageur. Déjà pourtant se révèlent les goûts, nullement banaux, d'un peuple artiste. Devant nous, sous l'ombrage d'un square, la statue de Rude, chef-d'œuvre de Dubois, honore le plus grand sculpteur d'un pays fécond en sculpteurs de talent. A votre gauche, au long des boulevards encore déserts qui mènent à la porte de Saint-Bernard, sur une place neuve, se dresse la statue colossale de saint Bernard par Jouffroy, hommage d'un Dijonnais à l'un de ses illustres ancêtres.

Comme un modeste arc de triomphe dressé au fond de l'avenue de la Gare et au seuil de la ville ancienne, la porte Guillaume marque un des points essentiels de l'enceinte élevée par le duc de Bourgogne, Philippe de Rouvres, vers le milieu du xiv° siècle. Cette enceinte abattue, comblée, non remplacée par une suite de boulevards ombreux, donne au pourtour de la ville une apparence incohérente dont s'étonne l'étranger. A peine entré dans Dijon, le voici en effet devant son antique église, Saint-Bénigne, édifiée peut-être sur l'emplacement d'un temple de Saturne et consacrée pour la première fois en 535, pour la seconde en 870, pour la troisième en 1016. Elle était alors desservie par les moines d'une opulente abbaye; grâce aux largesses des ducs, aux aumônes des fidèles, sa magnificence n'avait guère d'égale en Europe. Un chroniqueur ecclésiastique y comptait trois cent soixante-douze colonnes, cent vingt fenêtres, trois grandes portes, vingt-quatre issues. La chute d'une tour l'écrasa en partie; on la recommença; elle fut achevée en 1291, par les soins de l'abbé Hugues. Souvent réparée depuis et, dans le moment même où

TOUR DE BAR A DIJON

nous écrivons, à demi voilée d'échafaudages abritant les restaurations trop ingénieuses des architectes, elle n'est plus que l'ombre de l'abbatiale du moyen âge. Le portail, où se reconnaît le style du xi° siècle, est orné d'un haut relief de Bouchardon; la flèche en charpente date de 1742. L'intérieur a de la majesté : dans la nef, sous de classiques tombeaux, reposent le président de Berbisey et le poète Tabourot des Accords, sorte de Piron du xvi° siècle, dont les œuvres gaies et spirituelles ont la verve licencieuse du terroir. Des inscriptions indiquent les sépultures des ducs Jean sans Peur et Philippe le Hardi, celle du roi Wladislas de Pologne, mort en 1388. Sous le chœur, une crypte du xi° siècle, découverte en 1858, renferme le tombeau de saint Bénigne.

Auprès de Saint-Bénigne, des rues étroites, des ruelles enchevêtrées, longent l'évêché et le séminaire attenants à la cathédrale, et, de leur réseau, enclosent la vieille église Saint-Philibert, œuvre des xiiᵉ, xiiiᵉ et xvᵉ siècles, que surmonte encore une flèche en pierre, éperonnée de la base à la pointe. Vous êtes là au centre même du vieux Dijon, de la *Divonium*, *Dibio* ou *Divio* gallo-romaine, fortifiée par Marc-Aurèle, dotée d'un temple aux divinités païennes par Aurélien, déjà prospère au temps des Burgondes, comme en témoigne la belle description de Grégoire de Tours : « C'est une place forte, entourée de murs très solides. Elle est bâtie au milieu d'une plaine riante, dont les terres sont si fertiles et si productives que les champs, labourés une seule fois avant la semaille, n'en donnent pas moins de très riches moissons. Au midi, coule la rivière d'Ouche, qui est très poissonneuse ; du nord vient une autre petite rivière (la Suzon), qui entre par une des portes, passe sous un pont, ressort par une autre porte et entoure les remparts de son eau rapide. Devant cette dernière porte elle fait tourner des moulins avec une étonnante vélocité. Dijon a quatre entrées, tournées vers les quatre parties du ciel : ses murs sont ornés de trente-trois tours. Jusqu'à vingt pieds de haut, ils sont faits de pierre, le dessus est bâti en moellons. Ils ont en tout trente pieds de hauteur et quinze pieds d'épaisseur. Ce lieu ne porte pas, je ne sais pourquoi, le titre de ville. Il y a dans les environs des sources précieuses. Du côté de l'occident sont des montagnes très fertiles, couvertes de vignes qui fournissent aux habitants un si noble falerne qu'ils ne font aucun cas du vin d'Ascalon... »

Cette *Dibio* fut brûlée par les Sarrasins, saccagée par les Normands. Elle s'évada de ses murailles, prit du champ sous la domination des ducs issus des Capétiens, et surtout pendant les règnes brillants des princes de la seconde maison de Bourgogne, de Philippe le Hardi à Charles le Téméraire. Pour retrouver les restes de la cité indépendante et glorieuse du moyen âge, mêlée aux créations des siècles de monarchie, il nous faut aller par la porte Guillaume dans la rue « de la Liberté », vivante et commerçante, où ne manquent pas les vieux logis. A l'un des angles se suspend le bel encorbellement de la tour de Vergy ; plus loin, une rangée de maisons basses, à lourdes mansardes, édifiées au xviiᵉ siècle, suivant un plan régulier, précède harmoniquement la place d'Armes, hémicycle de style pareil, arrondi devant le palais des États. Ce palais, où résidèrent les ducs, puis les princes de Condé, gouverneurs de la Bourgogne, et leurs lieutenants en leur absence, où siégèrent aussi les députés des États, enclave, en de nobles constructions du temps de Louis XIV et de Louis XV, de beaux débris du xv° siècle ; la tour dominante, dite de la Terrasse, la tour de Bar, la grande salle des Gardes, les cuisines et les salles voûtées en ogive. Devant la place d'Armes, le palais présente les pompeuses façades d'un corps de logis et de deux ailes en retour, décorées d'ordres toscans.

A droite, dans une petite cour, s'ouvre le très luxueux musée dont les quatorze salles renferment des marbres antiques, des statuettes, des stèles, des armes, des reliques du moyen âge et des tableaux, parmi lesquels des chefs-d'œuvre de Chardin, de Rubens, de Breughel, du Pérugin, de Véronèse, de Nattier, de Coypel, de Philippe de Champaigne, du Guide... Une fresque de Prud'hon embellit le plafond de la salle des sculptures où rayonnent d'un pur éclat deux statues de Rude, l'*Amour vaincu* et l'*Hébé*, où s'attriste la *Désillusion* de Jouffroy et sourit sa *Nymphe de la Seine*, moulage de la chaste statue qui décore la source du fleuve en sa grotte de Chanceaux (1). Dans la salle des Gardes, se trouvent non seulement les tombeaux des ducs, ces pièces incomparables du musée, mais aussi une cheminée monumentale et du plus beau luxe, les bustes et les statues des Dijonnais célèbres, le mausolée de Crébillon, des retables gothiques et une tapisserie du xvi° siècle représentant ce fameux siège de 1513 qui força la ville, assiégée par quarante mille hommes, à d'inutiles prodiges de courage, finalement l'amena à payer quatre cent mille écus d'or la retraite de ses ennemis.

Les tombeaux princiers, en marbre blanc et noir, renfermaient, l'un, le corps du duc Philippe le Hardi, l'autre, les restes de Jean sans Peur et de Marguerite de Bourgogne. Le premier, œuvre de Claux-Sluter, artiste original du xiv° siècle, est un merveilleux assemblage d'arcades ogivales, de figurines, de pinacles et de clochetons. Une galerie ajourée dessine, sur les quatre faces, un cloître peuplé de quarante petits personnages en prières, moines et béguines, le front baissé sous le froc et la guimpe, les mains jointes, dans une attitude éplorée.

(1) Voir le tome II des *Fleuves de France* : *la Seine*

Plus ouvragé encore, dentelé comme la plus fine guipure, le mausolée de Jean sans Peur, sculpté par Jehan de la Huerta, est d'une splendide fantaisie qui n'exclut pas le sentiment ; les anges aux ailes déployées, agenouillés au chevet des défunts, ont l'expression séraphique des messagers célestes conçus par les poètes.

Aux alentours de la place d'Armes, en des rues actives et populeuses, ou dans les rues plus calmes des anciens parlementaires, cherchez les vieux logis sculptés, les hôtels armoriés, chers aux archéologues, aux artistes, et les demeures consacrées par la nais-

DIJON — ANCIEN PALAIS DES DUCS, DES GOUVERNEURS ET DES ÉTATS DE BOURGOGNE

sance ou le séjour des grands hommes. Il en est beaucoup, surtout dans les quartiers paisibles dont les églises Saint-Jean, Saint-Étienne, Saint-Michel et Notre-Dame sont ou furent les paroisses. Vous rencontrerez les beaux hôtels Mimeure, rue Vauban, et Vogüé, près de Notre-Dame ; les maisons Richard et Milsand, rue des Forges ; la maison aux Cariatides, rue de la Chaudronnerie ; l'hôtel Fijol, rue Amiral-Roussin. Clouées aux façades par un peuple fier de ses gloires, des plaques de marbre désignent à votre attention les maisons natales ou les demeures d'Hugues Aubryot, prévôt de Paris, de Bossuet, de rébillon, de Guyton de Morveau, de Longepierre, de Jacques Cazotte, du sculpteur Dubois, de Buffon, du juriconsulte Proudhon et de Rameau, auquel on a fait les honneurs d'une statue, érigée près du Marché et due au magistral ciseau de Guillaume.

Encore on vous rappelle, et c'est bien, les noms de ces excellents magistrats dijonnais, qui furent aussi des érudits, de spirituels et profonds écrivains, des amateurs éclairés et passionnés de belles-lettres, des lumières à leur parlement, des membres choisis de l'Académie française et de leur académie locale, une des plus remarquables de l'ancienne France. Ainsi, le président Charles de Brosse, l'auteur des piquants *Voyages en France et en Italie* ; le président Bouhier, docte et sagace antiquaire ; le président Bernard de la Monnoye, qui recueillit et publia tant de joyeux *Noëls bourguignons*...

ECOLE DE DROIT DE DIJON

Le palais de justice actuel, vaste édifice du temps de Louis XI et de François Ier, était le tribunal où siégeaient ces éminents parlementaires ; il n'a point changé, et l'on continue d'admirer sa grande salle des Pas Perdus, voûtée, immense, hardiment charpentée et soutenue par de longues poutres, historiées de sculptures de caractère.

... Après Saint-Bénigne, Notre-Dame est la plus belle église de Dijon ; moins restaurée que la cathédrale, elle lui est supérieure par la grâce, la finesse et l'originalité du style. Il n'y a rien ici de plus hardi, de plus vivant, de plus léger que son portail, superposition de trois rangs d'arcades élancées, soutenues par des colonnes d'une incroyable sveltesse, ornées délicatement. Du bord des archivoltes se penchent dans le vide d'étranges gargouilles à têtes de monstres, de moines, de femmes, largement traitées, symbolisant, avec une extraordinaire fantaisie, les vices et les péchés capitaux : gourmandise, luxure, orgueil, avarice... Une très curieuse horloge, à personnages drolatiques et gai carillon, surmonte ce chef-d'œuvre de l'architecture bourguignonne au XIIIe siècle ; elle provient de Courtrai, où le duc Philippe le Hardi l'enleva par droit de conquête, en 1375.

Saint-Michel ferme la rue de la Liberté de sa façade un peu lourde, mais imposante, avec ses trois portes cintrées aux voussures profondes, tout enrichies de médaillons, de statuettes, de hauts reliefs d'une grande allure, et ses deux grosses tours à coupoles. Par delà Saint-Michel, s'étend le quartier aristocratique de muets hôtels et de jardins silencieux, que l'on traverse pour aller au Parc.

Vaste *jardin français*, dessiné par Le Nostre ou d'après lui, sous

AUXONNE

le gouvernement du Grand Condé et de son fils, le Parc est la superbe promenade de Dijon, à qui plus d'une capitale pourrait l'envier. Une longue et fraîche avenue, semée de bassins, de jets d'eau, de massifs de fleurs, conduit à cet éblouissant damier de parterres, de bosquets, de boulingrins, tout embaumés, en la belle saison, de l'odeur des roses cultivées avec amour, et bordés d'allées impénétrables au soleil. Le fier monument, élevé par la ville aux légions de la Côte-d'Or illustrées par leur courage en 1871, décore la promenade délicieuse. Nul hommage plus mérité. Les Bourguignons versèrent à flots leur sang sur tous les champs de bataille de la guerre franco-allemande ; ils couvrirent de leurs morts le plateau de Champigny, où l'on a marqué, d'une pierre et d'une inscription, la place où fut tué leur chef M. de Grancey. Dijon même, attaqué en octobre 1870, sut, malgré sa faiblesse numérique, résister à l'envahisseur ; peu de jours après, aux mois de décembre et de janvier, il secondait héroïquement les efforts de Cremer et de Garibaldi.

On fréquente aussi la promenade de l'Arquebuse, jardin botanique assez riche en collection de vignes, de plantes rares, mais dont la grande curiosité, conservée à l'admiration populaire à force d'armatures et de béquilles, est un énorme peuplier de Bourgogne de 15 mètres de circonférence, âgé de plus de quatre siècles. Le vétéran cacochyme survivra sans doute à son contemporain, le château gothique bâti non loin de là par Louis XI et Louis XII, si l'on n'arrive pas à préserver du vandalisme municipal les ruines intéressantes de ce grand témoin de l'histoire dijonnaise : forteresse édifiée pour maintenir dans l'obéissance la cité récemment acquise au royaume, et plus tard prison d'État dont les rudes murailles encagèrent quelque temps la duchesse du Maine, Mirabeau...

Plus près de l'Arquebuse, on voit s'ouvrir un arc ogival de belle envergure ; c'était l'entrée de la chartreuse de Dijon, fondée en 1383 par Philippe le Hardi. Cette chartreuse s'est transformée en asile d'aliénés ; il reste du couvent primitif une chapelle et un puits célèbre.

Le portail de la chapelle encadre dans ses charmantes floraisons gothiques les figures originales des fondateurs, le duc et la duchesse, celles de leurs patrons célestes et d'excellentes cariatides. Le puits, chef-d'œuvre de Claux-Sluter, garde presque inaltérées les expressives statues des prophètes juifs, sculptées au pourtour par ce maître, énergique comme Michel-Ange et plus sincère, étant plus naïf. Un peu courts et ramassés, mais copiés évidemment sur des types accomplis de la race usurière, la bouche accentuée, le nez crochu, les yeux durs, Moïse, David, Jérémie, Isaïe, Zacharie, Daniel, debout sur des socles, s'adossent aux parois du puits entre des colonnettes que surmontent de suaves figures d'anges, penchées sous les rebords et aux angles de la margelle.

Éloignez-vous de la chartreuse, c'est la banlieue dijonnaise, puis la campagne partout montueuse, un peu sombre, forestière et singulièrement agreste, comme en peuvent donner l'idée aux voyageurs en chemin de fer les hauteurs périlleuses de Velars, de Plombières et celles de Blaizy-Bas, que perce le magnifique tunnel de 4100 mètres. Les sources, les grottes abondent ; des fontaines bruissent de tous côtés dans les combes farouches. Cependant le paysage est plus robuste que gracieux (1). Çà et là, de très beaux châteaux, d'anciennes abbayes rendent témoignage de la fortune et de l'illustration de la province. Ici, en un site boisé, Saint-Seine-l'Abbaye, dont la belle église, œuvre des xiiiᵉ et xivᵉ siècles, renferme des bénitiers posés sous le porche, des pierres tombales d'abbés, des stalles, un jubé et des fresques, vestiges du monastère florissant. Tels encore le château de Fontaine-Française, bâti près du champ de bataille où Henri IV défit les ligueurs de Mayenne et les Espagnols, le 15 juin 1595 ; l'église très ornée de Til-Châtel ; le vieux château de Grancey, et la coquette église d'Auxonne, flanquée de ses cinq tours.

Auxonne, petite ville forte que dominent encore les ruines d'un château, bâti par Louis XII sur la frontière de sa province de Bourgogne et de France, est aussi ville héroïque. Vous souvient-il de son admirable défense, au xviᵉ siècle, quand, cédée à Charles-Quint par le traité de Madrid, mais déjà toute française, bien que récemment incorporée au royaume, elle refusa obstinément de passer sous la domination de l'étranger ? Les Impériaux viennent l'assiéger, pensant la réduire en un moment ; elle se soulève, les combat, les décime, les oblige à repasser les proches limites de la Franche-Comté, alors terre espagnole. Par bonheur pour ces reitres allemands, leurs quartiers n'étaient pas loin !

(1) Nous en avons décrit l'aspect au tome II des *Fleuves de France : la Seine*.

CHAPITRE V

EN FRANCHE-COMTÉ — EN BRESSE

D'Auxonne à Gray, par la Saône.

Plus libre en sa vallée plus large, lente, sinueuse entre d'immenses prairies, la rivière déroule des plis innombrables à travers la plaine sans borne, la plaine féconde. Jusqu'à la limite de nos regards s'étendent, sur le sol diapré de leurs stries monotones, des champs de maïs, de betteraves, de chanvre, de blé. A l'horizon, où les coteaux vineux, les massifs boisés de la Côte d'Or ne sont plus même une ombre, ciel et terre s'unissent par une courbe très pure. Dans la limpide atmosphère règne la fraîcheur pénétrante des contrées toujours vertes ; parfois souffle une brise du nord-est, glacée au contact des Vosges, une nuée froide glisse aussitôt sur le soleil tiède, et ainsi l'on s'achemine insensiblement de Bourgogne en Franche-Comté, et l'on songe : Chaud soleil, père nourricier des vins généreux, que tu es loin déjà ! Bourgogne, pays d'humeur accueillante et joyeuse, pays de la spontanéité géniale et du talent facile, pays de liesse, voici ton contraste : une terre moins bien douée, plus éprouvée, laborieuse, économe, sage, prévoyante, la terre élue des philosophes, des maîtres d'école et des juristes !

Et les cultures diverses s'allongent, interminables, lorsqu'à droite s'ouvre, par le confluent de la rivière Ognon, une vallée pareille à celle de la Saône ; au seuil de cette vallée ombreuse, à la lisière de la forêt de Pesmes, un village éparpille ses maisons rustiques, très blanches sur un fond noir. C'est Broyes ; il n'a guère plus de cinq cents âmes, et compta, cependant, sous la domination romaine et le nom d'*Amagetobria*, parmi les cités de la Séquanie. Un jour, Éduens et Sequanes, unis contre le Germain Arioviste, y furent vaincus et, dès ce jour, songeant à la revanche, supplièrent la puissante Rome de venger leur injure. Le Sénat reçut leur prière, César l'exauça. Il vint, le terrible consul, et passa au col et mit à la bouche du fier Gaulois, libre encore, le mors et la bride, que l'homme de la fable, auxiliaire du cheval contre le cerf, inflige au quadrupède indompté

Des vestiges d'aqueduc, les fondations de monuments effacés marquent dans Broyes, *Amagetobria*, ruinée, comme toute la province, par tant d'invasions semblables à celle du Germain Arioviste. Moins dénué, le chef-lieu de ce canton forestier, Pesmes, bourgade féodale, nous montrerait un seigneurial palais de justice et, dans son église des xv° et xvi° siècles, un tableau de l'École espagnole, un tryptique composé par Prévost, élève de Raphaël, des statues... Mais nous n'allons pas de ce côté. Voici Gray, son port animé par le va-et-vient, les manœuvres de lourdes péniches, de légères barques,

LA SAONE A GRAY

de remorqueurs essoufflés sillonnant la Saône, spectacle dont ne se lassent jamais les badauds graigois accoudés au parapet du pont.

Le commerce des bois en grume, des vins, console une des célèbres cités franc-comtoises de sa grandeur éclipsée. Gray, au temps des Espagnols, eut une Université; il régnait sur un bailliage, ou *baroichage*, composé de cent quatre-vingt-quatre villages; on y rendait la justice dans un palais construit par les ordres de Charles-Quint. Noblesse d'épée, noblesse de robe, bourgeoisie y habitaient de grands hôtels détruits, avec beaucoup d'autres édifices, par l'incendie, mais surtout par les guerres de Louis XIV, les sièges de 1668, 1674. Survirent à ces désastres l'hôtel de ville, l'église; tous les deux ont l'empreinte de la Renaissance espagnole, la seconde en possède des œuvres d'art. Ils s'encadrent dans les rues montueuses, étroites, propres, aux façades nettes, souvent lavées et récrépies, d'une ville moderne, où le passé violent n'est plus représenté que par la tour à créneaux d'un château fort aboli.

Au nord de Gray, dans la vallée plus capricieuse, plus fraîche aussi, créée par la Saône serpentine, de très petites rivières, de minces ruisseaux, sans cesse apportent leurs eaux transparentes, leurs eaux de sources filtrées dans les couches profondes des plateaux secs, presque imperméables, où des fissures sans nombre absorbent les pluies. Nous sommes au pays des claires fontaines, des nymphes jaseuses ; partout elles brillent à la lumière et murmurent sous les feuillées, leurs méandres ondulent dans les prairies, l'herbe, pailletée de fleurs, croît, abondante, fine et lustrée, sous leurs caresses ; à les entendre, l'oreille se plaît, mais les yeux se fatiguent bientôt de l'uniformité des verdures. Pourtant ces paysages sont le seul attrait du chemin. Depuis longtemps l'antique patrie des Séquanes n'est plus assez riche pour vous séduire par les splendeurs de ses villes, de ses villages ruinés, hélas ! combien de fois ! Son histoire est un martyrologe infini. Nous avons le loisir de nous en représenter les annales, tandis que le bateau nous promène lentement sur la rivière berceuse.

Située à la limite des Gaules, toujours la Séquanie apparut aux Germains comme une proie facile à saisir, leur fut un champ de bataille, de carnage et de destruction. Tous les envahisseurs farouches, accourus du fond de l'Orient à la curée de l'empire romain, s'y jetèrent d'emblée, du IIe au Ve siècle, effacèrent du sol, embelli par les Latins, les cités mémorables : *Dittatium, Luxovium, Abucin, Rufiacum...* L'horrible malheur cessa seulement le jour où, parmi ces hordes puantes, il s'en trouva une que son génie rendait capable de s'assimiler les indigènes et de fonder avec eux un état durable.

Les Burgondes donnèrent à la Séquanie leur nom, adoptèrent ses usages et lui imposèrent la loi barbare associée à la loi romaine. Elle connut le repos. Ensuite, province du royaume franc, de l'empire carolingien, du royaume d'Arles, du royaume de Bourgogne transjurane, les Arabes, les Normands, les Hongrois, lui furent un fléau passager, commun à tout l'Occident. Pendant ces barbaries, des monastères, Luxeuil, Lure, se fondaient, refuges des humbles intelligents, flambeaux d'une civilisation nouvelle ; des châteaux partout s'élevaient pour défendre les peuples. Mais les gardiens de ces forteresses devinrent des oppresseurs, les couvents perdirent leur vertu et méprisèrent la pauvreté. Assujetti au droit féodal, le pays changea de maître plusieurs fois par siècle. Il passa, comme une vulgaire propriété, de main en main ; il flotta incessamment de la France à l'Allemagne, en passant par la domination de leurs vassaux, les ducs de Bourgogne. Fief bourguignon, comté *franc* de Bourgogne, c'est-à-dire exempt de charges pécuniaires, favorisé sans en être plus heureux, on le désignait déjà par le nom qu'il porte devant l'histoire : Franche-Comté.

Pauvre Franche-Comté ! le xvi° et le xvii° siècle te furent affreusement cruels. De la mort de Charles le Téméraire à la conquête de Louis XIV, dix fois, peut-être, les Français le prennent aux Impériaux, les Espagnols aux Français, les Français aux Espagnols. Et toujours les vainqueurs tuent, pillent, incendient leurs conquêtes.

VESOUL

Épouvantés, les habitants fuient sous leurs bois, se cachent dans leurs cavernes, tandis que les flammes dévorent leurs maisons. A peine, rassurés par la proclamation d'une paix fragile, reviennent-ils en leurs villes ou leurs campagnes, que la faux de la guerre étrangère derechef se lève et s'abat sur eux ; la flamme consume leurs demeures à mesure qu'ils les reconstruisent, l'épée tue leurs enfants avant qu'ils aient pu devenir des hommes ; partout se fait l'effrayante solitude de la mort.

Aussi ne vous étonnez point de la pénurie de leurs descendants ; ils n'ont pu réparer l'irréparable. Les œuvres d'art, ces fleurs du luxe paisible, brisées, foulées aux pieds, déracinées, n'ont pas laissé vestiges. Et le peuple lui-même, ce peuple essentiellement sérieux, positif, appliqué, raisonneur, d'esprit délié cependant et capable même d'une certaine grâce, peuple de mathématiciens, de juristes subtils, de diplomates avisés, n'a-t-il pas reçu, comme un héritage de ses aïeux à qui la terreur apprenait la ruse, ses habitudes terre à terre et, chez plus d'un, cauteleuses, avides, chicanières ?...

De Gray à Vesoul, rien à glaner, sinon de gentils paysages à croquer en trois coups de crayon et, sur de légers coteaux, le long des deux rives, à l'écart des forêts ou des bois brunissant l'horizon, les débris, oubliés par la charrue, de forteresses très anciennes. Dampierre-sur-Salon, Ray, dont les luthériens de Saxe-Weimar renversèrent le château, Scey, Port, Amans, Jussey, passent. Vesoul, moins insignifiant, se groupe au pied d'une montagne de 750 mètres de hauteur, dont l'isolement au sein d'une plate contrée fait un merveilleux objectif sur les Vosges et le Jura. Cette butte de La Motte est la promenade des petits rentiers qui vont y observer le temps ; c'est aussi le facile pèlerinage des âmes pieuses, qu'une chapelle commémorative, surmontée d'une statue de la Vierge, invite à monter au sommet pour remercier le ciel de la protection qu'il voulut bien accorder à Vesoul, en lui épargnant la visite du choléra de 1854.

VESOUL

Pour la ville même, rebâtie après la conquête de Louis XIV, elle ne laisse aucune impression ; assez propre, régulière, commerçante, on n'en saurait dire plus, sinon qu'elle a la teinte grise des cités trop éprouvées. Mais elle a son phénomène merveilleux, elle a le Frais-Puits. Située à plusieurs lieues de la Saône, au confluent des tributaires, le Durgeon et la Colombine, elle est quelquefois arrosée, même submergée, par un autre cours d'eau tout à fait extraordinaire, le Frais-Puits, énorme entonnoir de 60 mètres de tour sur 17 mètres de profondeur, béant à quelques kilomètres. Presque toujours à sec, le Frais-Puits se remplit seulement par les orages, mais alors il se remplit si vite qu'il déborde, verse jusqu'à 100 mètres cubes d'eau par seconde sur la plaine environnante, aussitôt inondée. Nul obstacle, aucun barrage, aucune digue ne peut modérer l'élan spontané d'une crue si rapide, si violente ; elle fut souvent désastreuse pour Vesoul. Mais, dans une circonstance mémorable, en 1557, elle lui rendit le signalé service que la Hollande peut attendre de la rupture de ses digues : douze mille Allemands l'assiégeant, ils s'enfuirent en toute hâte devant les flots diluviens du Frais-Puits et la ville fut sauve.

Poursuivons vers l'est notre route.

Les caractères de la région se prononcent davantage ; d'innombrables petites rivières courent de tous les côtés dans les prairies, sous les bois ; les plateaux sont littéralement criblés de petits étangs où s'amassent les eaux de source et les eaux fluviales. Les collines grandissent, se couvrent de sapins et de cerisiers au lieu de hêtres, de chênes, de trembles, de charmes ; nous approchons des Vosges dont les sommets ballonnent au loin. Lure, Luxeuil sont les petites villes importantes où nous entrons. La première garde, de son abbaye, les bâtiments reconstruits à la fin du xviii° siècle, par les soins d'un architecte qui devait bientôt manier l'épée avec un autre brio que l'équerre et le compas : il se nommait Kléber... La seconde, malgré de lamentables calamités, demeure ce qu'elle était au temps des Romains ; une station thermale où l'on va demander à des sources diverses la guérison ou l'allégement des rhumatismes, des névralgies, de l'anémie, de la scrofule. La déesse Hygie, dont le nom décore une des sources, protégea son existence, souvent

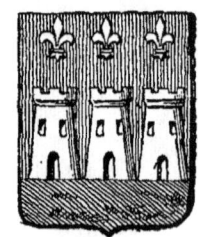

LURE

menacée, et lui conserve assez de célèbres édifices pour marquer les phases de son histoire. Un aqueduc romain, l'autel antique dédié à Apollon et à Sirona, l'inscription lapidaire consignant la restauration des Thermes par Labienus sur l'ordre de Jules César, voilà pour l'ère païenne. Les arcades d'un cloître, des bâtiments monastiques à façades imposantes, une maison abbatiale, divisée maintenant en presbytère, mairie et salle de concert, voilà ce qui représente l'illustre abbaye fondée par saint Colomban, l'abbaye où, maires du palais en disgrâce, Ébroïn et saint Léger vécurent emprisonnés sous la garde des moines, où le dernier Mérovingien livra au ciseau sa chevelure royale et prit la robe de bure, où Drogon, fils de Charlemagne, devint abbé.

Pour la ville, la puissante abbaye fut une cause permanente de fortune et de misère. Les pèlerins venaient en foule à Luxeuil, mais ses richesses attirèrent les étrangers cupides. Jamais elle ne jouit longtemps de sa prospérité. Ses monuments datent de rares périodes de tranquillité relative ; ils sont intéressants. L'église **Saint-Pierre**, construite au xiv° siècle, a de riches boiseries ; l'ancien hôtel de ville ou Maison Carrée, bâti par les frères du cardinal de Jouffroy ou Jofredy, habile conseiller de Louis XI, né à Luxeuil, est d'une élégance fort curieuse ; d'autres logis, entre autres un hôtel du temps de François Ier, font honneur au goût de la Renaissance ; une tour crénelée s'appuie à une maison du xiv° siècle. Cependant, la petite ville est d'aspect jeune, propret, agréable ; on sent qu'elle veut plaire à ses baigneurs.

LUXEUIL — COUR DE L'ABBAYE

Au midi de Luxeuil, de Lure, surtout à l'est de la riante et fertile vallée de l'Ognon, bordure de la Plaine dont l'autre bordure est le Doubs, le pays se couvre de forêts ombrageant des plateaux sillonnés par une quantité de rivières. On traverse le champ de bataille, si difficile et rigoureux en hiver à de jeunes troupes, où se livrèrent au mois de janvier 1871 les combats les plus acharnés, hélas ! et les plus inutiles de la funeste guerre franco-allemande en sa dernière période. Le général Bourbaki, à la tête de l'armée de l'Est, réduite à 9 ou 10 000 hommes valides, s'efforçait de dégager Belfort ; il avait en face de lui les 20 000 Prussiens du général de Werder. La lutte fut terrible. Un moment victorieux à Villersexel, nos soldats échouèrent devant les lignes fortifiées d'Héricourt, les retranchements de l'ennemi appuyés aux ruines énormes de l'ancien château féodal. A cette fatale journée commença la retraite désastreuse, la retraite navrante vers Pontarlier ; décimés par le froid, les privations, la maladie ; harcelés sans cesse, poussés vers la Suisse ; non compris, par surcroît de malheur, dans l'armistice qui pouvait les sauver, de combien de morts ils semèrent les chemins glacés de la frontière du Jura ! Les ruines espacées de Montbozon à Villersexel, de Villersexel à Héricourt, rappellent ce lugubre épisode de la « défense nationale ». A Montbéliard, un monument honore les victimes.

Montbéliard, l'antique *Mons Belicardus*, jadis chef-lieu d'un comté indépendant, serré entre la Bourgogne et l'Allemagne, puis entre celle-ci et la France, dont elle arbora spontanément les trois couleurs en 1793, a de ce long passé féodal son château dominateur flanqué encore de deux énormes tours noires, nommées tour Bossue et tour Neuve. C'est aujourd'hui une ville protestante, austère, froide, industrieuse. Des tanneries, des mégisseries, établies sur les bords de ses deux rivières, la Luzine et l'Allan, confectionnent ses cuirs renommés. Les maîtres de forges et les filateurs d'Audincourt, centre industriel, situé à moins d'une lieue, en habitent les quartiers spacieux. Ses églises, en grès vosgien, sont solides et tristes : les autres édifices ont le strict cachet de l'utilité. Les gens, dont rien n'égaie la vue, sont graves, mais ils travaillent, s'instruisent, pensent. Comme la plupart des villes franc-comtoises, celle-ci se préoccupe beaucoup de l'enseignement. Un musée d'histoire naturelle et d'archéologie, installé dans les Halles, élégante construction du XVI° siècle, y favorise les goûts studieux ; une école normale modèle prépare des instituteurs protestants ; son collège porte le nom immortel de Georges Cuvier, né ici même, en 1769.

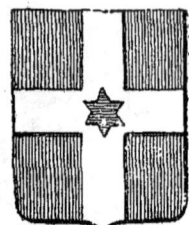

MONTBÉLIARD

L'illustre savant s'éloigna de sa patrie à l'âge de quinze ans pour aller continuer ses études à l'académie Caroline, à Stuttgard, où il apprenait les « sciences administratives », tout en s'adonnant, pressé par une irrésistible vocation, aux sciences naturelles ; mais il revint à Montbéliard en 1788. Ses lettres à Pfaff contiennent d'assez curieuses notes sur les idées, les mœurs de ses concitoyens à la veille de la Révolution. Il les trouve empressés, complimenteurs : « Les Français commencent à me devenir à charge... Je t'assure que si je restais plus longtemps ici, je serais forcé de renoncer à l'étude, tant je suis fatigué et obsédé de visites, de cérémonies et de compliments, et tu sais combien je suis ennemi de toutes ces façons... » Il ne s'ennuyait pas, cependant : « Je ne puis te dire que du bien de mon séjour ici, si ce n'est que je n'étudie pas beaucoup ; à peine puis-je arracher au jour, le plus souvent à la nuit, quelques heures que je consacre à lire le nouveautés. » Ces nouveautés : brochures et pamphlets, initiaient Montbéliard à l'effervescence parisienne, aux luttes du parlement, de la bourgeoisie contre Louis XVI et la cour. Chacun donnait son avis là-dessus ; le père, les amis de Cuvier, prenaient parti pour l'absolutisme royal : « Tu peux juger si c'est chose facile de mettre dans la tête de tels gens que le roi agit contre les lois constitutionnelles de son royaume, et c'est là cependant ce que j'ai entrepris... » Il partit pour Caen, où l'attendait une place de précepteur chez le marquis d'Héricy, d'où ce joli croquis des agréments d'un voyage en *diligence* : « .. Figurez-vous au milieu d'une grande caisse de bois peinte en jaune, suspendue par des chaînes, chargée devant, derrière, dessus et dessous d'une montagne de bagages et de malles colossales, et qui contient huit personnes. Six ouvertures, ou plutôt six trous (car je ne suis pas assez hardi pour leur donner le nom de fenêtres), laissent entrer pêle-mêle et les bienfaisants rayons du soleil et les zéphirs rafraîchissants. Tout cela est disposé de façon que, quand le soleil devient fort, on rôtit, et que, s'il fait du vent, ces six trous font l'effet d'autant de grands soufflets. Sur les huit voyageurs, il y a ordinairement trois filles ; le reste se compose de prêtres et de marchands... »

Une statue, par David d'Angers, honore le grand homme.

Au sud de Montbéliard, le Doubs semble se diviser en deux branches ; l'une, dans la direction du Jura, passe à Mandeure où sont les ruines d'*Epomanduodurum*, les vestiges d'un théâtre, de temples, d'arcs de triomphe, de thermes...; l'autre, parallèlement au canal du Rhône au Rhin, et au chemin de fer, mène à l'Isle, à Clairval, à Baume-les-Dames... Baume-les-Dames, au temps où il s'appelait Baume-les-Nonnes, était une abbaye aristocratique fondée au viiie siècle ; il fallait prouver seize quartiers de noblesse pour y prendre le voile. Il ne reste de ce couvent, où les vanités mondaines étaient si prisées, qu'un escalier, un cellier à triple nef, choses assez banales en elles-mêmes.

En avançant vers Besançon, le Doubs aux eaux bleues arrose une région tourmentée : la Côte de Joux, dont les sommets dépassent 500 mètres, se penche sur sa rive gauche ; les hauteurs de Chailluz, de Mongent, allongent leurs pentes sylvestres jusqu'à sa rive droite, et, dans la triple courbe dont il enveloppe la « vieille ville espagnole », enfermée ainsi dans une presqu'île, des montagnes arrondies, le pressant de toutes parts, servent à l'emplacement des forts nombreux qui constituent le boulevard de la frontière du Jura, une des premières citadelles de France. Position redoutable et sûre de vigilante gardienne, constatée par César, dès sa première campagne contre Arioviste : « Abondamment pourvue de munitions de toutes espèces, cette place offre, par sa position naturelle, de grands avantages pour soutenir une guerre », et par Strabon, en ces termes :

CHATEAU DE MONTBÉLIARD

« Quand les Germains l'ont pour eux, ils sont forts vis-à-vis de l'Italie ; quand elle leur manque, ils ne sont rien »

Besançon, situé entre 250 et 294 mètres d'altitude, de la rive droite du Doubs au mont Charmont, s'adosse lui-même à un massif rocheux de 368 mètres de hauteur. Mais ses alentours immédiats, Tro-Châtey, Chaudanne, Brégille, encore plus élevés, le dominent de leurs croupes brunes, de leurs forts, l'ensevelissent dans un fond d'entonnoir; leur ombre pèse sur lui et l'on dirait qu'elle a pénétré d'une teinture indélébile les façades de ses édifices, uniformément gris et maussades. Ce morne aspect de ville en deuil, prisonnière de la force, servante de la guerre, vouée d'ailleurs aux hivers incléments et prolongés, saisit le voyageur le moins impressionnable et, dès son entrée, lui distille l'ennui. Par compensation, il oblige les habitants à la vie personnelle, à la réflexion, au travail. Ce milieu sévère explique des philosophes comme Proudhon, Jouffroy, Fourier, idéalistes inquiets, logiciens dont la raison cherche et crée, à coups d'arguments, un monde meilleur, une idéale humanité.

Une telle ville est muette pour l'artiste qui, n'étant pas admis dans son intimité, la juge par ses côtés extérieurs. Il parcourt deux ou trois rues vivantes, la rue des Granges, la Grande-Rue, la rue Saint-Pierre, en dehors desquelles tout bruit s'éteint, semble impossible. Il voit de grands logis moroses, de cinq et six étages, très fenestrés, parfois ornés de mascarons, de corniches sculptées ; le plus souvent nus, renfrognés, glacials, méfiants, comme s'ils craignaient encore l'espionnage espagnol, l'œil soupçonneux de l'Inquisition. D'aucuns, par hasard, l'arrêtent au passage ; d'un mot bref une inscription relate ici la naissance de l'académicien optimiste Joseph Droz; là, vous rappelle le nom de Charles Nodier ; près de la porte Noire, une ligne : — Victor Hugo, 22 février 1802 — signale le modeste hôtel où

BESANÇON

.. dans Besançon, vieille ville espagnole
Jeté comme la graine au gré de l'air qui vole
Naquit d'un sang breton et lorrain à la fois

l'un des trois plus grands poètes de notre âge.

La porte Noire a son langage. Arc de triomphe de l'antique *Vesontio*, les trophées d'armes, les aigles, les emblèmes sculptés à sa frise célèbrent les victoires de Marc-Aurèle. Tout à côté, deux colonnes, dont les magnifiques chapiteaux corinthiens supportent un morceau d'architrave, sont les restes d'un théâtre de la même époque, aux vastes substructions. Elles sont entourées de débris aussi anciens, où l'archéologue déchiffre quelques mots des annales de la ville gallo-romaine, embellie par les empereurs, mise au rang des *municipes* par Galba, dotée d'un sénat particulier.

Ce municipe, malgré sa garnison, ses centurions, ses décemvirs

RUINES ROMAINES DE LA PORTE NOIRE A BESANÇON

fut pris, ruiné par les Germains, sur le déclin de l'Empire, et ne se releva point. Julien déplore la chute de *Vesontio* : « ... Elle était pourtant grande autrefois, ornée de temples magnifiques, entourée de solides remparts qui complétaient l'œuvre de la nature. » **Au siècle suivant, elle continue de déchoir ; les Alamans de Crocus, les Alains, les Huns d'Attila, les Sarrasins, les Hongrois, achèvent de** détruire la cité gallo-romaine, un moment restaurée par un maire du palais de Burgundie.

Au moyen âge, les archevêques, véritables héritiers des proconsuls latins, règnent sur Besançon en maîtres absolus. Leur palais, assis près de la porte Noire, n'occupe-t-il pas l'emplacement de la résidence des lieutenants de l'empereur ? Et la cathédrale attenante ne repose-t-elle pas sur les fondations inconnues d'un temple de Jupiter ?

Commençons nos visites dans les églises par cette cathédrale, placée sous l'invocation de saint Jean. Œuvre diverse, éparse, de plusieurs siècles, lourde au dehors, sans façade ni portail, elle n'offre d'imposant que les hautes arcades de sa nef du XIIᵉ siècle, isolée entre ses absides de style roman ou classique. Des tableaux attribués au Tintoret, à Carl Vanloo, au Trévisan, à de Troy, à Natoire, réchauffent peu sa nudité banale. En la petite nef, une peinture exquise de Fra Bartolomeo représente, à côté de la suave Madone, les traits spirituels et bienveillants de l'abbé Ferry Carondelet, si connu pour avoir été l'ami intime d'Érasme et de Raphaël ; il repose, près du chœur, dans un mausolée. Près du maître-autel s'agenouillent les statues des cardinaux archevêques de Besançon, de Rohan et Mathieu. Remarquez le premier de ces personnages, de très élégante et jeune physionomie, d'allure altière et fine : ce fut le mystique grand seigneur dont Lamartine chanta les pieuses extases à la Roche-Guyon, et dont Stendhal se souvenait, quand il traça, dans son admirable roman *le Rouge et le Noir*, la saisissante peinture d'un prélat aristocrate sous la Restauration.

N'oublions pas une chapelle latérale décorée de tableaux bien extraordinaires figurant, paraît-il à leurs étiquettes, huit comtes de Bourgogne enterrés sous la crypte ; un irrévérencieux les dirait sortis de pied en cap de l'inépuisable atelier où se fabriquent les portraits de famille ; gardons-nous de le croire...

Parmi les autres paroisses, quelques-unes se recommandent aux artistes par leurs boiseries habilement sculptées et dorées, par des tableaux et des sculptures de maîtres. Saint-Pierre possède des groupes de Luc Breton et de Jean-Baptiste Clésinger ; une *Résurrection de Lazare* de Martin de Vós ; Saint-François-Xavier a le *Miracle de saint Ignace* de Restout, Sainte-Madeleine, dont l'architecture rappelle le Saint-Sulpice de Servandoni, se flatte de posséder un *Christ* de Porbus. Autour de la Madeleine, dans la longue rue de ce nom, dans la rue Battant, se trouvent les rares maisons originales, arquées à l'allemande ou à l'espagnole, ornementées dans le goût de la Renaissance.

Que citer après cela? Le palais Granvelle, édifié de 1534 à 1540 par le cardinal bisontin, garde des sceaux de Charles-Quint, est un bâtiment lourd, grisâtre, sec, complètement privé des gracieuses fantaisies de son époque. Un édifice contemporain, où se lisent encore

BESANÇON — QUAI D'ARÈNES

les armes urbaines d'origine impériale, formées de l'aigle des Habsbourg et de la devise *Utinam*, l'Hôtel de Ville, ne fut pas mieux favorisé. Toutefois, au fond de sa cour intérieure affectée au Palais de Justice, une tourelle à clochetons décorée de deux statues symboliques, l'une portant la balance, l'autre le bandeau et l'épée de la loi, ne manque pas d'une certaine élégance robuste et fière, tout à fait digne de l'Espagne et du XVI° siècle. Cela, en somme, est peu de chose, mais de quoi nous avisons-nous? Demande-t-on à la guerre d'être aimable, à la force brutale de sourire?

Besançon, à défaut d'agréments, a de solides et virils attraits. Les connaisseurs se pâmeront devant sa citadelle, construite sur les plans de Vauban; devant son enceinte, due au même ingénieur; devant sa Porte Taillée, taillée en effet dans le roc évidé en boyau;

devant sa direction et son école d'artillerie, son arsenal et ses casernes ; voilà ses beautés martiales. Pour ceux qui persisteraient à préférer la vue de bons tableaux ou de beaux livres à celle des panoplies d'armes blanches, des symétriques alignements de canons et des pyramides de boulets, il a, heureusement, des musées et une bibliothèque fort remarquables.

Ensemble ces collections sont installées dans un bâtiment spécial, près du palais Granvelle. De très belles galeries, où les bustes des illustres Francs-Comtois sont posés de place en place, donnent asile à plus de 130 000 volumes ou manuscrits, plusieurs provenant d'excellentes éditions du xvi° siècle et de la bibliothèque dispersée de Mathias Corvin ; elles renferment aussi les papiers d'État du cardinal de Granvelle. Sous les vitrines latérales étincellent les pièces d'or, d'argent et de bronze d'un médaillier très complet en ce qui regarde la numismatique de la province : des monnaies romaines ; des monnaies, des jetons à l'effigie de tous les comtes, ducs et princes qui gouvernèrent le comté de Bourgogne. Parmi les peintures, les estampes, on admire une *Déposition de Croix* de Bronzino, le *Portrait du chancelier de Granvelle* par le Titien, celui du *Cardinal de Granvelle* par Gaëtano et de *Galilée* par Vélasquez ; de beaux dessins du xviii° siècle. Les musées archéologique et d'histoire naturelle sont riches, variés et s'augmentent parfois, ainsi que les autres, de précieuses donations particulières. Très attachés au pays natal, les Bisontins « arrivés » sont heureux de contribuer à sa fortune ; tel le peintre Jean Gigoux, à qui la ville doit une intéressante série d'eaux-fortes et de lithographies signées de lui-même, de Célestin Nanteuil, des Johannot, de Camille Roqueplan, de Benner, de Dévéria, des Scheffer, de Giraud, de Delacroix, de Vernet, toute une revue documentaire, par la gravure, des productions du romantisme sentimental et fougueux qui florissait de 1820 à 1850. Le musée Jean Gigoux occupe un appartement du palais Granvelle.

Besançon vante ses promenades, Chamars, Micaud, son Clos Saint-Amour, ses quais réguliers, nets, animés par l'horlogerie, la fameuse horlogerie de Besançon, qui, naguère si florissante, allait déclinant depuis que les meilleurs ouvriers, n'ayant plus à former d'élèves, émigraient en Suisse, surtout à la Chaux-de-Fonds, d'où leurs maîtres sont venus, en 1794, exercer et enseigner en France leur difficile métier. Mais, depuis la création féconde (juillet 1891) d'une nouvelle école nationale d'horlogerie, ils reviennent, heureusement, car ils emportaient avec eux le plus clair de la richesse bisontine, et le mouvement, la vie d'une ville réduite à ne plus compter que sur sa garnison pour subsister, voire pour se distraire en la longue saison froide. Les retraites sonores, les concerts aux flambeaux de musique militaire, au « Jardin Granvelle », distraient alors la foule emprisonnée, mais elle trouve en dehors des murs, sitôt l'été venu, des fêtes plus charmantes.

Car le pays, à dix lieues à la ronde, est des plus beaux que l'on puisse voir ; la nature y déploie ses ressources inépuisables à multiplier, diversifier les sites gracieux, imposants, extraordinaires. Les montagnes, noires de bois, nourrissent l'orme, le charme, le frêne, le merisier, le pommier et le poirier sauvages, le houx et le genévrier ; les sycomores s'élèvent, gigantesques ; les sapins apparaissent ; des rochers abrupts forment des précipices, des abîmes ; partout les sources, les fontaines, les cascades bruissantes répandent lumière et fraîcheur. Dans la région de la Plaine, sur la rive droite du Doubs, les coteaux produisent un vin clair et parfumé; quel fin gourmet n'appréciera le Miserey, le Menotey ? Bien qu'ils deviennent rares et chers, on peut encore s'en désaltérer sous les tonnelles de ces guinguettes où les Bisontins se livrent à d'interminables parties de quilles, jeu favori des Francs-Comtois. Sur la rive gauche du Doubs s'étend la Moyenne Montagne, moins abondante en fruits, mais riche par ses pâturages qui donnent aux vaches ce lait savoureux, ce lait crémeux dont l'on fait les fromages et les excellents beurres de montagne.

Les touristes qui, de Besançon, vont commencer leur tour du Jura par une excursion au splendide *Saut du Doubs*, traversent cette dernière région. Ils visitent, en s'écartant un peu du chemin, Ornans que révélèrent aux Parisiens, aux dilettanti du monde entier, les lumineux tableaux du paysagiste Courbet, né dans les alentours, au village de Flagey. Ils admirent le puits de la Brême, la roche de Hautepierre, le Moine de Mouthier, tous les rochers étranges de la courte vallée du Lison, la source du Verneau, la source plus fameuse de la Loue, issant d'une caverne de 32 mètres de hauteur, et le Bief-Sarazin, dont les voûtes immenses engloutiraient « la façade de Notre-Dame de Paris ». Les voici à Pontarlier, à l'entrée de la vallée de la Cluse. Ils passent sous l'arc triomphal, élevé par la petite ville au triste successeur du grand roi qui lui ravit son indépendance, la déclara française par droit de conquête. Devant eux s'ouvre la Grande-Rue, derrière eux le faubourg, et, dans celui-ci comme dans celle-là, rien ne peut les arrêter, hormis les plus douloureux souvenirs. C'est là, dans les modestes demeures où, en temps ordinaire, on fabrique des ressorts d'horlogerie, on distille l'absinthe et le kirsch, on taille et l'on sculpte le bois des *comtoises*, c'est là qu'un peuple de montagnards, simples et patriotes, ému de pitié, sut accueillir avec un dévouement fraternel les soldats épuisés de la malheureuse armée de l'Est, rejetés vers la frontière par la déroute lamentable de 1871 ! Il sut nourrir leur faim, panser leurs plaies, soigner leurs douleurs ! Là, Bourbaki, général en chef, éperdu, tenta de se tuer ; Clinchant saisit à sa place le drapeau de la France, le releva fièrement, face à l'envahisseur étonné, et protégea de ses plis la dernière retraite de l'inoubliable campagne.

Pontarlier est au centre des sites consacrés, vraiment superbes ; tout près, de bizarres légendes s'attachent aux rochers de la vallée du Grand-Taureau, nommés les « Dames d'Entreportes », et dessinant en effet, pour les yeux complaisants, de vagues formes féminines. Plus loin, dans la Haute-Joux, croissent, montent aux nues, les gigantesques sapinières à l'ombre desquelles se tapit, comme un ours prêt à déchirer l'assaillant, le redoutable château de Joux, dressé sur un rocher haut de 200 mètres. « Nid de hiboux, égayé par une compagnie d'invalides », où Mirabeau expia, comme des crimes, ses fougueuses passions de jeunesse ; où mourut, dans une horrible casemate, le malheureux Toussaint Louverture, pour avoir voulu rendre libres sa race et son pays ; où fut justement puni de sa lâche capitulation de Baylen le général Dupont, où le marquis de Rivière, le poète de Kleist, le cardinal Cavalchini, et tant d'autres, pour des motifs politiques, subirent une étroite captivité, le fort de Joux, agrandi, n'emprisonne plus que des soldats dans ses murs humides ou glacés.

Vous êtes au cœur de la *Haute-Montagne*, au pays des horizons farouches, des forêts sauvages, des brumes épaisses, des torrents furieux. Les rudesses de la nature et ses hautaines majestés vous forcent à l'admiration et au recueillement. Plus de sourires enjoués, car le soleil, brillant sans joie, n'a plus assez d'ardeur pour épanouir des fleurs odorantes et mûrir des fruits savoureux. L'âme se replie en elle-même et devient grave, mais elle ne cherche pas l'isolement, au contraire. Obligés aux mêmes épreuves, les pauvres habitants des villages s'unissent pour les supporter en commun, afin d'en alléger le poids ; ils recourent à la *mutualité* pour accroître leurs ressources. C'est ainsi que tous les cultivateurs d'un district rassemblent leurs vaches laitières en un seul troupeau et confient au même *fruitier* le soin de confectionner leurs fromages, modelés sur le gruyère.

VUE DE DOLE

Selon la coutume, le partage proportionnel entre les intéressés a lieu aussitôt que les produits sont transportés au siège de l'intelligente association.

Dans l'austère région de la Haute-Montagne s'encadrent Mont-Benoît, antique abbaye aux précieuses reliques d'art : bas-reliefs, stalles, siège abbatial et cloître, sculptés au bon moment de la Renaissance, — et le riche, le grandissant Morteau, dernière bourgade française à la frontière du canton de Neuchâtel, toute voisine, rivale même, et rivale heureuse des villes suisses, le Locle et la Chaux-de-Fonds. Morteau est le rendez-vous indiqué, fréquenté des touristes désireux d'aller voir les Brenets, la grotte de la Toffière, et le grandiose Saut du Doubs, l'énorme rempart de roches stratifiées, d'où il tombe en flots d'écume éblouissante, se brise, se répand en poussières d'étincelles impalpables...

9

A l'ouest de Besançon, autres spectacles. Le chemin de fer, par la vallée du Doubs, mène à Dôle, puis, faisant retour vers l'est, dans les massifs du Jura; on passe non loin des grottes extrêmement curieuses d'Osselle où l'ours des cavernes laissa des ossements

Des rues pavées de galets ronds, étroites, tortueuses, sales, obscures, puantes, serrées, enchevêtrées autour d'une lourde église gothique, Notre-Dame, c'est Dôle, légèrement assise en amphithéâtre sur la rive droite du Doubs, bordée par le canal du Rhône au Rhin, et que prolonge sur l'autre rive un faubourg moderne, la Bedugue, large et planté d'arbres. Au-dessus de l'amphithéâtre s'étend la charmante avenue de Saint-Maurice. Ville très ancienne (*Dolum* ou *Dola Sequanorum*), romaine, impériale, espagnole, parlementaire, passé résumé dans sa devise : *Justicia et Armis!* Dôle est cependant pauvre en édifices historiques. Dans ses registres, une note brève, éloquente en sa concision, explique ce dénuement : « L'an 1479, le vingt-cinquième jour du mois de mai, heure de midi, fut, par les Français et par trahison, prise la ville de Dôle; la plupart des habitants d'icelle occis et les autres prisonniers, et en cette heure y mirent lesdits Français le feu et furent brûlés : églises de Notre-Dame, de Saint-Georges, les Halles, Auditoire, Chambre du conseil et Moulins dudit Dôle. La plupart de cette ville exterminée, captive, ne sera pas vue par ceux qui ci-après liront, comme dessus, et ce nous certifions sous nos seings manuels ci-mis. »

La ville infortunée, « Dôle la Dolente », ne se releva jamais de l'horrible siège, dirigé par le féroce Charles d'Amboise. Encore elle s'en souvient; les Dôlois vous montrent trois édifices, seuls témoins de l'énergie et du malheur de leurs ancêtres : la tour de Vergy, la maison de Jehan de Vury et l'église ruinée des Cordeliers. Louangeuse, dignement, une inscription contemporaine du désastre désigne à l'étranger la *Cave d'Enfer*, où quelques hommes, échappés au massacre, après avoir héroïquement combattu, s'apprêtaient à vendre chèrement leur vie ; ces braves allaient périr, un mot du vainqueur : « Qu'on les laisse pour graine ! » les sauva.

Dôle eut à soutenir d'autres guerres racontées dans les précieux manuscrits de sa riche bibliothèque. Condé l'assiégea en 1636 ; Louis XIV s'en empara en 1668, de nouveau en 1674 ; elle fut aussi très éprouvée par la guerre de Trente Ans, mais ces violences, moins extrêmes, laissèrent debout les seuls monuments qu'elle possède encore, un Hôtel-Dieu et un Hôtel de Ville, construits par un architecte de réputation locale, le président Boyvin. Depuis, le sculpteur Attiret lui prodigua fontaines, statues et bustes ; et l'on ne sait quel prétentieux maçon y bâtit un énorme, fastueux et fantastique mausolée, connu sous le nom singulier de Tombeau du Pacha? Dôle est si loin de Constantinople que vous ne comprenez peut-être pas très bien. Sachez-le donc : ce pacha, énigmatique en un tel lieu, fut, paraît-il, un indigène enrichi par le commerce des denrées orientales, un « lingot des Indes venu » pour trépasser dans sa patrie, et que la « magnifique » sépulture du cimetière neuf remercie des largesses de son testament. Le vieux cimetière, privé de ce décor, abandonné à tous les caprices d'une végétation exubérante, qui le métamorphosent en coin de forêt vierge semé de ruines, offre un tableau de la plus saisissante mélancolie.

VILLA GRÉVY A MONT-SOUS-VAUDREY

Dans les environs de Dôle, l'hospice d'aliénés de Saint-Ylie, vaste, très bien divisé, entretenu, situé à souhait, passe pour un modèle en ce genre d'établissement. Vers l'est, la ville touche à la vaste forêt de Chaux que traverse le chemin de fer pour desservir Montbarrey, fief ancien d'une famille princière de la Franche-Comté et chef-lieu de canton d'où dépend le village un moment célèbre de Mont-sous-Vaudrey. Là naquit, en 1807, d'une famille de cultivateurs aisés, jadis serfs, en tout cas bien humbles vassaux des illustres princes de Montbarrey, M. Jules Grévy, que ses talents de jurisconsulte, de politique avisé, élevèrent aux premières charges, puis à la plus haute dignité de l'État. Pendant des années, le rustique Mont-sous-Vaudrey fut la résidence quasi souveraine de l'ex-président de la République ; une petite cour d'amis fidèles, de fonctionnaires, suivait les chasses qu'il leur offrait dans un grand parc giboyeux. Ces splendeurs économes sont éteintes ; encore se trouve-t-il des Anglais pour aller visiter la maison de campagne où elles brillèrent.

De Montbarrey à Mouchard, route banale. A ce village, où trois lignes de chemin de fer se réunissent, recommencent pour nous les belles régions du Jura : région de montagnes riches en vignobles, au midi ; à l'ouest, région de vallées tour à tour charmantes et grandioses, de sources jaillissantes, de gorges profondes et sauvages. Salins, à cinq minutes de Mouchard par une voie spéciale, est à la fois pittoresque et vinicole. Allongée sur la rive droite de la Furieuse et sur le versant d'une hauteur parallèle, deux monts escarpés, couverts sur les pentes d'arbres résineux, couronnés de forteresses à leurs sommets dénudés, l'enserrent, comme dans un étau. C'était jadis une citadelle de premier ordre, construite par Vauban, défendue en outre par des tours et des portes d'enceinte féodale dont il reste quelques débris ; c'était aussi une place agréable à l'administration des intendants, pour le gros revenu qu'elle fournissait à la gabelle. Aujourd'hui les salines donnent actuellement de 50 à 60 000 quintaux de sel à leur propriétaire. Franchissez la vieille porte en ogive de l'établissement où on les exploite, vous assisterez au jeu des pompes hydrauliques puisant l'eau des sources, à leur évaporation, à la fabrication de leurs sous-produits, chlorure de potassium et sulfate de soude. Vous pourrez encore mesurer du regard la profondeur énorme des trous de sonde, pratiqués pour atteindre les couches du terrain salifère, et voir l'issue du banc de sel gemme qui communique, par un canal de 17 kilomètres de longueur, avec les salines d'Arc-et-Senans. Des bains annexés à l'usine ont, dit-on, l'action la plus fortifiante sur les tempéraments affaiblis

Les églises de Salins se ressentent un peu de sa défunte importance. On remarque Saint-Antoine, datée du xie siècle, ses jolis vantaux du xve et, surtout, un banc d'œuvre, dont les fines sculptures mettent en scène des types rudes et joviaux de montagnards jurassiens. Saint-Maurice possède une bien curieuse statue de légionnaire romain, vêtu à la mode du temps de Louis XII ; Notre-Dame a quelques bons tableaux, entre autres une *Adoration des Mages* que nous attribuerions volontiers au grand peintre Dietrich. Notons encore, devant l'Hôtel de Ville, une jolie *naïade* de Dévosge, versant les eaux d'une fontaine, et la statue martiale du général Clerc, tué à Magenta ; ailleurs moisit le buste d'un littérateur bien oublié, l'abbé d'Olivet ; voilà les curiosités, les beautés de Salins. — Les environs en ont bien davantage. On admire, à moins d'une lieue, la cascade de Souaille et plus haut, vers l'est, la superbe source de la Lison. On visite les grottes, les gouffres, les cascades de Nans-sous-Sainte-Anne. Le hameau d'Alaise, où les savants francs-comtois voulurent reconnaître, à de nombreux

LONS-LE-SAUNIER

vestiges décelés par le soc des charrues, l'illustre Alésia, vaguement décrite dans les trop brefs *Commentaires* de César, a toujours ses fervents archéologues dont les patientes recherches ne sont pas infructueuses.

Comme Salins, Arbois groupe entre deux montagnes ses maisons blanches enveloppées de toits solides en tuiles rouges. Il semble aisé et fort agréable ; pourtant sa prospérité décroît : les vignes qui produisaient les vins exquis, si estimés de Henri V, disparaissent ; des ceps américains, lents à fructifier, les remplacent. Hélas ! il en est de même de Montigny-les-Arsures, dont le cru était l'un des premiers du Jura, de Vadans, de Poligny, aux vins rosés ou clairets, délicieux au goût. Le phylloxéra doit sensiblement diminuer les rentes des quelques centaines de bourgeois peuplant cette petite ville assez triste d'aspect, moderne, banale, et dont la viticulture était la grande affaire. A Arbois est né le grand Pasteur.

Aussi peu réjouissant, Lons-le-Saunier, ravagé maintes fois pendant les douloureuses guerres de la province, incendié par Henri IV, en 1595, semble tout entier du xviii° siècle. Un seul quartier, d'une laideur pittoresque, traversé de canaux et formé de maisons bâties sur pilotis, mérite, de l'avis des Lédoniens, le surnom ambitieux de « Venise franc-comtoise ». On peut se dispenser de l'aller voir, mais non de saluer, aux plus belles places de la ville, les statues de deux hommes qui sont l'honneur du tempérament et du caractère jurassiens : celle de l'intègre général Lecourbe, par Étex, et celle de l'inspiré Rouget de l'Isle, par Bartholdi.

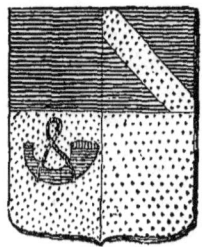

LONS-LE-SAUNIER

Entre les environs de Lons-le-Saunier, Baume-les-Messieurs occupe une place à part; ce n'est qu'un petit village enfoncé dans un vallon que surplombent des roches verticales, mais les curieuses sources de la Seille n'en sont pas éloignées et il possède les ruines de l'abbaye fondée au vi° siècle, où, au ix° siècle, se forma l'ordre de Cluny. Une allée de tilleuls conduit à ces ruines, peu nombreuses, mais fort belles, enclavées dans plusieurs propriétés. Les arcades ogivales du cloître dressées en portiques, les habitations des chanoines, sont presque intactes. L'église, œuvre du xv° siècle, irrégulière et vaste, conserve les vestiges d'opulentes décorations : un christ hiératique, un maître-autel dont le haut triptyque offre des peintures du xvi° siècle, des statues du xv°, des tableaux, et surtout des tombeaux de grands personnages, attestent la longue fortune de l'abbaye. Ces mausolées portent les noms de Renaud de Bourgogne, comte de Montbéliard; d'Amédée de Chalon, abbé de Beaune; de Jean de Watteville ; de la princesse Mahaut, abbesse du Sauvemont, laquelle, sculptée en demi-relief, est couchée sur la dalle funèbre...

Vers l'est, Conliège, dont l'église renferme des œuvres d'art; Mirebel, où le mont de Lente supporte un mur colossal et crénelé du château de Mirebel ; Clairvaux, entre deux lacs charmants, attireront les touristes ; ils iront sans doute, sur la foi des guides du pays, voir le lac de Châlin ; l'industrieuse, populeuse et croissante Champagnole ; les Planches-en-Montagne ; l'importante Morez, où l'on fabrique des ressorts de montre, tous, petites villes, villages, groupés parmi des sites admirables, aussi beaux que ceux de la Suisse. Puis, encore, les voici à Septmoncel, patrie du jurisconsulte Dalloz ; de merveilleux paysages les environnent, des grottes, des cavernes, des gouffres, des cascades ; ils touchent à Saint-Claude, tapie au pied du mont Bayard, à 409 mètres d'altitude, dans l'ombre glacée d'un

PONT DE SAINT-CLAUDE

cirque de montagnes énormes. Sombre, laborieuse et commerçante cité épiscopale, une foule d'artisans, distraits de l'ennui de leur morne habitacle par le travail le plus méticuleux, l'emplissent de ces chefs-d'œuvre de la tabletterie, découpés, sculptés, dans la corne, le bois, l'ivoire ; horloges de bois, pipes, brûle-cigares et cigarettes, couteaux à papier, couverts à salade, si connus et prisés sous le nom d'*articles de Saint-Claude*. Ces parfaits ouvriers doivent estimer à leur valeur les trente-deux belles stalles sculptées avec un fini précieux, pour leur cathédrale de Saint-Pierre, unique reste de la célèbre abbaye vendue comme bien national en 1790 et incendiée en 1799, peut-être par ses serfs, les derniers serfs des régions du Jura.

De Saint-Claude, le chemin de fer vous ramène vers la grande vallée du Rhône, par la contrée agreste où, de compagnie, naguère nous passâmes, très vite, en allant aux sources du fleuve. Il visite Nantua étalé au bord de son lac, placide nappe d'eau assombrie par les monts plantés de sapins qui s'y reflètent de toutes parts. Et, de cette petite ville du Bugey, fameuse un jour, un seul, le jour où le corps de l'empereur Charles le Chauve, ramené d'un obscur village du mont Cenis, y fut inhumé dans l'église d'un monastère de Bénédictins aujourd'hui disparu, il arrive par des gorges rocheuses, par

NANTUA

des *cluses* profondes, dans la vallée de l'Ain, dans la fertile Bresse.

La terre devient moins rugueuse et Bourg, bien que sur un plateau élevé, semble déjà ville de plaine. Elle paraît bien indifférente au premier abord, cette ancienne capitale de province, toute en rues poudreuses ou boueuses, en maisons très hautes et massives ; néanmoins intelligente, instruite, appliquée aux sciences, capable de produire des hommes comme l'illustre Lalande, comme Bichat, dont la statue décore une de ses places, comme Charles Robin représenté par un buste en bronze, à l'angle de sa maison natale, comme Edgar Quinet... Elle honore aussi, justement, l'un des plus glorieux enfants de la région, Joubert, né à Pont-de-Vaux, Joubert, chef brillant et probe, jusqu'au désintéressement parfait, des armées de la première République. Au seuil même de la ville, une pyramide élevée par les soins des consuls à l'héroïque vaincu de Novi, tué à la tête de ses soldats, rappelle la carrière bien remplie, si tôt brisée, de ce général en chef mort à trente ans. Joubert, pacifique avocat, à l'aube de la Révolution, fut le type de ces volontaires de la bourgeoisie, alors virile, passionnée pour le bonheur social, qu'entraîna vers les armes et jeta sur nos frontières menacées par l'Europe le généreux courant du patriotisme et de la liberté!

BOURG

Bourg n'est pas infidèle à ces grandes mémoires, il progresse, il est humain. Phénomène rare encore, il est éclairé par l'électricité d'Edison, et il a créé pour le département un des asiles de vieillards et d'infirmes les mieux entendus qu'il y ait en France ; ces choses touchent le philosophe. A l'artiste, Bourg offre beaucoup plus que son église paroissiale de Notre-Dame, bien qu'elle ne soit pas sans mérite, et que d'anciens logis, malgré l'originalité de leurs sculptures ; il offre l'admirable église de Brou, édifiée sous la Renaissance, pour accomplir un vœu de Marguerite de Bourbon, laquelle voulut par cette pieuse fondation rendre grâce au ciel d'avoir guéri son mari, Philippe sans Terre, duc de Savoie, d'une affreuse blessure reçue à la chasse.

BOURG — ÉGLISE NOTRE-DAME

Donc, traversez la Reisouze aux quais pittoresques ; laissez à gauche un faubourg où des boutiques étalent ces jolis sabots bressans, lustrés, fignolés, historiés et même peinturlurés, qui chaussent à merveille les accortes paysannes et complètent fort bien leur charmant costume : courte jupe empesée à bandes de velours, corsage de dentelle, et large, immense chapeau rond festonné, posé sur un béguin de soie.

Prenez la route de Nantua, suivez-la dix minutes, vous y êtes. Un vaisseau de style ogival, dont l'on remarque d'abord l'extrême blancheur, due à la qualité de la pierre tendre employée à le construire ; voilà l'église de Brou. Et l'on s'arrête, ravi, devant le porche déliçatement ouvragé, enveloppant de ses feuillages les figurines de saint André, de Marguerite d'Autriche et de Philibert le Beau, duc de Savoie ; sur les côtés, aux angles, des socles élégants portent les statues de sainte Monique, de saint Augustin, de saint Pierre et de saint Antoine, œuvres charmantes de Jean de Louhans, d'Aimé le Picard, d'Aimé Carré et de Jean Rolin, artistes d'une première et féconde école française ; saint Nicolas de Tolentin, patron du sanctuaire, préside la mystique assemblée.

La décoration intérieure est vraiment splendide. C'est d'abord un jubé ajouré, dentelé, ciselé, d'un style hardi autant qu'original, et dont la frise enlace en ses festons légers la devise de la fondatrice : *Fortune, Infortune, Fort Une.* Ce jubé, pareil à un velum, sépare la nef du chœur où s'élèvent les tombeaux, en marbre de Carrare, de Marguerite de Bourbon, de Marguerite d'Autriche et de Philibert le Beau : trois chefs-d'œuvre de grâce, de finesse, d'harmonie, de noble et spirituelle invention ; trois chefs-d'œuvre qu'il faut contempler, étudier à loisir, jusque dans les moindres détails. Des mots exprimeraient faiblement l'art exquis des figures princières couchées sur les mausolées ou dessous ; en haut, revêtues de leur pompe mondaine ; en bas, dépouillées de toutes les vanités, simples cadavres prêts à comparaître devant le Juge suprême. Des anges attristés présentent les écussons des illustres défunts ; sous les caprices des pinacles, dans les arcades du socle, de jolies figures affligées les pleurent ou prient pour eux, spectacle dolent embelli par toutes les grâces de l'imagination... On admire, puis l'on songe aux brillants artistes auxquels on doit ce rare plaisir. Comment se nommaient-ils ? La tradition place à leur tête Michel Colomb, le grand sculpteur du mausolée du duc François de Bretagne, à Nantes ; il les aurait dessinés. Mais Conrad Meyt, Louis Van Beughem, Gilles Van Belli, sculpteurs, et André Colomban, architecte, collaborateurs moins contestables, en ont l'honneur assuré.

Des vitraux, d'une facture magistrale, d'un coloris éclatant, symbolisant le *Triomphe de la Religion contre la Mort,* rares peintures du xvi° siècle, dues à Jean Brochon, Jean Norquois et Antoine Noisin, et un bien séduisant camaïeu célébrant le triomphe de la Vierge mère enveloppent les mausolées d'une abondante et mystérieuse lumière qui vient en même temps caresser, animer, aux stalles de chêne poli, les sculptures exécutées avec une verve saine et franche par Pierre Terrasson, de Bourg, et aussi de riches armoires, et, ciselés dans l'albâtre du maître-autel, des bas-reliefs représentant l'histoire de Marie-Immaculée.

Jadis, un couvent de moines Augustins, institué à la place d'un monastère de Bénédictins fondé au x° siècle par saint Gérard, évêque

ÉGLISE DE BROU

de Mâcon, avait en garde les mausolées des princes et leur devait le service religieux ; il attenait à l'église de Brou ; c'est aujourd'hui une simple annexe du séminaire.

Partons. Cette belle vision du passé, évanouie, mais enchantant pour toujours votre mémoire, vous aide à supporter la banalité d'un nouveau voyage à travers les Dombes mélancoliques ; voici la banlieue lyonnaise, Villeurbanne, les forts, les ombrages de la Tête-d'Or, Lyon et le puissant Rhône, et, courant sur la rive gauche du fleuve, le train nous emporte vers le Dauphiné.

LA GRANDE VALLÉE

CHAPITRE VI

LE DAUPHINÉ

... Il fuit le pays noir, le pays du Forez, de Givors et de Rive-de-Gier, et le train mêle son panache de fumée aux fumées lourdes de ses usines, jalonnant les deux rives du Rhône.

Dans cette région de mines et de manufactures, Vienne, ville industrielle entre toutes, semble cependant, au bord du grand fleuve, une ville paisible et claire, endormie dans sa gloire. C'est qu'alors on ne voit pas ses quartiers ouvriers, mouvants, bruyants, étagés en amphithéâtre sur les bords de la Gère, violacée par les teintureries; on ne voit pas ses manufactures de drap croisé, son haut fourneau, sa fonderie de plomb, ses corderies, sa papeterie... Seule, la *Vienna Allobrogum*, la romaine capitale de la Narbonnaise, la capitale de la Burgundie et du royaume de Bourgogne cisjurane, le fief féodal des archevêques primats des Gaules, se presse sous vos yeux dans un lacis de rues étroites, obscures, raboteuses, bordées de maisons chenues, que l'on dirait construites avec les matériaux de la cité antique.

Au centre de cette *Vienna*, une large place rassemble à peu près tout ce que les invasions et le vandalisme ignorant, plus nuisibles que la guerre, en laissèrent subsister. Élevé en terrasse, un palais de justice repose sur les fondations du palais des préteurs et enclave ses murailles. Devant ce palais, un édifice d'ordre corinthien, aux vastes portiques, aux proportions harmonieuses, fut le temple consacré à Auguste et à Livie par le Sénat, selon qu'il est inscrit à sa façade : *Con. Sen. Divo Augusto optimo maximo et divæ Augustæ*. Ce temple est jonché tout autour de débris énormes et magnifiques : morceaux de frises et de chapiteaux, membres de statues brisées ; sous l'entablement, par places, s'enroulent encore de fines volutes ; l'intérieur est un musée. Face au monument du génie latin, se dresse la statue de Francis Ponsard qui dut le contempler bien des fois, en ses années de jeunesse. Le poète d'*Ulysse*, de *Lucrèce*, que toucha la noble ambition de renouveler la tragédie française par l'imitation du beau antique, ne lui devait-il pas un peu ce tour d'esprit, comme il devait à son honnête province les sentiments probes, libres et virils, exprimés avec énergie dans *l'Honneur et l'Argent*, *la Bourse*... ?

Ailleurs, deux arcades d'envergure ample et un escalier, dont les marches d'une largeur inusitée montent à de pauvres logis, repré-

TOUR SAINTE-COLOMBE ET BORDS DU RHONE A VIENNE

sentent l'ancien *Forum*. Beaucoup plus loin, à l'extrémité d'un faubourg, une pyramide isolée, juchée sur un portique percé de quatre arcades, se nomme le Plan de l'Aiguille et fut la *Spina* d'un cirque, découvert par les archéologues. La *Spina*, élevée probablement aux jours de décadence, de péril ou de pénurie de l'Empire, n'offre que le dessin fruste d'une ordonnance corinthienne, de simples superpositions de pierres taillées, sommairement biseautées, où devait fleurir l'acanthe des chapiteaux... Avec des aqueducs, des traces de remparts et de citadelles, remplacés sur les hauteurs environnantes par des châteaux gothiques, aussi en ruines, et encore l'introuvable tour où Ponce-Pilate fut emprisonné et mourut — légende vengeresse de la mort du Juste, — tels sont les restes de la cité romaine. Celle du moyen âge en conserve davantage, mais un seul est superbe : l'église, jadis cathédrale de Saint-Maurice

Imposante et sombre, son portail, flanqué de deux tours et que précède l'escalier d'un parvis cerclé d'une balustrade gothique, domine le Rhône ; elle semble splendide, mais la réalité ne répond guère à cet aspect de luxe et de majesté. Plus de lisibles sculptures aux trois portes affreusement mutilées, et, dans la nef, des murs nus, gercés, moisis, suant l'abandon. De ses riches décorations anciennes subsistent des tapisseries, deux anges de Slodtz en marbres de diverses couleurs et les tombeaux pompeux, par le même artiste, des archevêques de Montmaurin et Oswald de La Tour d'Auvergne, prélats d'aristocratique prestance, de belle figure, si leurs statues agenouillées ne les flattent point.

PORTE D'ORANGE A VIENNE

De Vienne à Valence. Étagée sur la chaîne de collines bordant la rive gauche du Rhône, bourgs, villages se pressent ; aucun n'est remarquable. Du beau château du cardinal de Tournon où Charles IX, en 1564, signa l'édit qui fixait au 1ᵉʳ janvier le premier jour de l'an, priorité accordée jusqu'alors au dimanche de Pâques, Roussillon garde les élégances délabrées. Saint-Vallier commande l'issue de la charmante et célèbre vallée de la Galaure, tant de fois citée dans les chroniques du Dauphiné. On irait, en suivant la double ligne de rochers abrupts entre lesquels pétille la rivière, à Mantaille où, dans un château environné d'une vaste forêt, un concile, tenu en 879, consacra l'établissement éphémère d'un second royaume de Bourgogne. On irait aussi aux ruines magnifiques, aux tours et lambeaux de remparts, dispersés sur les assises d'un mont rocheux, qui portent toujours le nom illustre des premiers féodaux de la province, le nom d'Albon.

Regardez bien ce lieu formidable, c'est le berceau d'origine des Guigues d'Albon que leur valeur et leur ténacité rendirent maîtres du Viennois et du Graisivaudan. De là partirent ces guerroyeurs infatigables, surnommés, pour le *dauphin* inscrit dans l'écu seigneurial de Guignes IV d'Albon, les dauphins du Viennois, puis les dauphins de Grenoble. Famille brillante s'il en fût, elle régnait sur la plus courageuse et la plus indépendante noblesse de France. Alliée par mariage aux maisons de Bourgogne et de La Tour du Pin, elle donna trois races

LES BORDS DU RHONE A VALENCE

de souverains au Dauphiné. Elle étendit ses États sur le massif entier des Alpes françaises, jusqu'en Provence. Les exploits et les institutions libérales d'Humbert Ier, de Guigues VIII, les glorifièrent; nuls souverains ne furent plus aimés de leurs sujets, plus redoutés de leurs voisins, et plus regrettés le jour où, du consentement d'Humbert II, leur autorité passa avec leurs fiefs à leur cousin, Philippe VI de Valois. Alors leur race s'éteignit, disparut, du moins en branche directe, car, au xviiie siècle, le bucolique et sentimental comte d'Albon, roi d'Yvetot, devait être un de leurs descendants. Mais combien peu semblable à ses belliqueux ancêtres, le propriétaire des fameux jardins de Franconville! On les comparait, ces jardins si vantés, à ceux du Moulin-Joli, de Trianon, du Raincy, mais ils les surpassaient en intentions savantes et morales. « Qu'y voyait-on et que n'y voyait-on pas ? » écrit l'auteur de ce livre, en sa description des *Environs de Paris* : des monuments rendant hommage à la vertu, au génie, à l'amitié, à l'amour conjugal, le temple du Christ mourant, le bosquet de Clarens où Saint-Preux, Claire et Julie, héros de *la Nouvelle Héloïse* se donnaient « le premier baiser de l'amour », les statues ou les bustes de Boerhaave, de Jean-Jacques Rousseau, de Montesquieu, de Priape, d'Hygie, de Pan, de Court de Gébelin, de Haller, de Mirabeau ; des tombeaux, des fontaines, des obélisques, des pyramides, des chalets, le pont du Diable, des grottes et des vers comme ceux-ci, écrits sur la porte :

Dégoûté de la cour et fatigué des villes,
Je me suis caché dans ces lieux.
Qui veut couler des jours tranquilles
Doit fuir également les hommes et les dieux.

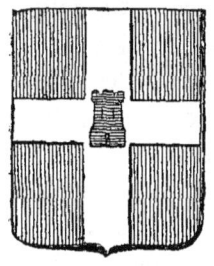

VALENCE

« Ne les cherchez plus : ils ont disparu, ces jardins où l'on retrouvait à la fois le savant, le naturaliste, l'amateur des arts, le littérateur plein de goût, le citoyen vertueux et sensible, l'ami de la nature et de l'humanité »... et surtout, à notre avis, l'âme assez candide des vieux Dauphinois... Reprenons à Tain la grande route du Rhône ; ce gros bourg s'espace au pied du fameux coteau vinicole de l'Ermitage, chanté par tant de poètes, mais le phylloxéra l'a dépouillé de ce vignoble, jadis importé de Chiraz, et il n'a plus d'intéressant que son taurobole élevé en 184 et sa colonne milliaire. Nous séjournerons davantage à Valence.

Neuve, spacieuse, brillante, telle, aux abords de la gare, s'annonce Valence par ses boulevards, surtout par une grande avenue bordée de hautes maisons sculptées et d'hôtels de voyageurs dignes de Cosmopolis. L'avenue conduit au Château des Fleurs, jardin public planté en terrasse sur les bords du Rhône, où s'élève la statue colossale de Championnet, « général sorti des rangs du peuple », dit l'inscription justement louangeuse du caractère ferme et désintéressé du conquérant de Naples.

A la ville nouvelle, créée par le chemin de fer, la ville ancienne, la *Julia Valencia* romaine, l'ex-capitale du duché de Valentinois, groupée à droite du jardin public, sur la rive et un peu au-dessus du niveau du large fleuve, oppose ses rues simples, propres, avenantes. A la limite de ces deux cités distinctes, la cathédrale Saint-Apollinaire, réédifiée au xi° siècle, mais bien défigurée par maintes restaurations, hausse un majestueux clocher dressé sur un porche en marbre de Crussol, dont les trente-deux colonnes, aux chapiteaux sculptés, supportent les arcades romanes. Dans le chœur de cette église fut inhumé le pape Pie VII, mort à Valence, où le Directoire l'avait fait interner pour le punir de l'assassinat, à Rome, du général Duphot. La statue du pontife, exécutée en cire et couchée sur un autel, le représente vêtu d'écarlate et d'or, les pieds posés sur un coussin de velours, l'air majestueux. A côté du maître-autel est son buste, sculpté par un élève de Canova qui s'inspira heureusement de la manière fière et gracieuse du maître. Plus remarquable nous semble la sépulture de la famille parlementaire de Mistral, sous un dais à pendentifs de style Renaissance.

Point d'autres monuments à Valence, mais il faut voir la maison de Mme Dupré-Latour, dont la porte, couverte de figures diverses et de bas-reliefs mythologiques, est un petit chef-d'œuvre de la Renaissance, et la curieuse *Maison des Têtes*, nommée ainsi de nombreux médaillons, évidant sa façade et son vestibule, d'où ressortent, le cou tendu, des figures singulières, peut-être bibliques, entre lesquelles on distingue, à leurs traits familiers, celles des seigneurs païens Faustus et Tempus. En face la Maison des Têtes, regardez un immeuble très ordinaire ; c'est là que logeait, en 1789, chez Mme du Colombier, le jeune lieutenant d'artillerie Napoléon Bonaparte. Son hôtesse tenait un cabinet de lecture. Indécis, dévoré d'ambition, prêt à quitter la carrière des armes s'il n'y réussissait point à son gré, mais s'efforçant de tromper son impatience par l'étude infatigable, le jeune officier essayait alors de la littérature, s'occupait de philosophie, de politique, de questions sociales, songeait aux concours académiques et déclamait comme Raynal, son modèle, sur le bonheur des hommes à l'état de nature et sur leur malheur dès qu'ils se civilisent. Cependant, il savait aussi sacrifier aux grâces, composait des vers pour l'*Almanach des Muses* et charmait par sa galanterie comme par la vivacité de son génie méridional, la haute société où Mme du Colombier le présentait.

Un peu au nord de la ville où Napoléon promena ses rêves ardents de futur maître du monde, le chemin de fer a traversé l'Isère, près de son confluent avec le Rhône; maintenant, il en remonte le cours et, tantôt parallèle à sa rive droite, tantôt à sa rive gauche, il vous mène dans la splendide vallée entrevue de Montmélian la Savoisienne, dans la vallée du Graisivaudan. D'abord le train parcourt une plaine fertile, ininterrompue de Valence à Romans; il s'arrête à cette ville que son industrie, encore active et diverse, ses filatures de soie, ses mégisseries, mettaient jadis, avant la désastreuse révocation de l'édit de Nantes, au premier rang des cités laborieuses et riches du Dauphiné. A cette période heureuse remontent son opulent hôpital et son église collégiale de Saint-Bernard, type de la grande architecture romane, admirable malgré l'usure des siècles et le vandalisme des guerres protestantes, si terribles dans la patrie du cruel Montbrun et du baron des Adrets.

ROMANS — TOUR DE JACQUEMART

A l'est de Romans, on ne tarde pas à pénétrer dans les régions montueuses du Royannais, puis du Vercors, où commencent pour un touriste les sublimes ou charmants spectacles des Alpes dauphinoises. Les grès surgissent, variés dans leurs formes et leurs couleurs; ici, roides, âpres, nus, farouches, ils tombent en pentes abruptes dans une solitude désolée; là, sous un épais manteau de chênes et d'érables, ils projettent leurs grandes ombres sur de fraîches vallées. Souvent leurs rocs, s'arc-boutant vers la terre, dessinent des ponts naturels aux arches profondes, des *goulets* sous lesquels coulent, ruisseaux en été, torrents en automne et au printemps, des rivières cristallines et poissonneuses. Des villages pauvres adossent leurs maisons grises à ces murailles, se penchent aux bords de leurs abîmes, s'élèvent jusqu'à leurs crêtes pour échapper aux subites inondations, ou suivent docilement les contours de leurs labyrinthes. Aussi la route, tracée des uns aux autres, est-elle la plus capricieuse que l'on puisse imaginer et la plus riche en aspects imprévus. Sans cesse, brusquement, elle se hausse, elle s'abaisse, pique droit aux nuages, fonce dans le val ; d'un lieu souriant au soleil, vert, fleuri, court à un misérable groupe de cabanes, ignoré de tout le monde, excepté des publicains exacts à réclamer à leur indigence les droits de l'État, et des aventureux promeneurs de la belle saison. Certains sites, réellement

SAINT-ANTOINE

superbes, consacrés par la tradition, ne manquent jamais de curieux. Nous sommes loin du temps où Stendhal, fils du Dauphiné, accusait les Français d'ignorer la plus admirable contrée de leur patrie, la vraie Suisse française, moins grandiose que l'autre, sans doute, mais, toutes proportions gardées, aussi magnifique. Aujourd'hui, plusieurs bourgades du Royannais, du Vercors, des massifs de Lans, de Villard-de-Lans, de la Grande-Chartreuse, animés et prospères par l'industrie, sont prêts à recevoir les visiteurs, les désirent, les attendent. D'ailleurs, les Anglais ne font jamais défaut et l'on doit à leur goût du confortable des hôtels neufs, bien aménagés, bien servis, d'une propreté séduisante, d'un prix raisonnable.

Donc, sans courir le risque d'un gîte hasardeux, vous irez dans la allée de Lyonne voir Saint-Jean-en-Royans, la forêt de Lente, Rochechinard, dont le roc porte les ruines du château où Charles VIII confina le prince Zizim, frère du sultan Bajazet; Saint-Martin-le-Colonel, aux vastes forêts, et, dans la vallée parallèle de la Vernaison, Pont-en-Royans, extraordinaire. Quoi? Un bourg coupé en deux par un gouffre que ses maisons, bâties sur roc et contre-roc, surplombent. Des échafaudages soutiennent ces maisons hardies, de peur qu'elles ne tombent dans la profondeur vertigineuse où gronde un torrent; d'autres, plus prudentes, élevées en amphithéâtre, se maintiennent par un prodige d'équilibre sur des pentes presque verticales et, tout de même, laissent place à des jardins, plaquant de verdures fraîches et lumineuses les tons noirs de leurs façades. Autant vous étonnera Villard-de-Lans, aux alentours semés de blocs gigantesques.

D'un autre côté, sur la rive droite de l'Isère, vers l'indifférent Saint-Marcellin, Saint-Antoine a dans son église, autrefois abbatiale, assez d'œuvres d'art pour justifier une excursion d'artiste : les stalles de son banc d'œuvre, sculptées par Hinard, artiste lyonnais du xiv° siècle, avec finesse et fantaisie, à elles seules méritent le voyage. Plus loin, l'industrielle Tullins vous offre les débris de ses anciennes murailles et de son château; la populeuse, très ouvrière et très active Rives-sur-Fure, ceux d'une chapelle romane, puis les sources de Réaumont et le pèlerinage de Parménie; Saint-Étienne-de-Saint-Geoire a la maison de Mandrin, le faux saunier célèbre, le brigand populaire, sympathique en ces régions où il combattait courageusement les troupes du fisc, exacteur impitoyable Plan, tout à côté, a la maison ferme des évêques de Grenoble, remplie d'objets curieux.

Voiron est la ville importante de ce district, dont la population s'accroît rapidement. On fabrique à Voiron d'énormes quantités d'étoffes de soie dans quinze manufactures disposant de deux mille métiers. Les papeteries de Voiron sont célèbres, comme celles de Rives, et les gourmets estiment les liqueurs de Voiron, voire son élixir imité de la Grande-Chartreuse et son china-china, très goûté dans les cafés de Grenoble. Avec tous ces avantages positifs, Voiron est agréable et pittoresque; situé au pied de la montagne de Vouis, qui porte une statue colossale de la Vierge, et d'un château des comtes de Savoie, nommé singulièrement Tour-du-Pas-de-la Belle, c'est une ville propre, élégante par endroits, ornée selon ses revenus. Ses environs, autour de la chaîne du Raz, sont accidentés : grottes, cascades, rochers entassés, distrairont le voyageur que la diligence conduira par les chemins de montagne à Saint-Laurent-du-Pont, et, de ce bourg, à la Grande-Chartreuse. Mais attendez, nous allons d'abord à Grenoble.

En pleine vallée du Graisivaudan, dans un cercle formé au

VOIRON

second plan de hauteurs puissantes où, toute l'année, traînent des neiges, où brillent même des glaciers, et au premier plan de rochers violets que rayent les crêtes symétriques des forteresses, Grenoble apparaît, composé de deux villes distinctes, dont le contraste atteste sa fortune grandissante. L'une, près de la gare, a des avenues ombreuses, des rues bitumées, bordées de hautes maisons blanches ou grises, construites dans le goût moderne, luxueusement ; l'autre, toute en rues étroites, dédaliennes, enferme les demeures surannées, sombres, d'où s'échappe, par de longs corridors voûtés, l'odeur fade, particulière aux vieux logis bâtis dans la parfaite insouciance des lois de l'hygiène. Celle-ci représente le passé, la

Cularo gallo-romaine, la *Gratianopolis*, distinguée par l'empereur Gratien pour sa formidable position stratégique ; la capitale des Dauphins, la fière et vaillante capitale d'une province renommée entre toutes pour la valeur, la prud'homie, la loyauté chevaleresque de sa noblesse, « escarlate des gentilshommes », et la droiture, la sagesse, le courage civique de sa bourgeoisie.

Le centre, très animé, sinon brillant, de l'antique cité a nom place Grenette ; elle est toute petite, cette place où tout le monde se donne rendez-vous. Là se trouvent les hôtels excellents adoptés par les touristes, les cafés fréquentés, les magasins achalandés ; là s'échangent les nouvelles, se discutent les affaires, se concluent les marchés, se décident les parties de plaisirs. On y passe et l'on y revient plusieurs fois par jour sans savoir pourquoi, fatalement ; en un mot, la place Grenette est le Forum, la Bourse et la promenade de Grenoble. Hors de là, silence et banalité ; peu ou prou d'édifices évocateurs d'illustres annales. La cathédrale, dénuée de caractère, bien que datée en partie du xie siècle, possède pour toute œuvre d'art un assez beau *ciborium* en pierre sculptée ; Sainte-Marie a des vantaux très poussés et renferme le tombeau insignifiant de Bayard. Le Palais de Justice serait le « monument » de Grenoble, si, moins diminué, moins enlaidi, il ressemblait encore au palais construit par Louis XI, Louis XII et Charles IX, sur les fondations du château des Dauphins ; mais il en est à peine un lambeau.

Sur une petite place irrégulière, une place ridiculisée par la statue grotesque, l'impossible statue à laquelle un certain Raggi osa donner les traits et le nom de Bayard (1), s'élève sa maigre façade, ornée de colonnes et de pilastres cannelés. Aux chapiteaux, aux croisillons des fenêtres, brillent quelques sculptures. A la porte, des limaçons et deux chiens se disputant un os, sujets ciselés dans un fleuron, symbolisent les lenteurs de la justice et l'avidité de la chicane ; c'est tout.

---

(1) « Au milieu de la place Saint-André, on voit la statue colossale, en bronze, d'un acteur de mélodrame qui baise une croix avec une emphase puérile. Qui pourrait deviner que cet être gourmé usurpe le nom révéré du plus naturel et du plus simple des hommes, de Bayard, qui jamais n'a commandé en chef et dont le nom survit à tous les généraux de son siècle ? » (STENDHAL, *Mémoires d'un touriste.*)

L'intérieur n est guère plus riche : dans une salle du temps de Louis XIV, deux grandes figures de hérauts soutiennent les armes parlantes du Roi-Soleil, reproduites encore au plafond, avec la devise : *Omnia solus orbis fata regit*. Une autre salle date de Charles VIII et servait à la Chambre des comptes ; nous en aimons fort deux choses :

HOTEL DE VILLE DE GRENOBLE

la grande cheminée ornée de colonnes fasciculées, de clochetons et de niches enfermant deux hommes d'armes de la plus truculente physionomie, debout, la lance au poing ; et, rangées tout autour de la pièce, les armoires aux bordures gothiques, rayées de stries figurant des étoffes écossaises et ornées, au milieu, de feuillages en relief sur fond d'azur.

Un passage voûté, traversant le Palais de Justice, aboutit au quai de l'Isère, où donnait aussi le château des Dauphins. Ce fut même par une fenêtre de cette façade disparue qu'advint un événement inoublié en ce pays, dont il changea les destinées. Humbert II, s'y penchant, avec son jeune fils André dans les bras, le laissa choir dans la rivière. L'esprit frappé de ce malheur, interprété comme un avertissement du ciel, il résolut de renoncer au monde. Peu de temps après, le 16 juillet 1349, dans une assemblée solennelle des grands de France, réunis en l'abbaye des Dominicains de Lyon, il cédait tous ses États au petit-fils de Philippe VI de Valois, à la seule condition de respecter les coutumes et les privilèges de la province, résumés dans le *statut delphinal*.

Proche voisin du palais, l'Hôtel de Ville, qui fut l'hôtel du connétable de Lesdiguières, vous reporte aux fastes civiques de Grenoble. Première entre toutes les villes du royaume, il s'émut avant 1789

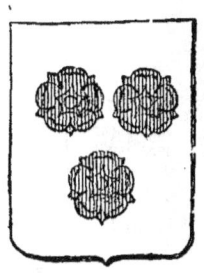

GRENOBLE

pour la Révolution nécessaire, les réformes urgentes, la convocation des états généraux, et, devançant Paris de plus d'une année, il eut sa journée, sa fameuse Journée des Tuiles, énergique démonstration de la bourgeoisie et du peuple, décidés à résister aux ordres et aux menaces du « despotisme ». Une inscription rappelle cet enthousiasme ; on lit sur la tour ronde à base romaine accolée à une façade de l'hôtel : « Quatorze juin 1788, ce jour, à dix heures du matin, le conseil municipal assemblé à l'Hôtel de Ville, avec les principaux citoyens de Grenoble, a pris la délibération mémorable qui a préparé l'assemblée de Vizille et ouvert la Révolution française. »

Marquée encore par les statues de quelques-uns de ses illustres enfants : l'ingénieux mécanicien Vaucanson, Xavier Jouvin, dont les procédés renouvelèrent la ganterie, qui, dans le district grenoblois, occupe près de vingt mille personnes ; et ce Gentil-Bernard, dont l'anacréontique *Art d'aimer* ne semblait guère mériter cet excès d'honneur,... telle est la ville historique. A sa rivale, à la ville moderne, les somptueux bâtiments, la plupart construits pour l'administration, pour le *tchin*, honneur au *tchin* ! et jamais le *tchinovisme* ne nous parut plus honoré, plus brillant, plus glorieux! O fonctionnaires, que vous manqueriez au bonheur de Grenoble et quels précieux services vous lui rendez, s'il en faut mesurer la valeur à la somptuosité de vos logements ! A l'endroit choisi, embaumé par un parc, s'élèvent la façade Renaissance de la Préfecture qui coûta le joli denier d'un million et demi, l'hôtel rival de la succursale de la Banque de France, l'hôtel du général d'artillerie, celui de la Tréso-

L'ISÈRE A GRENOBLE

rerie générale, d'autres encore... Il y a place, heureusement, entre ces architectures officielles, pour un édifice utile et de bon goût ; c'est le Musée-Bibliothèque, construit de 1865 à 1872, et très bien approprié à sa destination. Dans son vaste péristyle, lambrissé de marbre et décoré de peintures allégoriques, s'ouvrent les portes de deux galeries parallèles ; l'une enfermant les pièces rares : incunables, manuscrits, autographes, livres enluminés, d'une riche et nombreuse bibliothèque, les collections archéologiques et lapidaires, les meubles et les bibelots anciens ; l'autre, exposant des tableaux. Les collections sont fort belles, composées d'objets choisis, rares et pré-

CUVES DE SASSENAGE

cieux, dont chacun sollicite un moment d'attention et d'étude. Parmi les tableaux, il est des œuvres charmantes, même des chefs-d'œuvre, de Titien, de Van Thulden, de Porbus, d'Eckout, de Philippe de Champaigne, de Van der Meulen, et d'excellents portraits historiques, tels celui de la femme de Lesdiguières, et celui de Stendhal, ce dernier d'une physionomie si curieuse. La tête forte et vigoureuse, les joues pleines et rondes, le teint coloré, sanguin, d'un Anglais nourri d'ale et de roastbeef, les favoris roux, les cheveux frisés, l'expression des traits, en leur ensemble, sensuelle, fine et plate, caractérisant le bourgeois voltairien, libéral, voluptueux, et malin, vous figuriez-vous ainsi l'auteur de *la Chartreuse de Parme*?

Grenoble a des squares et un assez beau jardin public orné de l'*Hercule au repos*, de Richier, qui provient de l'hôtel de Lesdiguières ; il est entouré d'exquises promenades. Les quais et les terrasses en bordure de l'Isère découvrent les blanches montagnes de Belledonne, des Alpes, du Pelvoux ; aux points où s'abaissent mollement les rami-

URIAGE

fications de ces chaînes gigantesques, ils entr'ouvrent des horizons légers, très doux, charmeurs. Dans ce cadre de hauteurs à la fois gracieuses et puissantes, les lignes droites et les masses géométriques des fortifications, enserrant dans un cercle de fer et de feu une place militaire de premier ordre, se fondent assez bien pour ne pas choquer le regard, et les forts Rabot, de la Bastille, de Saint-Thénard, du Boursey, des Quatre-Seigneurs, du Mûrier, de Montavy, ne vous gâtent point le paysage.

Nul endroit ne développe ces points de vue mieux que le haut faubourg Saint-Laurent, sur la rive droite de l'Isère. Saint-Laurent fut peut-être tout l'antique Grenoble ; il en possède le sanctuaire le plus ancien : une église du xie siècle, décorée de sculptures romanes et dont la crypte, soutenue par vingt-huit colonnes de marbre, existait sous Charlemagne. A côté de Saint-Laurent, une inscription, fixée au portail d'un couvent d'Ursulines, relate : « Saint François de Sales choisit ce lieu pour y fonder le quatrième monastère de son ordre de la Visitation de Sainte-Marie. La première pierre en fut posée en sa présence, le 21 octobre 1619, par Christine de France, fille de Henri IV et femme du prince de Piémont. »

... Vous avez vu la ville, vous la connaissez, elle n'a plus rien à vous apprendre ; cependant, vous ne la quitterez pas encore, du moins sans retour, car, au point où s'ouvrent les vallées du Graisivaudan et du Drac, proche aussi de la vallée de la Romanche et des défilés de la Grande-Chartreuse, elle est la station propice aux plus désirables excursions. De là, facilement, avec la certitude de revenir, s'il vous plaît, le soir, vous irez visiter à Sassenage le noble château où logea Louis XIII et l'église où fut inhumé Lesdiguières ; les fameuses cuves de Sassenage se trouvent à quelque distance du bourg, sur la rive droite du Furon. Ce sont de très larges cavités peu profondes, communiquant à des grottes beaucoup plus vastes, formées par des amoncellements de roches que l'irruption violente et persistante d'un torrent disposa comme les parois d'un vase énorme. Les cuves sont ordinairement presque vides, mais, toujours au plus creux écume et bouillonne sur des éboulis l'onde d'un ruisseau qui parfois, au printemps, l'emplit en quelques minutes : phénomène prometteur d'une année fertile, si l'on en croit la tradition paysanne.

Il est aussi facile d'aller aux célèbres bains d'Uriage, à deux ou trois lieues de Grenoble, dans un site délicieux de la vallée du Sonant : on ne saurait que s'en applaudir. L'établissement thermal, au milieu d'un parc anglais bordé d'hôtels d'une charmante coquetterie, n'offre point de tableaux affligeants ; les deux sources qu'il utilise, l'une froide et ferrugineuse, l'autre chaude et sulfureuse, aident à guérir des malades ingambes, attirés dans ces parages autant par le plaisir d'y passer une saison d'air pur, d'excursions, de parties champêtres, que par le soin de leur santé. L'heureuse aménité du caractère dauphinois donne à ces réunions un attrait qu'on ne leur trouve pas ailleurs ; ses qualités de bienveillance nouent vite les relations ; on n'est pas longtemps un étranger et le froid glacial des tables d'hôte, si piquant aux nouveaux venus, dans les Alpes, les Pyrénées, se fait à peine sentir. Et combien de promenades ravissantes, entre la douche, les boissons, les bains, amusent les heures ! D'abord la visite traditionnelle au château des Alleman, où naquit Hélène Alleman, mère de Bayard. Ce gentil édifice des xii° et xvi° siècles est flanqué de tours sveltes, et bâti sur la colline, parmi des jardins que domine la statue colossale du Génie des Alpes ; au dedans sont exposées les collections de M. Saint-Ferriol, tout un petit musée d'antiquités égyptiennes, étrusques, grecques, romaines, d'estampes, de tableaux relatifs à l'histoire du Dauphiné...

LA COTE SAINT-ANDRÉ

Puis vous sollicitent les ruines de l'établissement balnéaire romain, les ruines de la chartreuse de Prémol; le mont des Quatre-Seigneurs, la cascade de l'Oursière, le mur cyclopéen de Pinet, dont Stendhal comparait les blocs énormes à ceux d'Alba, au nord de Rome... Comptez pour rien les panoramas innombrables que développent soudain les zigzags d'une région si tourmentée.

Uriage est assez près de l'Isère pour que l'on puisse revenir aisément à ses rives gracieuses de façon à poursuivre son chemin vers l'est, dans la féconde vallée du Graisivaudan. Mais à plus d'un, les sentiers de montagne plairont mieux que la grande route ; ils ont ici de bien puissantes séductions. Frayés parmi ces Alpes françaises que l'avide cognée des bûcherons n'a pas encore dépouillées de leur magnifique manteau de sapins et d'épicéas, ils en atteignent les plus hautes cimes, mènent à leurs plus étonnantes beautés; fréquentés depuis longtemps, très bien entretenus par un peuple orgueilleux de son pays et jaloux d'être agréable à l'étranger, ils franchissent les torrents grondeurs, les chutes tonnantes, sur des ponts, des passerelles hardiment jetés sur l'abîme, d'un roc à l'autre ; ils montent jusqu'aux neiges durcies des névés, ils contournent les glaciers, les lacs environnés de neige, descendent dans les ravins, semblent se perdre dans les herbes hautes et fleuries des radieux pâturages où les bouviers conduisent leurs troupeaux... Fiez-vous à eux pour vous diriger vers les hôtelleries dispersées dans les solitudes et vers les chalets dont les humbles habitants, pâtres ou fruitiers, savent encore accueillir le voyageur. Ils vous conduiront aussi vers les grottes superbes consacrées par les légendes, les traditions, la poésie ; l'un d'eux doit aboutir à la merveilleuse caverne illustrée par *Jocelyn*. Lectrices, il ne tiendra qu'à vous de vivre en imagination le roman de Lamartine, de peupler des enfants de ses rêves, de sa chaste Laurence, vierge amoureuse et pure, de son mystique héros dévoré de jeunes ardeurs, la scène grandiose où commencèrent, par un moment de bonheur innocent et ravi, leurs longues années de douleur et de regrets. Plus d'une grotte répond à la description de l'immortelle grotte des Aigles. Que vous la cherchiez aux Valnaveys, dans les massifs de Chanrousse, au pic de Belledonne, dans le grand Doménion, le Grand-Vent, ou bien encore dans les montagnes de la rive droite de l'Isère, vous la reconnaîtrez où il vous plaira à cette large peinture :

> Au bord du lac, il est une plage dont l'eau
> Ne peut, même en hiver, atteindre le niveau,
> Mais où le flot qui bat nuit et jour sur la grève
> Déroule un sable fin qu'en dunes il élève ;
> Là, le mur du rocher, sous sa concavité,
> Couvre un tertre plus vert, de son ombre abrité ;
> La roche, en cet endroit, par sa forme rappelle
> Le chœur obscur et bas d'une antique chapelle,
> Quand la nature en a revêtu les débris
> De lierre rampant et d'arbustes fleuris.

Énumérer tous les sites des Alpes dauphinoises vantés par les *Guides* et rendus accessibles par le Club Alpin, prendrait trop de pages à ce livre où nous ne pouvons que les rassembler dans un tableau d'ensemble ; choisissez entre eux. En tout cas, vous voudrez voir, et vous aurez cent fois raison, la grasse vallée de la Theys et cette gorge du Bout-du-Monde d'où descend le torrent de Tencin, à travers un parc immense dont les vieux arbres furent les contemporains de la trop spirituelle chanoinesse de Tencin, mère dénaturée de d'Alembert. Un peu à l'ouest de Tencin est le fief légendaire du hardi et terrible baron des Adrets ; aux alentours, le château de Beaumont, près du Touvet, celui de la Frette, près de la même bourgade, rappellent encore le nom de l'abominable chef des calvinistes. Poursuivez vers le nord vous arrivez aux bains d'Allevard, précieux aux

L'ISÈRE A SAINT-NAZAIRE
ROUTE D'ALLEVARD

phtisiques, pour leurs vertus calmantes, et leurs environs délicieux à visiter, à parcourir : la montagne de Brâme-Farine, le glacier du Gleysin, la chartreuse de Saint-Hugon, le Traillat, et vis-à-vis le fort Barraux, à Pontcharra, le château Bayard.

Sur les bords du Bréda, que domine la statue équestre de Bayard enfant, s'élève ce château plus ou moins restauré, plus ou moins en ruine, couronnant une triple terrasse. Du passé il garde peu de chose : la chambre de la mère du héros, Hélène Alleman, son cabinet d'études, les communs. Qu'importe ! « Ici, dit fort bien son compatriote Stendhal, naquit Pierre du Terrail, cet homme si simple qui, comme le marquis de Posa, de Schiller, semble appartenir, pour l'élévation et la sérénité de l'âme, à un siècle plus avancé que celui où il vécut. » Ici, il fut élevé, comme le Gargantua de Rabelais par Ponocratès, suivant l'énergique discipline corporelle et morale adoptée alors pour

l'éducation de la noblesse et de la bourgeoisie. Discipline sans doute excellente, puisqu'elle forma tant de grands caractères, honneur du tempêtueux xvi° siècle, fidèles envers et contre tous au devoir accepté, inébranlables dans leurs convictions et leur foi, insensibles à la crainte, passionnés pour leur cause, leur religion, leurs chefs, et toujours prêts à se sacrifier pour les servir. Pourquoi, dans ces ruines, moins achevées et définitives que celle de l'Aristocratie illustrée par Bayard, ne relirait-on pas, en son cadre, la belle scène où le *Loyal Serviteur* fait parler avec une éloquente simplicité le vieux gentilhomme du Terrail et son fils? L'esprit de ces murailles en a peut-être gardé mémoire; écoutez: « A celui qui devoit être le bon chevalier sans peur et sans reproche, fut demandé de quel état il vouloit être ; lequel, en l'âge de treize ans ou un peu plus, éveillé comme un émerillon, d'un visage riant, répondit comme s'il eût eu cinquante ans : « Monseigneur mon
« père, quoique l'amour que
« j'ai pour vous me tienne si
« grandement obligé que je
« dusse oublier toutes choses
« pour vous servir sur la fin de
« votre vie; néanmoins, ayant

ALLEVARD — TOUR DU TREUIL

« enraciné dedans mon cœur les bons propos que chaque jour vous
« récitez des nobles hommes du temps passé, surtout de ceux de
« notre maison, je seroi, s'il vous plaît, de l'état dont vous et vos
« prédécesseurs ont été, qui est de suivre les armes, car c'est la
« seule chose en ce monde dont j'ai le plus grand désir, et j'espère,
« aidant la grâce de Dieu, ne vous faire point de déshonneur. »
Alors répondit le vieillard : « Mon enfant, Dieu t'en donne la
« grâce ! Déjà tu ressembles de visage et de corps à ton grand-père,
« qui fut en son temps un des accomplis chevaliers qui fut en la
« chrétienté. Je m'occuperoi de te bailler le train pour parvenir à ton
« désir... »

Maintenant, cherchez, sur la rive droite de l'Isère, un chemin de montagne qui vous puisse mener à la Grande-Chartreuse, suprême attrait de ces voyages. Il en existe plusieurs assez difficiles et compliqués : l'un part du Touvet, contourne les rochers du Midi, la magnifique Dent de Crolles; l'autre commence à Saint-Ismier; les meilleurs, c'est-à-dire les plus directs, s'ouvrent aux portes de Grenoble, d'où ils montent vers l'entrée du Désert par Saint-Laurent-du-Pont ou le Sappey. Vous longerez le Guiers-Mort, étroite rivière encaissée par des rocs à pics couronnés de sapins, vous passerez

CHATEAU DE PONTCHARRA OU NAQUIT BAYARD

devant le haut village de Saint-Pierre-de-Chartreuse; tout chemin s'arrête où l'étroit cours d'eau, dominé par deux rocs hauts de 100 mètres et franchi par un pont de pierre, borde une entrée fortifiée du couvent. Par delà, une forêt d'arbres verts vous sépare de la Courrerie, ateliers monastiques transformés en hôpital; vous touchez à la Grande-Chartreuse.

A 977 mètres d'altitude, au fond de la gorge du Cosson, sur un tertre verdoyant, incliné entre des forêts profondes et la cime gigantesque du Grand-Som, des corps de logis simples d'architecture, blancs, couverts en ardoise, flanqués de quelques tourelles surmontées de croix, et respirant le travail silencieux, l'ordre, la règle, la prière, l'austérité vraie, c'est le monastère si longtemps cherché par les chemins rapides, les sentiers rocailleux. Jadis désert à peu près inaccessible, solitude farouche hantée par les rapaces et les ours, saint Bruno y vint fonder un oratoire à la fin du xi⁰ siècle. Ses vertus firent des prosélytes, il eut des compagnons auxquels il ne traça point de règles de conduite, mais qui se réglèrent sur son exemple. Aidés par les largesses des comtes du Graisivaudan, ces premiers cénobites bâtirent un ermitage, plusieurs fois consumé par l'incendie et très misérable, s'il faut en croire l'historien de l'ordre Pierre Dorlande : « Il se trouve en Dauphiné, au voisinage de Grenoble, un lieu affreux, froid, montagneux, couvert de neige, environné de précipices et de sapins, appelé par aucuns *Cartuse* et par d'autres Grande-Chartreuse. C'est un ermitage fort ample et étendu, mais habité seulement par des bêtes, et inconnu des hommes pour l'âpreté de son accès. Il y a des rochers élevés, des arbres sylvestres et infructueux, et sa terre est si stérile et si inféconde, que l'on n'y peut rien planter ou semer. »

L'ermitage fut réédifié sous Louis XIV, abandonné de 1791 à la Restauration et repris, le 8 juillet 1816, par dom Moissonnier. Restauré, agrandi, mais dépouillé de ses vastes domaines en forêts, étangs et pâturages, déchu de son autorité féodale sur les campagnes et les bourgs de Saint-Pierre et de Saint-Laurent, il n'offre plus aux regards qu'un ensemble de choses simples et froides dont l'harmonie constitue la beauté. Mais, pèlerins de la Grande-Chartreuse, vous n'y venez pas querir des impressions d'art. Pour vous récompenser de vos peines, c'est assez de la magnificence incomparable des sites étendus sous vos yeux et du spectacle émouvant de rares vertus humaines, patience, abnégation, sobriété, courage, sans cesse éprouvées, toujours en œuvre.

Cependant, un Père vous engage à vous reposer dans les quatre grandes salles réservées aux visiteurs. Mesdames, cette politesse ne vous concerne pas ; il faut vous arrêter sur le seuil de ce lieu sanctifié par la pénitence et les mortifications de la chair. *Non digni intrare.* Un article des statuts appelés *Coutumes de dom Guiges* vous en interdit sévèrement l'accès, sinon l'approche, car il vous est permis de méditer tout à votre aise, dans le petit bâtiment de l'infirmerie élevé près de la porte, à votre usage particulier, les raisons de cette défense inflexible : « Nous ne permettons jamais aux femmes d'entrer dans notre enceinte, — prescrit dom Guiges, — car nous savons que, ni le sage, ni le prophète, ni le juge, ni l'hôte de Dieu ni ses enfants, ni même le premier modèle sorti de ses mains, n'ont pu échapper aux caresses ou aux tromperies des femmes. Qu'on se rappelle Salomon, David, Samson, Loth, et ceux qui avaient pris des femmes qu'ils avaient choisies, et Adam lui-même ; et qu'on sache bien que l'homme ne peut cacher du feu dans son sein sans que ses vêtements soient embrasés, ni marcher sur des charbons ardents sans se brûler la plante des pieds... »

Hommes, on vous fera les honneurs de l'église, du cloître, des

LA GRANDE-CHARTREUSE

chapelles, du réfectoire, de la cuisine, de la dépense, des cellules, de la salle du chapitre, de la galerie des cartes ; vous passerez dans une série de galeries reliant les unes aux autres toutes les parties du monastère. La plus expressive en est le grand cloître, carré long éclairé par cent trente arcades, renfermant au milieu le cimetière et ses chapelles des Morts et de Saint-Louis ; celle-ci édifiée aux frais de Louis XIII, celle-là fondée en 1382. D'un caractère vraiment romantique, ce cloître justifie les regrets d'Henri Beyle : « Quel dommage que l'intérieur du couvent ne soit pas rempli d'ogives et de ces petites colonnes torses, grosses comme le bras, que j'ai vu entourer des centaines de cloîtres. Ces choses produiraient un effet admirable. »

Résidence du Père général de l'ordre, la Grande-Chartreuse ne brille pas cependant du grand luxe décoratif que l'on admire ailleurs, en leur ancienne église de Lyon, dans leur couvent déclassé de Villefranche-de-Rouergue... (1). Seule, la salle du chapitre, largement décorée, renferme des œuvres d'art : la belle statue de saint Bruno, par Foyatier ; vingt-deux tableaux, copiés sur les suaves peintures de Lesueur, représentant les épisodes de la vie ascétique du fondateur de l'ordre, les portraits des cinquante grands généraux des Chartreux. On recommande à l'extase des badauds une table de marbre d'un seul bloc, longue de 9 mètres ; un autel en mosaïque, fait avec les racines de différents arbres ; ils se pâment devant la distillerie où les bons Pères fabriquent leur fameux élixir. Mais le petit nombre des visiteurs, que touche encore la sublimité des mystères et des symboles chrétiens, se souviendront seulement des hauts spectacles de la vie religieuse, pratiquée dans toute sa rigueur, des offices de jour et de nuit où s'assemble la pieuse communauté des supérieurs, des officiers, des pères, des frères et des domestiques, tous prosternés devant l'indicible Dieu qui règne dans leurs âmes et volontairement anéantis dans la contemplation de leur unique pensée...

Au sortir du massif de la Grande-Chartreuse, la plupart des touristes reviennent à Grenoble pour continuer de voyager à travers les Alpes dauphinoises ; un explorateur consciencieux ne l'entendrait pas ainsi. Eh quoi ! dirait-il, négligerons-nous l'intéressante région de la Tour-du-Pin, si curieusement accidentée, elle aussi, entre les rives du Rhône et celles de la Bourbre ? Là aussi se trouvent des collines, des étangs, même des lacs et des grottes, dignes de figurer parmi les attractions pittoresques de la province, sinon parmi ses merveilles, puisqu'elle n'en a que sept, comme le monde antique. Or, le chemin de ces parages n'est point malaisé, on revoit sans déplaisir Saint-Laurent-du-Pont, Voiron, et voici le lac Paladru, au fond duquel les riverains croient apercevoir, à certaines heures, les ruines d'une ville engloutie depuis des siècles, la conjecturale Ars-du-Pin. Voici les débris de la chartreuse gracieusement appelée Sylve-Bénite ; tout près est Virieu, au château splendide. Plus au nord, la Tour-du-

(1) Voir le volume des *Fleuves de France : la Garonne*.

Pin, paisible chef-lieu d'arrondissement, n'a gardé que les fortifications de la cité féodale où résidait l'un des premiers barons du Dauphiné ; Bourgoin rappelle le souvenir de Jean-Jacques et de Thérèse, hôtes de la ferme de Montquin, et Crémieu, moderne dans l'enceinte même d'une ville du moyen âge, en conserve les tours, les portes crénelées, les murs énormes, le beffroi planté sur un rocher à pic, l'église, le couvent, les halles, l'hospice et les dépendances :

HALLES DE CRÉMIEU

châteaux de Bienassis, de Malins au vieux donjon, de Poisieux à la tour écimée. Que vous faut-il de plus, ô touristes ?

Au sud de Grenoble, la petite ville curieuse et célèbre est Vizille où vous conduit le chemin de fer par l'agreste vallée du Drac, large rivière aux crues subites et terribles. On passe en vue de l'étrange ruine nommée la Tour-sans-Venin, des deux ponts hardis de Pont-de-Claix, puis l'on côtoie la Romanche, au bord de laquelle, au fond d'un cirque de montagnes, un groupe nombreux de maisons ouvrières et de manufactures se tasse au pied de l'ancien château dominateur que Lesdiguières fit bâtir remplacer pour celui des Dauphins. C'est un vaste et lourd édifice de style Louis XIII, flanqué de tours rondes, assombri par des combles énormes, mais non dénué d'élégance, et d'une haute allure féodale. A l'entrée se dresse la statue équestre en bronze du connétable, ce « fin renard » que le bon Henri Beyle représente « comme le type du caractère dauphinois — brave et jamais dupe » — et qui fut en effet le meilleur fils du monde, à cela près qu'il faisait pendre ou décapiter, sans le moindre remords, les bourgeois dont il convoitait la terre et les paysans soupçonnés de prendre un lapin dans ses bois ou de pêcher une carpe dans ses étangs.

Frappante antithèse : près de l'effigie du héros de la monarchie absolue, s'étale, gravée en lettres d'or sur la façade, l'inscription rappelant la fameuse assemblée tenue céans par les trois ordres du Dauphiné, le 21 juillet 1788, première révolte et première victoire du peuple opprimé, mémorable assemblée, dont l'immense retentissement précipita la Révolution. Aidé du beau livre d'Hippolyte Gautier, *l'An 1789*, essayons de nous représenter la grandeur et la hardiesse du premier effort considérable de nos ancêtres vers la liberté, la justice. Vizille appartenait à l'avare et millionnaire Claude Perier, dont le sens pratique avait fait de la princière résidence une fabrique de toiles peintes. Les soldats du maréchal de Vaux, envoyés par Louis XVI pour comprimer les velléités d'indépendance du Dauphiné déjà révélées à Grenoble, occupaient le village, le château. Cela n'arrête point les députés des trois ordres. « Imaginez leur marche sur la route de Grenoble à Vizille, en pleine nuit, accompagnés d'une population immense qui éclairait leurs pas à la lueur des flambeaux, leurs silhouettes se profilant en noir sur le flanc découpé des rochers ou se reflétant scintillantes dans les eaux de la Romanche. Quelque chose de fantastique et de grandiose. Tous les cœurs bondissant d'enthousiasme,... le cliquetis des armes, le miroitement des baïonnettes se mêlant dans ces montagnes à la fumée des torches, au brouhaha, aux cris de la foule, devaient ajouter étrangement à l'effet saisissant de ce spectacle inaccoutumé. Quand, le matin, sonna l'heure de la séance, et que s'ouvrit la salle (c'était une salle de jeu de paume), les six cents pionniers qui venaient frayer la voie à la liberté trouvèrent dans l'avenue du château une garde, que le maréchal, toujours sous le même prétexte de protection, y avait postée en surveillance, mais qu'ils affectèrent de prendre pour une garde d'honneur et qui parut telle aux milliers de curieux accourus, même de Lyon, pour les contempler... » Aussitôt, Mounier, secrétaire de l'assemblée, rédige les délibérations unanimes qui réclament avec fermeté « le rétablissement des anciens États de la province,

CHATEAU DE VIZILLE

l'éligibilité de tous à toutes les places, la double représentation du tiers état, l'abolition des privilèges pécuniaires de la noblesse et du clergé, le système de monarchie représentative, et déclarent refuser l'impôt tant que les représentants des trois ordres n'en auront pas délibéré dans les états généraux du royaume ».

Le château, témoin de ces grands événements, est redevenu une demeure somptueuse, ornée de tableaux, de rares tapisseries et suivie des belles allées du parc. Celui-ci fut dessiné par les jardiniers du connétable; une source, une cascade le rafraîchissent; et le

NOTRE-DAME DE LA SALETTE

décorent, çà et là, des groupes, des statues mythologiques et galantes, verdis par plusieurs siècles de frimas.

Après Vizille, interrogez-vous! Choisissez, ou de continuer votre voyage par le chemin de fer, le long du Drac et de l'Ébron, jusqu'aux hautes Alpes, par Vif, Monestrier-de-Clermont, Clelles, ou de suivre, avec la voiture publique, la grande route tracée dans les vallées de la Romanche et de la Guisanne, jusqu'à Briançon. Des deux côtés sont d'émouvantes perspectives. Le train courant dans une étroite vallée vous montrera des montagnes aux formes arrondies, des forêts de sapins, d'énormes roches verticales, des champs fertiles, de grandes prairies mourantes au pied d'un massif d'arbres verts, et, par de fugitives échappées, des glaciers, des abîmes de neige, des paysages dont les nuances infinies vont du vert glauque au bleu sombre, du blanc candide au vert tendre. Il vous conduira, au moins par correspondance, à l'industrieuse La Mûre, que ses mines d'anthracite, sa clouterie, singularisent en cette région de pâtres et de bûcherons, et vers le célèbre pèlerinage de la Salette, expression de la foi naïve et des espérances supraterrestres des montagnards du Dévoluy. L'adoration de la Vierge Marie réalise l'idéal mystique de ces pauvres gens, les plus pauvres peut-être de toute la France, qui jadis, jusqu'aux premières années de ce siècle, rendaient, dans leur besoin de fléchir la Divinité ennemie, un culte au Soleil, vainqueur de l'Hiver, lui sacrifiaient en cérémonie, dans le val Godemar, au village des Andrieux, une omelette préparée par les mains de leurs vieillards. Cependant l'itinéraire adopté par la diligence nous tenterait davantage. N'est-ce pas un plaisir d'aller lentement à travers une contrée toujours diverse, dont les aspects se révèlent à vous, un à un, dans tous leurs

OBÉLISQUE DU MONT GENÈVRE PRÈS BRIANÇON — FRONTIÈRE FRANCO-ITALIENNE

détails? Le véhicule vous cahote un peu, mais, aux montées difficiles, on le quitte pour marcher à son gré; aux panoramas imprévus, l'on s'arrête librement, on laisse ses compagnons de voyage pour admirer, pour contempler, rêver; on leur revient pour causer de ses impressions, et le soir vous rassemble tous dans les « lieux sauvages » aimés du poète. Ainsi l'on contourne le superbe mont Taillefer, la haute cime de Cornillon; on traverse Bourg-d'Oisans aux mines d'or. Dans la vallée de Vénéon, au pied du mont de Lans, fertile en herbes rares et parfumées, un village, Venox, nous étonne et réjouit de l'aisance de ses habitants, tous, de père en fils, industrieux botanistes enrichis par le commerce des plantes alpines, qu'ils expédient ou portent eux-mêmes dans toutes les contrées de l'Europe et de l'Amérique. Mais il n'y a pas deux Venox. Bientôt La Grave et les sites désolés apparaissent : gorges obscures, défilés profonds, champs dévastés, semés de débris par les crues de la Romanche, larges grèves de pierres, rocs dénudés, glaciers des Grandes-Rousses, de Tabuchet, du mont de Lans, dominé par l'aiguille de la Meije, et ceux de la Bonne-Pierre, du

SAINT-VÉRAN, A 2070 MÈTRES D'ALTITUDE, VILLAGE LE PLUS ÉLEVÉ DE FRANCE

gigantesque Pelvoux. Bientôt leurs aiguilles, leurs pics, leurs dômes étincelants ne quittent plus vos yeux, leurs froids rayons vous pénètrent jusqu'aux moelles. De misérables villages, des villages frissonnant à leur souffle polaire pendant huit mois de l'année, se blottissent comme ils peuvent, à leur ombre, au pied des monts que l'avidité stupide des aïeux dépouilla de leurs forêts, de ces forêts où les rivières torrentueuses, arrêtées et bues par la végétation, modéraient leur course, s'apaisaient, avant de descendre dans la vallée, qu'alors elles fécondaient, au lieu de la stériliser par leurs ravages.

Dans cette contrée lamentable, juste au confluent de la Guisanne et de la Durance, sur un plateau situé à l'altitude de 1326 mètres, Briançon élève par échelons prodigieux son enceinte de ville frontière et de place forte de première classe. Au nord, il s'adosse à la rude montagne nommée la Croix-de-Toulouse, qui le domine de 650 mètres et que surpasse encore d'autant le roc appelé Petit-Aréas; au sud, à l'est, à l'ouest, il commande et défend l'accès de vallées étroites. De toutes parts l'entourent des ouvrages militaires ajoutés à ceux de Vauban, forts, redoutes, lunettes, qu'un pont d'une seule arche, jeté à 56 mètres de hauteur sur le gouffre où gronde le Clairet, relie à la ville même. Il n'a point d'autres curiosités, d'agréments moins encore ; sa beauté, c'est d'être inexpugnable. Quand vous aurez gravi ses

PORTE D'EMBRUN

rues escarpées jusqu'aux abords du fort Vieux, traversé ses plates-formes, embrassé de la dernière un horizon de montagnes neigeuses, aperçu le col du mont Genèvre, antique chemin d'Annibal et passage prévu d'une improbable invasion, puis vu certaine porte monumentale ornée, dans le goût italien, de reliefs et de statues, il ne vous restera plus qu'à suivre l'exemple des Briançais et de leurs compagnons, les soldats, si heureux de pouvoir, au moins pendant la courte saison d'automne, secouer le mortel engourdissement de la garnison où, durant neuf mois, les emprisonnent frimas, pluies diluviennes ou chaleurs torrides.

Certaines vallées environnantes, d'une beauté grandiose, mais ordinairement tristes et sauvages, se réjouissent en automne d'un sourire bienveillant du soleil; le temps y est au beau fixe, elles ont fraîcheur et parfums et semblent vouloir consoler de longues souffrances les pauvres êtres attachés à leur sol ingrat. Telles sont les vallées de la Vallouise et de Queyras, l'une et l'autre tracées par des affluents de la Durance, la première par la Gyronde jusque vers les hauts glaciers du Pelvoux, la deuxième par le Guill vers l'extrême frontière, le Viso, le Grand Queyras, le Visoulet, géants des Alpes Cottiennes; et le Beauregard qui porte sur ses flancs, à 2070 mètres de hauteur, le village le plus élevé de France, l'humble et pittoresque Saint-Véran. Les rocs gigantesques de ces vallées se revêtent alors le teintes chaudes, caressantes aux regards; les masses de leurs forêts de sapins sont d'un bleu plus doux, leurs torrents s'écoulent avec moins de fureur et sans détruire; sons et couleurs se fondent dans une harmonie profonde. Rien de plus agréable aux sensitifs que ces instants trop rapides où la plus inclémente nature paraît s'apaiser par pitié pour les hommes. Pendant ces accalmies, un visiteur, enchanté de leur majesté sereine, les qualifierait volontiers de paradis terrestres; cependant, il n'enviera jamais le sort de leurs montagnards; il ne se peut de population plus misérable, plus clairsemée, et qui diminue plus vite, par une constante émigration La culture, les pâturages, bien que favorisés par de nombreux canaux, ne suffisent pas à ses besoins; l'industrie lui est presque inconnue, les intempéries l'accablent d'infirmités, le crétinisme la désole. Les mieux doués de ces pauvres êtres, privés de toutes ressources par le déboisement, vont exercer ailleurs les vertus de leur race : la ténacité, la patience, l'amour du travail, la probité scrupuleuse...

Forte race, pourtant! certes, l'histoire le prouve. César, étonné de leur courage, dut respecter l'indépendance des Ségusiens. Au moyen âge féodal, dans le Briançonnais, chacun se déclarait libre, noble d'origine, et chaque commune garda jusqu'en 1789 le droit de s'assembler pour discuter et gérer ses intérêts. Plus au midi, les tyranniques évêques d'Embrun et de Gap, seigneurs absolus, furent obligés de reconnaître les droits de leurs prétendus sujets. Mais les persécutions religieuses, les supplices, les massacres, ordonnés par le fanatisme, saignant le peuple, lui ravirent son antique vigueur. On voit au seuil de la Vallouise les tours et les murailles élevées par la malheureuse secete des Vaudois pour défendre leurs croyances austères et leur culte mystérieux, teinté de socialisme. Ces barrières n'étaient pas pour arrêter leurs ennemis acharnés. Ils furent poursuivis, traqués ; une caverne nommée l'*Aile-Froide* ou le *Chapalu*, au pied du Pelvoux, ensevelit les derniers d'entre eux, égorgés ou brûlés dans ce refuge pendant une nuit d'orage, en 1485.

Malgré tout, il fallait à ces rudes hommes une religion de liberté apparente ; aussi se donnèrent-ils en masse au protestantisme, d'où, nouvelles guerres, nouvelles fureurs, et, cent cinquante ans après les exploits de leur protecteur, Lesdiguières (par lesquels il leur

BARCELONNETTE

assura un siècle et demi de repos), nouvelle et dernière persécution, qui, chassant du pays les meilleurs ouvriers, en consomma la ruine. Aujourd'hui, c'en est fait. La Révolution n'a pas sauvé de la misère affreuse la région si longtemps opprimée ; elle lui doit, au contraire, un nouveau genre de servitude caché sous l'hypocrisie du suffrage universel. Sans ressort, sans volonté, leurrée par des promesses, achetée par d'infimes largesses, elle n'est plus, aux mains du pouvoir, qu'une simple matière électorale, inconsciente, dont il use à son gré pour favoriser d'incroyables ambitions !

Les villes, les bourgades de la triste contrée sont de celles où le touriste ne fait que passer, où rarement l'artiste a l'occasion d'admirer quelques traces de temps plus heureux : débris de constructions romaines, intéressantes églises du moyen âge et du xvie siècle. Dans la vallée de la Durance, ou bien près, Mont-Dauphin élève ses rudes fortifications en marbre rougeâtre; Guillestre a son église dont le porche est soutenu par des lions ; Embrun élance très haut le clocher aigu de sa cathédrale du xii° siècle, dont le porche, aux colonnes de marbre rose, est presque un chef-d'œuvre d'architecture et de sculpture romanes. Cette église d'Embrun est bien nue, au dedans; mais, par ses beaux autels du xvii° siècle, ornés de bronzes sculptés, son buffet d'orgues du xv° siècle, des tableaux sur bois, un musée de parures ecclésiastiques, elle prouve encore l'ancienne richesse de ses prélats, autrefois seigneurs temporels de la ville. De même une maison du prévôt du chapitre, une tour féodale, dite tour Brune, un hôtel du gouverneur, l'ancien collège des Jésuites transformé en maison centrale de détention, datent du temps où les fastueux et puissants archevêques d'Embrun comptaient parmi les plus hauts dignitaires de la France.

Non loin d'Embrun, vers l'ouest, la rapide Ubaye rejoint la Durance; elle vient des plus pauvres pays de la frontière, de Barcelonnette, qui consiste en une seule et longue rue entourée de champs pierreux que la rivière, enflée par une pluie d'orage, submerge en quelques minutes, change en lit de torrent. Elle vient de Saint-Paul, dont les quatre ou cinq églises témoignent éloquemment de la profonde résignation des misérables aux inclémences de l'aveugle nature. Elle vient de Tournoux qui fut un camp romain, et conserve le tombeau du dernier des Guises, suicidé dans ce village perdu, en 1747, étrange fin pour une telle famille!... Et, chemin faisant, elle visite, comme la Durance elle-même, des villages ou plutôt des amas de cabanes, dénués de tout souvenir et de toute beauté particulière, mais pittoresques comme ce tableau du poète, auquel ils répondent fidèlement:

> Des monts tout blancs de neige encadrent l'horizon
> Comme un mur de cristal. . . . .
> Et quand leurs pics sereins sont sortis des tempêtes,
> Laissent voir un pan bleu du ciel pur sur nos têtes;
> . . . .
> Les maisons. . . . .
> En groupes de hameaux sont partout épanchées,
> Semblent avoir poussé sans plan et sans dessein
> Sur la terre, avec l'arbre et le roc de son sein ;

Les pauvres habitants, dispersés dans l'espace,
Ne s'y disputent pas le soleil et la place,
Et chacun sous son chêne, au plus près de son champ,
A sa porte au matin et son mur au couchant.
Des sentiers où des bœufs le lourd sabot s'aiguise
Mènent de l'un à l'autre...

La grande ville de la misérable région a tout au plus dix mille habitants ; c'est Gap, l'antique capitale du *Vapincensis Tractus*, frileusement groupée sur la rive droite de la Luye, au pied de lourds rochers. Il paraît avoir eu jadis quelque prospérité anéantie par de nombreuses invasions, par les guerres protestantes, surtout par les impitoyables ravages, en 1692, de ce Victor-Amédée, duc de Savoie, que l'admirable héroïne du Dauphiné, Phillis de la Tour-du-Pin, à la tête des paysans soulevés, vainquit aux portes de Nyons, parvint à chasser de la province.

GAP

Ces épreuves n'ont presque rien laissé d'intéressant au chef-lieu des Hautes-Alpes. Naguère on citait sa cathédrale ; elle est démolie. Les géographes du terroir en sont réduits à compter parmi ses rares attractions une usine à gaz. Il possède aussi des casernes, voire la statue du préfet Ladoucette, en marbre blanc. On ne se hâtera pas de voyager pour voir ces merveilles, mais les artistes et autres gens de goût admireront un beau débris du passé dans le mausolée de Lesdiguières, relégué à la Préfecture, avec le cénotaphe de Claude de Bérenger, sa femme ; ils font honneur au talent du sculpteur Jacob Richier. Le mausolée du connétable est pompeux : sous un autel en marbre noir, décoré de ses armes en marbre blanc, et accosté de deux charmantes figures d'angelots, il repose accoudé, en costume de guerre, le bâton de commandement à la main, hautaine et sévère figure de soldat. Une longue inscription gravée sur l'autel rappelle les services et publie l'éloge de « François de Bonne, duc de Lesdiguières, mort en 1626, à Valence ». Et l'on n'est pas médiocrement surpris de lire au-dessous des titres du personnage les mots *Liberté*, *Égalité*, de la devise républicaine. Pourquoi pas *Fraternité* ? L'illustre Dauphinois n'avait point prévu cette bizarre épitaphe.

Gap touche aux flancs du Dévoluy, massif de ruines énormes :

devolutum, écroulement. Sublime effet de l'action séculaire des torrents, la montagne, une jadis et compacte, s'est brisée en morceaux gigantesques, chaos de blocs entassés les uns sur les autres dans les vallées, de talus dressés perpendiculairement comme des murailles infranchissables, de pics dont la pointe se perd dans les nuages, de précipices insondables, de gorges sombres, de défilés exigus frayés par l'érosion des eaux dans un amas de débris, tranchés parfois si nettement qu'on les dirait sciés à la main. La misère craintive et superstitieuse hante l'affreux massif et ses contreforts ; d'ailleurs les

GAP

villages y sont rares ; plus d'un lieu s'appelle brièvement *le Désert*. La population fuit ce pays désolé que chaque hiver rigoureux appauvrit davantage ; comment subsister en paix sur le bord de rivières dont nul obstacle ne peut modérer les crues désastreuses, qui détruisent en un clin d'œil le travail de plusieurs mois ? Toutes, la Durance, la Luye, la Buèche, sont terribles ; le Drac est l'une des plus redoutables. Sur ses rives, dit une légende expressive, deux montagnes, deux géants, Obion et Faraud, devenus ennemis, luttèrent l'un contre l'autre à coups de pierres. Voyez les résultats du combat prodigieux : autour des deux colosses, un amas de roches effrayantes, éparses, jetées en désordre par une force qui semble surnaturelle ; cette force, ce fut celle du Drac...

Aussi l'émigration enlève tous les ans quelques familles au département des Hautes-Alpes. Nulle part la vie moyenne n'est plus courte, parce que nulle part l'homme n'est moins bien nourri, ni plus mal logé. Que chercher dans cette presque solitude, sinon des paysages absolument merveilleux, d'une grandeur inouïe, d'une fantaisie audacieuse? Le touriste, s'il brave les fatigues, les privations, les rencontre à chaque pas. Il n'a pas à craindre un fâcheux accueil ; s'ils sont pauvres, les montagnards du Bas-Dauphiné valent en bonté de caractère leurs compatriotes du Graisivaudan ; ils sont hospitaliers, affables... Tallard, aux superbes ruines du xiii° siècle ; Saint-Bonnet, Veynes, Montmaur, Serres, Rosans, qui se réclament du souvenir de Lesdiguières, seront des étapes pour ces excursions.

Serres nous approche de la Drôme, de la grande route de Die, la ville consacrée par les Romains à *Dea*, la bonne déesse, comme en témoignent les belles colonnes de son église, provenant du temple de Cybèle. Encore il lui reste, souvenirs de la domination latine, trois autels tauroboliques, une charmante mosaïque dans le palais épiscopal. Les portes du moyen âge, dites de Saint-Pierre et de Saint-Marcel, celle-ci disposée en arc de triomphe flanqué de deux tours, ont grande et puissante allure.

DIE

Die est situé près du mont Glandaz, ramification du Dévoluy où prend source le Bez, et sur les bords de la Drôme. Celle-ci arrose un pays de montagnes escarpées, grandioses, boisées, mais plus riantes d'aspect que le farouche massif des Hautes-Alpes. Peu à peu, à mesure qu'on avance vers l'ouest, le paysage perd son âpreté, s'embellit d'une riche végétation. Saillans est un bourg agréable ; Crest, une florissante petite ville, plus peuplée que Die, industrieuse, agricole, centre d'un commerce actif et dont les alentours sont admirables. Il faut partir de Crest pour visiter la fameuse forêt de Saou, où les arbres sont remplacés par des rochers extraordinaires, tourmentés, souvent ondulés comme des vagues et, sans doute, ainsi formés par l'usure lente d'un lac préhistorique.

Ce n'est pas tout. A quelques lieues de la ville, dans une vallée profonde, les gorges d'Omblèze égalent en beauté pittoresque les sites dauphinois les plus connus. Elles n'ont guère qu'une lieue de longueur ; mais qui ne voudrait, avant de quitter la région, inscrire sur son album le souvenir d'une promenade à la superbe cascade de

GORGE DES GRANDS-GOULETS

la Druise, aux sources de Fontainieux, aux grottes de Roure, au mont Vélan?...

L'abondante Drôme finit à trois lieues de Crest. Voici le Rhône, **Valence**, Saint-Vallier, qui nous acheminent en Vivarais.

CHAPITRE VII

DU VIVARAIS EN LANGUEDOC

Aux bords déjà vus du grand Rhône.

Le Vivarais s'étend à droite ; à gauche, le Dauphiné ; les 500 ou 600 mètres de largeur du fleuve les séparent. Pourtant, de l'un à l'autre, profonde est la différence. Aux cimes majestueuses, aux paysages grandioses des Alpes françaises, la chaîne volcanique des monts de l'Ardèche oppose les rudes aspérités de ses granits, les formidables coulées de ses basaltes, ses gneiss prodigieux, les étonnants caprices d'un terrain bouleversé, creusé, haussé, sculpté par les actions plutoniennes. Pour nous, que le train jette brusquement vers ces nouveaux aspects, le contraste est d'une singulière intensité. Des hauteurs ravagées de la région des Basses-Alpes, de ses arides déserts, de ses lugubres villages de crétins, nous passons aux roches souvent cultivées jusqu'au sommet, aux vallées couvertes de prairies et de jardins, aux cités actives, aux villages florissants d'un pays vivifié par l'agriculture et par l'industrie. Et, juste au début de notre voyage, voici, marqué de ce double caractère, le canton d'Annonay, dispersé au pied des Boutières et du Pilat, montagnes revêtues, de la base au faîte, de bois, de prés, de cultures et de pâturages.

Annonay, solidement bâti sur deux collines, au confluent de deux rivières, la Déone et la Cance, est la petite ville glorieuse et prospère du Vivarais ; plus au centre, elle mériterait d'en être le chef-lieu, car elle a deux fois et demie plus d'habitants que Privas. D'apparence encore un peu féodale, conservant trois portes d'une ancienne enceinte, elle n'est cependant qu'industrielle ; elle dévide les soies grèges, prépare les organsins des fabriques lyonnaises, mégit d'innombrables peaux de chevreaux pour les ganteries de Grenoble, fabrique des feutres, des étoffes. Et les villages de sa banlieue, Vidalon, Pupille, Faya, Saint-Marcel, Marmaty, Pont-de-la-Pierre, Grosberty, lui manufacturent, en quantités énormes, — trois à quatre millions de kilogrammes, — ses papiers de qualité supérieure, cause première de sa fortune, et même de son renom. N'est-ce pas en papier que furent d'abord ces aréostats gonflés d'air chaud, les montgolfières, dont la première ascension, en 1783, eut lieu ici même, sur la place du Collège, — souvenir rappelé par une pyramide? — Et les frères Montgolfier, inventeurs de ce véhicule d'une puissance encore inconnue, ne fabriquaient-ils pas la matière de leurs ballons?...

Pendant les saisons froides, la Cance et la Déone suffisent à mouvoir usines, moulins, mégisseries; en été, ces deux rivières, complètement à sec, ont pour les suppléer un lac artificiel de vingt-trois hectares, situé à deux lieues et soutenu par des barrages au-dessus d'une gorge, où il s'écoule en temps utile.

Tout au travail, Annonay n'est point joli; il se pare seulement de quelques maisons en bois, originales constructions des xiv⁰ et xv⁰ siècles, et surtout de ses statues : l'une, œuvre de Hébert, élevée sur la place du Champ-de-Mars, à Boissy d'Anglas, dont une heure d'intrépidité immortalisa la banale carrière; les autres honorant Joseph-Michel et Jacques-Étienne Montgolfier. La campagne environnante est très bien cultivée, remplie de pépinières, de magnaneries. Ici

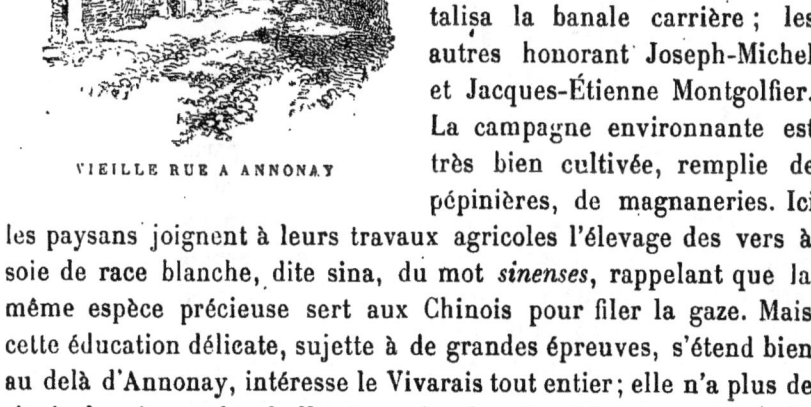

VIEILLE RUE A ANNONAY

les paysans joignent à leurs travaux agricoles l'élevage des vers à soie de race blanche, dite sina, du mot *sinenses*, rappelant que la même espèce précieuse sert aux Chinois pour filer la gaze. Mais cette éducation délicate, sujette à de grandes épreuves, s'étend bien au delà d'Annonay, intéresse le Vivarais tout entier; elle n'a plus de rivale depuis que le phylloxéra ruina les vignobles des coteaux du Rhône...

Ce désastre nous rend assez mélancolique un voyage sur la rive droite du fleuve, au long des calcaires et des grès plantés naguère de ceps chargés de grappes, maintenant pelés, ou, par endroits, nourrissant de maigres sucs quelques pousses chétives, aux fruits avortés. Plus de vins rouges couleur d'opale, frais et généreux ! plus de vins blancs, aux reflets de topaze, pleins de sève ! Partout, des terrains en friche, des propriétés en détresse, des villes appauvries. Ainsi, Tournon, voisines des crus fameux de Saint-Jean-de-Muzols et de Saint-Péray. Ville aristocratique et bourgeoise, elle est comprise entre deux édifices qui en résument le passé ; l'un bâti sur la colline abrupte fut le château de ses comtes et seigneurs, les Montmorency, les Lévy-Ventadour, les Rohan-Soubise ; l'autre, transformé en lycée, fut le collège établi pour les Jésuites par le cardinal de Tournon, ambassadeur de François Ier et de Henri II, et jadis si fréquenté par la noblesse provinciale.

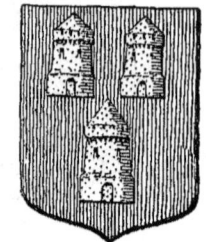

TOURNON

.. Saluez le gothique La Voulte, non pour l'aspect saisissant de ses maisons noires, pressées au pied d'un intact château du xive siècle, ni pour son viaduc hardi jeté sur l'immense Rhône parsemé d'îles, mais comme le seuil des pays français aimés du soleil. Voici les mûriers, voici les oliviers pâles. Les bois vont devenir plus sombres, les roches se colorer de teintes plus chaudes, les plus médiocres édifices resplendir à la lumière ; le cri joyeux de la cigale résonnera le long des haies et des rues. Vous verrez des lézards, par bandes, frétiller sur les murs brûlants ; vos pas, dans les ruines, heurteront les pierres où se cachent les scorpions noirs et velus. Bientôt les êtres mêmes vous paraîtront changés ; ils vous parleront une langue sonore, musicale et caressante ; leurs manières, comme les inflexions de leurs voix, se feront douces, câlines... Au delà de La Voulte, par degrés, très vite, s'accomplissent ces métamorphoses. Il faut s'y préparer, et, comme les compagnons d'Ulysse s'enduisant de cire les oreilles pour ne pas entendre les voies enjôleuses des sirènes, se prémunir contre les flatteries de la nature méridionale, plus séduisante que sincère. Mais dans le montueux Vivarais, où les terres froides alternent avec les terres chaudes, ces précautions ne sont pas encore utiles, les tempéraments sont mélangés, et les gens de caractère réservé de beaucoup les plus nombreux...

A deux lieues de La Voulte, un embranchement du chemin de fer dessert Privas ; on descend pour le suivre à la station du Pouzin. Nous y sommes. Le train, composé d'un petit nombre de wagons, car la ligne n'est pas très fréquentée, est en gare ; il fume, siffle, il va partir, quand, tout à coup : « Messieurs les voyageurs, descendez de voiture, la ligne est interceptée ! » Nous descendons ; on nous explique l'événement. Des pluies récentes ont inondé la vallée de l'Ouvèze ; d'énormes pierres, détachées par un torrent, sont tombées sur la voie, à la seconde précise où passait le train de retour. Deux ou trois voyageurs sont contusionnés. Accident fâcheux. Nous lui devons pourtant un des vifs plaisirs de nos voyages, c'est d'étudier, de surprendre à la pipée, *de auditu* et *de visu*, les mœurs, les coutumes, les idées dominantes de nos concitoyens d'un moment. On a mis à notre disposition une voiture commode ; nous prenons place, et fouette, postillon ! Elle roule bon train, le long de l'Ouvèze, sur une route large et belle ; l'essieu bien graissé nous secoue mollement, le bruit des roues n'empêche point de s'entendre, et nous voilà causant de ce qui nous intéresse avec notre voisine, une dame de Privas, dont la prompte intelligence prévient nos questions.

Nous traversons un pays gris, tourmenté par les coulées basaltiques dont les dômes, mamelons, pics et frontons dentelés, pareils à des ruines, barrent l'horizon sévère. Plus près de nous, ces roches, cachées sous des couches sédimentaires, s'arrondissent en bastions, tours, contreforts, ou se disposent en gradins dont chaque plateforme est à la fois un verger et un potager. Au bas de ces hauteurs, entre des prairies, l'Ouvèze, grossie par l'orage, roule des eaux troubles, rapides, qui charrient des épaves. Mon affable et liante voisine regarde avec une certaine tristesse flotter ces débris, planches, chinons, arrachés à des cabanes riveraines.

— Je serai peut-être un jour emportée ainsi, moi, les miens et ma propriété.

— Comment donc ? êtes-vous si chétivement logée que le moindre choc de l'Ouvèze... ?

— Point du tout. J'habite une usine établie solidement pour le moulinage de la soie sur les bords de la rivière, qui nous fournit la force motrice. C'est mon bien, je l'entretiens de mon mieux. Veuve, je pouvais le transmettre à des mains plus solides ; mais je ne suis pas riche et la jeunesse de mes enfants m'oblige au travail. J'accepte ma tache de bon cœur. Intéresser les ouvriers à la prospérité de la maison, les maintenir, chercher des commandes, la voilà tout entière, sans compter les obligations religieuses, les œuvres de charité, le soin des relations, menus devoirs dont on s'acquitte d'autant plus volontiers que, s'ils n'existaient pas, la vie de province serait insupportable. Du matin au soir je m'évertue ; sans cesse des ateliers au magasin, du magasin au bureau ; je rends des visites, j'en reçois ; pas une heure n'est perdue, et la journée passe comme un rêve.

— Vous êtes donc une heureuse femme ?...

— Sans doute... si vous voulez... Mais, attendez un peu. Je vous

LE RHÔNE A TOURNON

ai dit mon existence jusqu'à l'instant où, dans une petite ville comme Privas, les gens les plus éveillés vont dormir. Dix heures sonnées, tout le monde repose, et j'essaye de faire comme tout le monde. J'appelle le sommeil, mais c'est alors que renaissent mes inquiétudes. J'entends le murmure de la rivière sous mes fenêtres, et ce bruit léger, monotone, incessant, qui devrait bercer mon somme, me fait frissonner. Invinciblement peureuse, je songe : Si dans une heure, dans vingt minutes, dans un instant, cette terrible Ouvèze allait se courroucer, s'enfler, se soulever, mugir et se déchaîner contre l'usine endormie ?...

— A-t-elle assez de force pour cela ?

— Plus qu'il n'en faut, quand elle est furieuse, et ses colères sont fréquentes. Alors, elle déracine les arbres et descelle les pierres avec une égale facilité; elle emporte comme fétus la cabane du maraîcher et l'usine du fabricant. Il y a six mois, elle détruisit d'un élan je ne sais combien d'habitations, noya la plupart de leurs habitants. Mon frère perdit ce jour-là son moulin et ses machines; nous-mêmes, réveillés en pleine nuit par une horrible rumeur, nous gagnâmes la côte en toute hâte, sans prendre même le temps de nous vêtir. L'ouragan nous épargna, par miracle, mais nous ne sommes plus tranquilles.

— Et vous vous résignez à l'anxiété, au danger possible, probable même?

— Que voulez-vous!... c'est le sort. Il faut vivre où l'on est; lutter ici, lutter ailleurs...

PRIVAS

Nous arrivons à Privas; notre voisine nous quitte. Elle est déjà loin, que nous pensons encore à son propos. La résignation ! voilà donc la suprême vertu qui maintient sur cette terre rude, instable, toujours menacée, un peuple d'une patience infatigable. Il se *résigne* à la vie mesquine, à la crainte, aux privations, aux hivers meurtriers, aux sécheresses encore plus nuisibles, à tous les fléaux qui déroutent ses prévisions, trompent ses efforts, le condamnent à des recommencements éternels. Il affronte la rage des torrents, combat l'oïdium, le mildew, le phylloxéra, les gelées, la grêle... combien d'ennemis **encore**! Comme la fourmi, si diligente à reconstruire sa fourmilière dévastée, il n'abandonne jamais son bien. Il l'aime, malgré ses ingratitudes; il aime ce pays dont les douceurs rachètent les duretés, dont la rude et puissante image s'est une fois pour toujours imprimée dans son cerveau. Il sait lui devoir de robustes qualités : la calme énergie du caractère, l'ardeur continue à l'action, la soumission raisonnée aux fatalités inéluctables, et ce charme des manières qui fait oublier la lourdeur du corps trapu et la gravité de la physionomie un peu morose. Les rivières ne percent-elles pas les granits à force de les ronger ? Et sur l'âpre écorce de ses roches ne récolte-t-il pas des figues et du miel ? L'habitant du Vivarais s'en éloigne avec regret, si la pauvreté l'oblige à partir pour chercher les ressources qu'il lui refuse ; il y revient, sitôt qu'il le peut. Écoutez un de ces montagnards égaré dans Paris : que d'enthousiasme ! que d'amour ! Qui verrait, après l'avoir entendu, son triste chef-lieu, aurait peine à le comprendre ; cependant, Privas même prouve combien il dit vrai.

Petite ville laide, négligée, mal bâtie, nulle aux regards de l'artiste, elle fut, pour son attachement au protestantisme, assiégée par Louis XIII en personne, de 1628 à 1629. Canonnée impitoyablement du haut des collines qui l'entourent, prise, livrée à l'incendie, détruite de fond en comble, transformée en solitude, par surcroît de

PRIVAS

rigueur il fut défendu de la reconstruire. On y revint pourtant, en dépit des édits royaux. Un nouveau Privas sortit des cendres de l'ancien. Le jour où l'intendant Miron obtint de Richelieu la permission de le laisser renaître, c'était chose faite déjà. Bel exemple d'affection au sol natal et de ténacité à toute épreuve !

De Privas, il est aisé de pénétrer au cœur même de la région des monts de l'Ardèche ; la route, vers Aubenas, Antraigues, Vals, est directe et la diligence nous y conduira plus vite que le chemin de fer. On traverse la chaîne volcanique et déchiquetée de Coiron, dressée au milieu de la contrée comme une formidable arête. A chaque pas, des roches surgissent, évasées à leur sommet, cratères de volcans où des lacs, amassés par les pluies, remplacent flammes et fumée. Des grottes se superposent à leurs parois, des fontaines jaillissent à leurs pieds ; partout, des oliviers croissent sur les pentes des hauteurs, tandis que les plateaux sont couverts de mûriers. De magnifiques châtaigneraies assombrissent les gorges, et la campagne maraîchère offre un aspect admirable. Les paysans tirent parti de la moindre parcelle d'humus, distribuent, avec une science pratique étonnante, leurs cultures, selon les expositions, les degrés de chaleur, la qualité du terrain. La constance de leurs efforts, qui ne se découragent jamais, explique la prospérité d'une ville comme Aubenas, située au centre d'une contrée bouleversée, où les communications, difficiles pendant la moitié de l'année, sont presque impossibles pendant l'autre moitié.

Aubenas, sur la rive droite de l'Ardèche, que nous passons ici pour la première fois, s'élève sur une colline haute de 300 mètres, plantée d'oliviers. Un vieux château couronne la colline dont les assises inférieures portent des maisons en pierre de roche, groupées autour d'un édifice des XIIIe et XIVe siècles, appelé Château-Neuf, d'un petit séminaire dominé par le dôme de sa chapelle et d'une église du XVe siècle, à fin clocher. La sacristie de cette église renferme le mausolée de la maréchale et du maréchal Alphonse d'Ornano, mort en 1610 ; c'est la seule curiosité d'Aubenas, dont l'industrie est le grand mérite. Ses filatures de soie, sa papeterie, ses fabriques de gros draps, ses tanneries, sa scierie de marbre, sont très achalandées ; pour les peaux de chevreau, matière première de la ganterie, c'est le marché le plus important du bassin du Rhône. Il faut le voir aux mois d'avril et de mai, ce marché extraordinaire, animer la promenade du Plan de l'Airette d'une multitude de montagnards chargés, les uns des dépouilles de leurs troupeaux, les autres de paniers d'œufs, car les œufs ne sont pas moins nécessaires que les peaux à la mégisserie, et les mégissiers d'Annonay, acheteurs fidèles à ces rendez-vous, en emploient chaque année de dix à douze millions. Tout autour de cette promenade, que décore la statue d'Olivier de Serres, de beaux jardins méthodiquement cultivés, une pépinière créée et gérée par l'État, des ruches, des plants de figuiers, rendent au célèbre agronome l'hommage qui lui eût été le plus sensible : ses leçons n'ont pas été perdues. L'auteur excellent du *Théâtre d'agriculture et mesnage des champs*, du *Traité de la cueillette de la soie* et de la *Seconde richesse du mûrier blanc* — arbre importé et propagé par lui dans le Vivarais, fut vraiment — *rara avis!* — prophète en son pays natal

A moins de deux lieues d'Aubenas se trouve Vals-les-Bains, que tout le monde connaît, au moins de nom. Qui n'a point bu de sa « délicieuse » eau de table ? Il n'est besoin pour cela d'avoir la gravelle, la goutte ou quelque maladie de foie, bien que, dans son lieu d'origine, elle guérisse par le bicarbonate de soude et le fer tous ces maux de l'espèce trop civilisée. On peut se plaire au séjour de Vals, sans croire absolument à l'efficacité de ses richesses thermales. Que d'excursions merveilleuses à faire aux environs, vers les sources de l'Ardèche et de l'Allier, de la Loire ! (celles-ci décrites dans le pre

VALS

mier volume des *Fleuves de France* : *la Loire*). C'est la région des sites grandioses. Vous touchez au roc de Gourdon, au cratère refroidi de la Coupe de Jaujac ; les rocs de basalte, les volcans apaisés, les strates étranges se multiplient. Plus vous avancerez vers l'ouest, plus surgiront les puissantes montagnes dont les âmes vomirent les coulées de lave, aujourd'hui cristallisées en colossales *chaussées des géants*; plus surgiront les colonnes, les pyramides, les obélisques en trachyte, les orgues de phonolithe, et les étonnants *gravennes*, monstrueux cônes tronqués, volcans éteints lors des dernières convulsions de la terre, et que rejoignent encore les flots de lave qu'ils épanchèrent autour d'eux... Tel, dans les vallées prochaines de Thueyts et de Montpezat, le fameux gravenne, dit de Montpezat, creusé d'un côté, à la profondeur de 80 mètres par la Fontaulière ;

de l'autre par la Médéric, laquelle tombe de 100 mètres de hauteur dans le précipice de la Gueule d'Enfer, que surmonte, enjambe un rocher prodigieux, le Pont du Diable... Notez que, parmi ces magnifiques chaos, s'encadrent partout, à Jaujac, Antraigues, Thueyts, Montpezat, des châteaux, des tours du moyen âge, plus ou moins en ruines, couronnant les colonnades de basalte, les dômes de granit, parfois même disparaissant à moitié dans les abîmes de laves, vertigineuses entailles des torrents aux flancs des gravennes. Certes, ces paysages sont aussi beaux que les plus vantés !

A l'ouest, à l'est, au midi d'Aubenas et de Vals, tout le pays présente le même caractère de superbe fantaisie qui n'exclut pas la grâce ; les formes et les contours, les contrastes se succèdent avec une iné-

LARGENTIÈRE

puisable variété. Que l'on descende les vallées de l'Ardèche, de la Ligue, de la Beaume ou du Chassezac, ces beaux spectacles récréent les yeux, éveillent l'esprit. L'imagination toujours en haleine, on ne sent point la fatigue des routes ardues qu'il faut parcourir en voiture ; on pardonne au gîte d'être ennuyeux et maussade. Ces petites villes, bourgs, villages du Vivarais, Valgorge où naquit le charmant poète La Fare ; Largentière, dont les mines de plomb argentifère, jadis exploitées, firent la véritable *argentière* des évêques de Viviers, Joyeuse, vieux duché féodal ; Vallon, Les Vans, Vogüé dont le château gothique est le berceau d'une illustre famille de diplomates et d'écrivains, Villeneuve-de-Berg, où naquit Olivier de Serres ; d'autres encore sont également d'apparence assez revêche, avec leurs maisons surannées en pierres grises, leurs rues étroites et raboteuses, leur indifférence à la propreté, mais on ne les regarde pas. Ce sont de simples étapes entre des merveilles naturelles, comme les Balmes de Montbral, le pont d'Arc ; celui-ci, dressant à l'entrée des gorges de l'Ardèche une immense roche de marbre grisâtre, haute de plus de 60 mètres, tournée et percée en arc de triomphe colossal dont l'arche unique mesure 54 mètres d'ouverture sur 32 mètres de flèche ; celles-là dessinant une sorte de bizarre et grandiose édifice composé de quinze à vingt étages de grottes superposées, creusées dans les parois d'un cratère du Coiron, près de Saint-Jean-le-Centenier. Ces roches célèbres valent leur réputation ; il n'en est pas de plus imposantes, de mieux situées, pour l'effet. Sous le soleil de juin, dans un cadre déjà presque africain d'arbres de Judée, de figuiers, d'oliviers, d'arbustes sombres, elles prenaient à nos yeux éblouis l'éclat, le relief inoubliables des gorges de la Kabylie et de la Chiffa.

... Un voyage par zigzags obligés nous ramène aux bords du Rhône. C'est là seulement que les cités du Vivarais offrent des sujets d'étude aux archéologues, aux artistes. Elles sont les plus anciennes ; on y trouve des restes de civilisations primitives, des vestiges de monuments romains, des œuvres du moyen âge, même des élégances pro-

LE RHÔNE A VIVIERS

venant d'époques postérieures, car ces localités riveraines, enrichies par le commerce des vins de côte, eurent toujours le moyen de s'embellir. Ainsi Viviers, dont la vieille ville, parfaitement distincte de la ville moderne, bâtie sur la route de Lyon à Beaucaire, gravit, sur la rive droite du fleuve, un roc escarpé. Quand fut ruiné par les barbares l'*oppidum* des Helviens, primitifs habitants de la contrée, la gallo-romaine *Alba Helviorum*, que l'on croit reconnaître, à deux lieues vers l'ouest, dans l'humble village d'Aps, sur l'Escoulay, Viviers le remplaça. Viviers eut un évêque qui devint plus tard le seigneur temporel du *Comitatus Vivariensis*. Il fut riche, compta quinze mille habitants ; il n'en a plus que trois mille et quelques centaines aujourd'hui, la plupart occupés dans les moulinages, les filatures de soie, les minoteries et les usines établies pour la perforation de la chaux hydraulique du Teil, un des meilleurs ciments connus.

Il est déchu, mais il a grand air. Sa cathédrale du xiiᵉ siècle, son palais de l'Évêché, ses hôtels de la Renaissance, sa Maison des Chevaliers, de nombreux logis nobles et bourgeois, aux fenêtres arquées et sculptées, les restes de ses fortifications flanquées de tours, vantent le passé d'une capitale illustre en son temps.

Au nord de Viviers, deux bourgs nous appellent encore : Cruas, Rochemaure. Cruas, le plus éloigné, paraît, à ses ruines d'abbaye, de donjon et d'enceinte, avoir été une jolie petite ville militaire et religieuse ; les valeureux comtes du Valentinois la possédèrent, car l'un d'eux, Adhémar de Poitiers, a, dans l'abside de l'église romane, un tombeau où ses armes et son nom sont gravés, en gothique du xiᵉ siècle. Rochemaure brille d'une beauté différente, dont la nature fait les frais. Imaginez un roc énorme taillé en pyramide, écaillé de maisons aux toits rouges grimpées sur ses flancs ; les murailles d'un château fort en couronnent la pointe et, par-dessus ces ruines, au delà, se dresse un roc plus élevé, roide, âpre, presque inaccessible, portant le donjon de l'ancien château fort, dont un précipice le sépare. Cette étrange colline de Rochemaure est un dernier contrefort du Coiron ; sortez de la petite ville pour une promenade aux alentours : vous rencontrerez à deux kilomètres la fameuse chaussée de basalte de la montagne de Chenavari, appelée, pour l'épaisseur fantastique de ses gradins, Pavé des Géants.

Rochemaure est aussi la très proche voisine de l'agréable, d'aucuns, se souvenant de ses nougats, diraient la friande Montélimart : ville sucrée, sans doute, car elle fabrique, outre ses nougats, des liqueurs, des gâteaux secs, et, pour vos provisions de miel, vous y trouverez à qui parler, — c'est un marché de premier ordre ; — mais aussi ville ancienne, historique, prospère. Fief des Adhémar, comtes de Valentinois, d'où l'étymologie *Montélinm Adhemari*, *Monteil-Aimar*, elle en obtint, en 1198, la charte libérale que l'on peut lire sur une table de marbre dans le vestibule de la mairie. Son château féodal, carré, bastionné, percé de créneaux et de meurtrières, est une prison, mais une prison de haute et rude allure, une forteresse éprouvée par plus d'un siège en règle, comme celui de 1569 où M. l'Amiral épuisa tous ses efforts et ses ressources à le vouloir dompter. De la plateforme de la Tour du Nord, solide construction du xivᵉ siècle, vue superbe : on découvre la vaste éclaircie de belles cultures que cernent les hauteurs boisées de Couspeau, les vallons où se cachent les romantiques Marsanne, Lachamp Condillac, Bourdeaux, distingués par d'admirables ruines du moyen âge, et l'industrieux Dieu-le-Fit, et — par delà le coteau de Maubec, qui porte un monastère de Trappistines — le mont de Bactas, l'immense horizon sylvestre derrière lequel Grignan s'élève sur un roc exposé aux rages de la « bise », immortalisé par un grand écrivain. Il y faut aller, la route est directe.

N'espérez pas retrouver, dans son état de splendeur première, le château seigneurial où Mme de Sévigné mourut près de sa fille,

VIVIERS

au mois d'avril 1691. Moins heureux que les maisons de Bourgogne et de Bretagne : Bussy, Bourbilly, Époisse, les Rochers, liées au souvenir de la marquise, il fut dévasté en 1792. Ce n'est plus ce vaste édifice à triple façade de style Renaissance, que, malgré la « bise », l'épistolière trouvait « parfaitement beau et sentant bien les anciens Adhémar », ses maîtres de jadis ; mais il garde assez de belles choses pour rappeler à l'imagination ses hôtes du temps de Louis XIV, le lieutenant général de Provence, comte de Grignan, ce parfait honnête homme ; la belle et froide comtesse, dont le cœur, occupé par toutes sortes de raisonnements métaphysiques, de rêveries mystiques, se laissait aimer avec une si parfaite indifférence ; et ces jolies petites Pauline et Marie-Blanche, et tous les Grignan, tout ce monde de noble et fière tenue, de haute dignité, à le juger par les apparences dépeintes en traits de feu dans les lettres de leur spirituelle parente. Voici « le beau vestibule », et l'on y peut toujours manger fort à son aise ; on y monte par un grand perron ; les armes des Grignan sont sur la porte. Vous reconnaissez la terrasse « d'où le vent peut vous emporter, les hautes murailles à hauteur d'appui du domaine, et le mail, ombragé de vieux ormeaux et tapissé d'une belle pelouse ». Une galerie de portraits par Mignard, Largillière, Van Loo, Boucher, vous représentent les figures séduisantes de Françoise-Marguerite de Grignan ; de ses filles, la gaillarde, « l'extraordinaire », « la dévoreuse de livres », Pauline, future marquise de Simiane, « joie de la maison » ; et la religieuse de la Visitation, Marie-Blanche, que la grand'maman appelait « ses petites entrailles » ; elle-même enfin, l'illustre aïeule. Celle-ci, très célébrée ailleurs, non point au-dessus de ses mérites, revit encore dans une statue en bronze, élevée sur la place du bourg, et sa sépulture, en la vieille église paroissiale, présente cette inscription : « *Le dix-huit avril mil six cent nonante six, a esté ensevelie dans le tombeau de la maison de Grignan, dame Marie de Rabutin-Chantal, marquise de Sévigné, décédée le jour précédent, munie de tous ses sacrements, âgée environ de septante ans.* »

Les alentours de Grignan, bien qu'ils n'aient aucune des grâces vertes de la Bretagne et des environs de Paris, plaisaient à l'aimable femme qui sut si bien comprendre le charme d'une villégiature à Livry et aux Rochers ; elle gardait un « tendre souvenir » de ses séjours à Grignan ; souvent, parmi ses promenades favorites, elle cite la grotte de Rochecourbière, dont l'agréable fraîcheur justifie son goût. Il est à supposer qu'elle allait volontiers plus loin visiter les petites villes où nous nous plaisons nous-mêmes : la Garde-Adhémar, que recommandent son val des Nymphes et les ruines d'un château des antiques seigneurs de Grignan, les Adhémar de Monteil ; Donzère, aux riants vallons et dont l'église romane fut celle d'une abbaye déjà renommée sous Charlemagne ; Saint-Paul-Trois-Châteaux, probablement l'*Augusta Tricastinorum* des Gallo-Romains, si l'on en juge aux nombreuses antiquités, mosaïques, urnes, statues, médailles, tombeaux, découverts sur le coteau dominant de Puy-Jou. L'évêque de ce minuscule diocèse devait se faire honneur de montrer aux hôtes de M. le lieutenant général de Provence l'élégante façade et la majestueuse nef de son église cathédrale, œuvre du xii° siècle.

Et puis les carrosses de la noble compagnie la menaient-ils à Saint-Restitut, à Suze-la-Rousse? C'est probable, car ces deux villages méritent une excursion ; le premier, pour sa chapelle funéraire des viii° et ix° siècles, d'un style rare, d'une ornementation précieuse ; la seconde, pour le château Renaissance, bâti par les comtes de la Baume, un peu trop restauré, mais somptueux, finement

ANCIEN CHATEAU DE MONTÉLIMART

décoré de galantes mythologies à ses quatre façades intérieures.

Laissons là ce grand monde pour venir à Pierrelatte, qu'assurément il n'ignorait pas, si le coche d'eau du xvii° siècle, comme aujourd'hui le bateau à vapeur, touchait à cette grosse bourgade commerçante, située au pied d'un rocher sur la rive gauche du Rhône, en face du Vivarais. Un simple pont suspendu relie la petite ville valentinoise à Bourg-Saint-Andéol, l'antique municipe gallo-romain de *Bergoiata*, sanctifiée par le martyre d'Andéol, apôtre du christianisme en la province.

Peu au-dessous de Bourg-Saint-Andéol, l'Ardèche, limite du Vivarais, rejoint le Rhône ; et Pont-Saint-Esprit commence et caractérise la basse région du Languedoc que son aspect rapproche de la Provence. C'est une ville blanche, poudreuse, adossée au flanc calcaire d'une maigre colline parsemée d'oliviers et de vignes mourantes. Ainsi que la plupart des cités très anciennes fondées au bord du Rhône, elle est dominée par une citadelle; celle-ci renferme la brillante chapelle gothique nommée chapelle du Saint-Esprit. Là, primitivement, fut un ermitage, puis un monastère où l'on adorait la troisième personne de la Trinité. Cette communauté religieuse créa la ville et lui laissa la seconde moitié de son nom, la première venant du pont de pierre, dont les vingt-deux arches inégales traversent le fleuve sur 840 mètres de longueur. Le beau pont, solide comme une construction romaine, est l'œuvre d'une de ces sociétés ouvrières du moyen âge dont la science pratique, surtout la conscience, produisirent tant de chefs-d'œuvre d'architecture et de style. Il fut bâti de 1265 à 1309 par la corporation religieuse et laborieuse des *Pontifices* ou *Frères Pontifes* et payé avec les aumônes recueillies de toutes parts.

De Pont-Saint-Esprit, le chemin de fer et la route conduisent à Bagnols, si connu pour ses vins rouges, chauds, veloutés, sucrés, ses bons vins de convalescents. Mais les rudes et fières assises de la Dent de Signac et du camp de Laudun, qui surplombent la Cèze de leurs 230 mètres de hauteur, maintenant presque dépouillés de leurs ceps, ne fournissent plus guère ces vins généreux! La contrée vit surtout de l'industrie du fer et de la soie.

Au delà de Bagnols, vers l'ouest, la Cèze serpente dans une gorge d'abord montueuse, boisée, remarquable par ses déchiquetures, ses grottes, ses défilés, ses pures fontaines; puis, très animée, remplie d'usines entretenues par les combustibles du bassin de Bessèges, où la Cèze prend sa source dans l'un des plus riches massifs houilliers de France. Nous allons dans ce pays noir, par le chemin de Lussan, d'Alais, en contournant la base du Guidon du Bouquet, médiocre sommet des Cévennes que grandit, rend presque imposant, son isolement au milieu d'un plateau sec, aride, brûlé du soleil et crevassé d'avens où s'écroulent les eaux pluviales. Lussan, au pied de ce géant de 630 mètres de hauteur, a ses grottes, ses cascades de l'Aiguillon. Alais, arrosée par le Gardon, étale ses toits plats entre les rudes contreforts des Cévennes; de sa promenade fréquentée, la Maréchale, on découvre les cimes dentelées, les sombres forêts de la robuste contrée protestante illustrée par la bonne et vaillante guerre des Camisards. C'est auprès d'Alais que ces braves partisans, ces héros de l'atelier, des champs, de la forêt, artisans, bûcherons, pâtres, laboureurs, battirent à plate couture les vieilles troupes du maréchal de Montrevel. Malgré ces épreuves, une intimidation séculaire, la ville resta fidèle aux doctrines de Calvin. Sa bourgeoisie en met encore en pratique toute la philosophie, résumée, comme on sait, dans cette maxime : Chacun pour soi, Dieu pour tous ! Les riches y sont très riches, les pauvres très pauvres et très laborieux.

Industrielle, commerçante, active, Alais centralise les nombreuses spéculations d'alentour. La seule Aubenas lui dispute le premier rang dans l'industrie séricicole. Ses filatures reçoivent dans leurs magasins les cocons dévidés chez les paysans des vallées environnantes ; leurs ateliers, servis par de merveilleuses ouvrières, — les premières du monde, dit-on, — préparent en quantités énormes les fameuses *tramettes* ou organsins d'Alais. Dans les halls de la gare, trois lignes différentes apportent les charbons de Bessèges destinés à alimenter les ports de la Méditerranée, les navires, les chantiers de construction, les usines de la Provence et du Languedoc, naguère approvisionnés de houilles anglaises. Tout occupée de l'utile, Alais dédaigne le superflu.

ALAIS

Depuis que les iconoclastes de la Réforme abattirent l'antique cathédrale de Saint-Théodoric, elle n'a plus un seul édifice. En revanche, comme il n'est pas besoin d'aimer les arts pour faire fortune, et qu'il est mieux de les ignorer aux forçats de la fabrique et de la mine, elle ne manque ni de millionnaires ni de misérables. Juste compensation !

Saint-Jean-du-Gard, Anduze, la Grand'Combe, Saint-Ambroix, tout le district d'Alais, subsistent de la métallurgie. Les chemins de fer, dans leur triple direction vers le nord, desservent une longue suite de hauts fourneaux, d'usines à fer, à plomb, à zinc, de fours, de fabriques de rails, de produits chimiques, de machines. La Grand'-Combe a ses laminages de plomb ; Genolhac, sa coutellerie. Bessèges, centre des mines, divisées en dix-huit concessions, étendues sur 550 kilomètres carrés, produit annuellement quatorze millions de quintaux métriques de houille, des milliers de tonnes de lignite, de pyrite de fer, des millions de quintaux métriques d'asphalte en pains, de fonte, de fer, de tôle, de zinc, trois millions de kilogrammes de plomb d'œuvre. L'aspect de cette immense ruche souterraine, où il faut descendre à 200 mètres de profondeur pour trouver le diamant noir, est, à sa surface bouleversée, infiniment triste, sous l'ardent soleil. Les rayons de l'astre, arrêtés à demi par l'épaisse fumée des fonderies et des aciéries, au lieu d'y répandre les joies de la lumière et de la chaleur, l'enveloppent seulement d'une sorte de lueur blafarde, moulant comme un suaire les hideux reliefs du sol défoncé, bossué, crevassé, semé de cendres, de scories,

UZÈS

et des vastes baraques, horribles de laideur, où besognent les ouvriers, et des lamentables tanières où ils couchent.

Auprès de ce pays noir, de ces durs foyers de production industrielle, la Gardonnenque, ou vallée du Gardon, paraît d'une fraîcheur délicieuse ; elle a d'ailleurs en abondance des oliviers, des mûriers, des vignes, des jardins de fleurs et de fruits, où le figuier, l'amandier, le grenadier, l'arbousier, croissent en pleine terre, à côté du poirier, du cerisier, du pêcher... Nous nous en éloignerons pour visiter la noble Uzès, élevée par une verte colline au-dessus du vallon de l'Airan, et que signale, au loin, le beau clocher roman de sa cathédrale, appelé Campanile ou tour Fénestrelle. Monument de son ancienneté, le château, flanqué de grosses tours, réunit un donjon du xi° siècle, une élégante façade de Philibert Delorme, plusieurs corps de logis sans caractère et une chapelle du xiii° siècle sous laquelle des caveaux renferment les tombeaux de plusieurs ducs et duchesses d'Uzès. On nomme encore le *duché* cet édifice où, depuis le haut moyen âge, résidèrent les seigneurs indépendants de la cité, fief vicomtal érigé en duché-pairie en 1665.

Plusieurs maisons de la Renaissance, un ancien palais épiscopal, une tour carrée dite *de l'Horloge*, l'hôtel du baron de Castille, rappellent aussi la période aristocratique de l'histoire d'Uzès. Encore, on montre dans le parc, sous l'ombrage des oliviers, un pavillon où Racine, peut-être commensal du duc, séjourna de 1661 à 1662. Le futur grand poète Racine avait alors vingt-deux ans. Pour complaire à son oncle, le Père Sconin, il étudiait la théologie en vue d'obtenir un bénéfice dans le chapitre d'Uzès, mais les rêves de son âme

CHATEAU DE MONTFAUCON, PRÈS D'UZÈS

voluptueuse et tendre ne l'entraînaient pas vers le sacerdoce ; il lisait Virgile, rimait, écrivait de charmantes lettres. Il voyait la nature avec des yeux de poète, témoin ces vers sur la campagne nîmoise, plus beaux que la réalité.

> Le soleil est toujours riant
> . . . .
> La vapeur des brouillards ne voile point les cieux
> Tous les matins un vent affreux
> En écarte toutes les nues,
> Aussi nos jours ne sont jamais couverts
> Et, dans le plus fort des hivers,
> Nos campagnes sont revêtues
> De fleurs et d'arbres toujours verts,
> . . . .
> Et nous avons des nuits plus belles que nos jours.

Et cette peinture de Nîmes : « Nîmes est à trois lieues d'ici, c'est-à-dire à sept ou huit lieues de France. Le chemin est diabolique, mais la ville est assurément aussi belle et aussi *polide*, comme on dit ici, qu'il y en ait dans le royaume. Il n'y a point de divertissements qui ne s'y trouvent :

> Suoni, canti, vestir, giuochi, vivande
> Quanto puo cor pensar, puo chieder bocca.

De la musique, des chants, des parures, des jeux, des festins !... Nîmes est-il encore si divertissant? Voyons.

Auprès d'Uzès, entre d'énormes rochers, la fontaine d'Eure ou Ure prend source ; sous le nom d'Auzon, déjà grossie des sources d'Auran, elle meut de son cours abondant et pressé beaucoup d'usines. Nous la traversons ; nous traversons le massif des hauteurs penchées vers le Gardon, pour gagner Nîmes. Voyage pénible s'il en est, surtout aux abords de l'antique ville romaine, en juin. On franchit de maigres collines d'une affreuse aridité ; sur le sol brûlant traînent, innombrables scories étranges, des pierres teintées de rouge, roussies, peut-être au soleil, peut-être dans la fournaise d'un volcan cévenol. Clairsemés, étiques, des mûriers, des oliviers, des figuiers, enfoncent leurs racines parmi ces cailloux ; des chênes verts s'assemblent en bouquets ; des cyprès, par places, élèvent leurs noires pyramides comme sur des tombeaux. Nulle part un ruisseau, une fontaine pour rafraîchir la torride atmosphère et désaltérer les plantes de quelques gouttes d'eau. Les pluies, à peine tombées, s'écoulent, infiltrées aussitôt dans les couches souterraines pour, en de mystérieuses routes, circuler et reparaître dans la fontaine de Nîmes. Pourtant cette campagne rocailleuse, brûlante sous les pieds, n'est pas un désert; des murs, bâtis facilement avec les pierres rousses, la divisent en une multitude de propriétés appelées *mazes* ou *mazets*, jardinets et bicoques piquant de gros points noirs les stériles buttes des Garrigues et le morne plateau du Plan de la Fougasse. Les scorpions et les cigales aiment et fréquentent ces maisons de campagne, délices, « pas moins », des citadins nîmois, qui vont en famille y goûter les récréations dominicales. Charmantes elles sont, croyons-en le boulanger poète Reboul qui, pendant un séjour à Paris, où ses compatriotes l'avaient, en 1848, envoyé les représenter à l'Assemblée

constituante, les évoque avec mélancolie, sur le mode d'Horace
Quando te aspiciam, rus?...

> ... Quand pourrai-je au mazet, rêvant à quelque ouvrage,
> D'un cigare au soleil livrer le blanc nuage ?
> Je rends grâce à tous ceux qui m'ont donné leurs voix,
> Mais je n'étais pas né pour fabriquer des lois.
> Arraché comme une algue au fond de mon asile,
> L'orage m'a jeté dans cette grande ville...
> . . . .
> Je regarde opérer les élus de la France,
> Et, n'osant avouer ma candide ignorance,
> Je m'escrime comme eux, malgré tous mes dégoûts,
> A chercher le bâton qui n'aura pas deux bouts

Nîmes, dès l'entrée, vous séduit.

Au pied du grand escalier de la gare, une large avenue s'allonge, neuve, brillante, vers d'autres avenues, d'autres boulevards, et ces voies spacieuses, propres, bordées d'habitations élégantes, de cafés, de magasins, vous masquent si bien le reste, qu'elles vous semblent toute la ville. Cependant, elles n'en sont que le cadre, très supérieur au tableau : pâté de banales maisons noires, serrées en des rues étroites, raboteuses, crochues, pointues, coupées d'impasses, de passages, de boyaux obscurs, grouillantes, crasseuses, nauséabondes : Nîmes, ville toujours altérée, où le vin coûte moins cher que l'eau pure, ne sachant où charrier les déjections de ses égouts, dont les miasmes, dégagés par les chaleurs estivales, pèsent lourdement sur elle. Avant qu'on eût creusé le canal dérivé du Rhône, ses blanchisseuses n'allaient-elles pas, par théories, laver leur linge à six lieues de là, dans les eaux du fleuve ! Que de travaux il faudrait entreprendre pour l'assainir et la rendre aussi belle qu'elle paraît de prime abord !

Restons, s'il vous plaît, sous cette première impression heureuse ; aussi bien les avenues conduisent, sans qu'il soit besoin de s'en écarter, aux restes grandioses de la *Nemausus*, chère aux Antonins. Cherchons-nous autre chose ? Pourtant, au seuil de la cité latine que ses épaves permettent d'imaginer très riche et pleine de goût dans la magnificence, nous aimons à nous arrêter devant la fontaine, admirable de dessin, où Pradier sculpta la statue symbolique de Nîmes, dominant celles des quatre rivières :

Rhodanus, Vardo, Ura, Nemausa, qui l'abreuvent ou devraient l'abreuver. On peut taxer d'ironique l'hommage de l'artiste genevois à ces nymphes avares, mais il faut subir le charme exquis de leurs figures de camée. Comme les Grâces, mutuellement elles se font valoir ; plus on les compare, plus on admire la pureté de leurs traits, la parfaite élégance de leurs draperies, la noblesse de leur attitude ; mais si ces brunes immortelles sollicitaient le prix de la beauté, la méditatrice Ura l'obtiendrait de nous, pour l'expression suave et poétique de toute sa personne.

Voici les Arènes.

Longtemps négligé, au point, naguère, de dicter à Reboul ce vers naturaliste :

> L'auguste amphithéâtre est un grand rambuteau,

le superbe monument romain est aujourd'hui restauré, muni de grilles à ses quatre portes percées aux points cardinaux. Dessinant une ellipse dont le grand axe a 133 mètres, le petit axe 101 mètres, il offre à l'extérieur deux rangs de soixante arcades, ornés d'attiques ; à l'intérieur, un amphithéâtre composé de trente-cinq rangs de gradins, divisés en quatre précinctions où l'on monte par quatre escaliers. Vingt-quatre mille spectateurs y pouvaient trouver place. Que disons-nous ? Ils le peuvent encore, ils en profitent pour assister aux courses de taureaux de la Camargue, qui remplacent chez les modernes citoyens de Nemausus les combats de gladiateurs, de bêtes, les venabula, les martyres et autres spectacles sanguinaires. Tandis que nous admirions l'énorme édifice, dont l'incroyable solidité défie la ruine, on nous montrait les traces laissées depuis les Barbares par d'étranges affectations. Ici, une tour s'élevait ; là, une échauguette, une guérite ; des murailles, abattues maintenant, formaient des enceintes, des chemins de ronde, des corps de garde, des salles, des chambrées... Transformées de la sorte en immense caserne, ces Arènes, que Charles Martel essaya vainement de démolir, servaient au moyen âge de refuge et de forteresse à l'association militaire dite des chevaliers du château des Arènes : *Milites Castri Arenarum*, confrérie singulière d'hommes d'armes obligés par leur serment à défendre la ville et le château, — peut-être résidence des vicomtes de Nîmes, — pendant l'absence des seigneurs en Terre Sainte. Cette garnison partie, les Arènes furent, selon l'historien nîmois, « livrées aux plus ignorants des

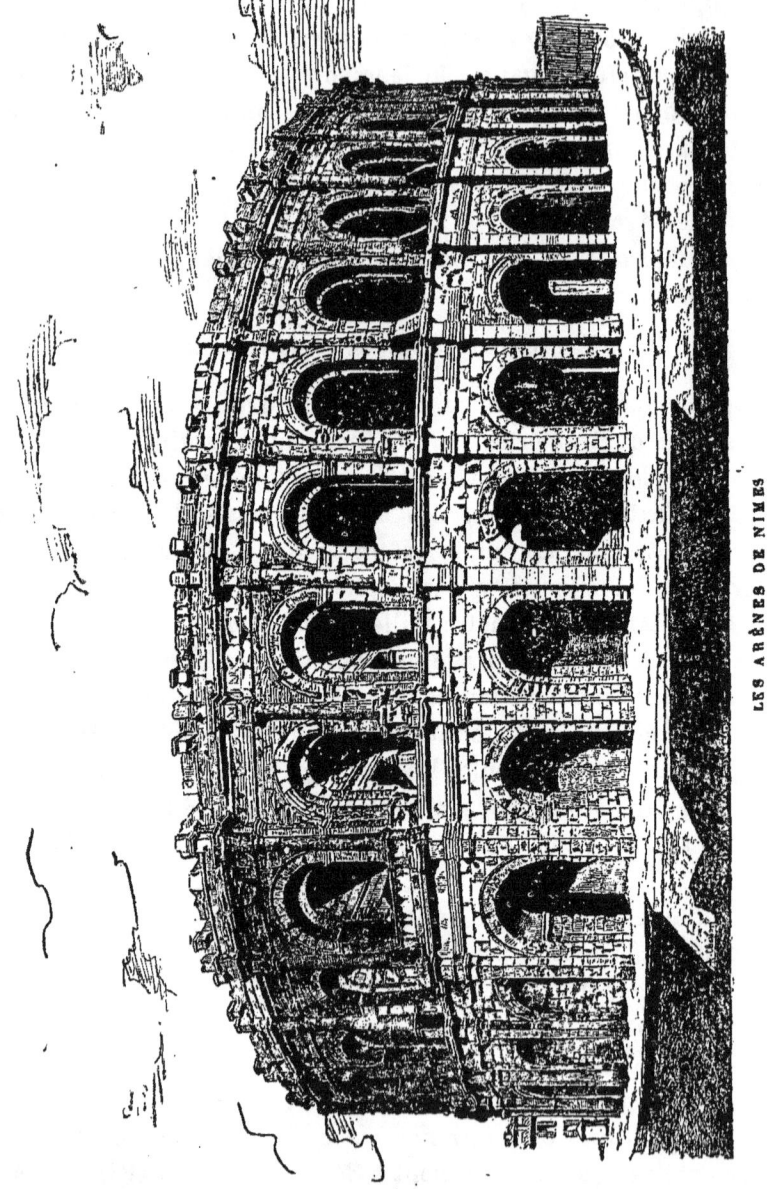

LES ARÈNES DE NIMES

spoliateurs, à une pauvre population qui tailla son nid à sa guise dans chaque arceau, et qui contribua à enfumer la partie supérieure de l'édifice par son pot-au-feu de chaque jour ». Ces dommages sont réparés ; les Romains reconnaîtraient leur ouvrage, voire applaudiraient leurs plaisirs atroces dans les courses de taureaux que l'on continue d'y donner.

La Maison Carrée, à quelques pas des Arènes, est d'une conservation plus étonnante, car elle ne fut pas moins éprouvée et son extrême délicatesse survit à plusieurs siècles de vandalisme. Ce temple rectangulaire est un bijou du style grec ; l'Italie même n'en possède pas de plus parfait. Selon l'inscription antique :

> PLOTINA TRAJANI UXOR SUMMA
> HONESTATE ET INTEGRITATE FULGENS
> STERILITATIS DEFECTU SINE PROLE FECIT
> CONJUGEM, QUI EJUS OPERA ADRIANUM
> ADOPTATUM IN IMPERIO SUCCESSOREM
> HABUIT, QUO IN BENEFICII MEMORIAM
> NEMAUSI AEDE SACRA MAXIMO
> SUMPTU SUBLIMIQUE STRUCTURA
> AC HYMNORUM CANTU DECORATA
> POST MORTEM DONATA EST

et les plus probables conjectures, Adrien le fit élever en l'honneur de l'impératrice Plotine, divinisée après sa mort, et l'on y sacrifiait sur les autels de l'épouse de Trajan, placée par décret au nombre des célestes habitants de l'Olympe. Comme le révélèrent des fouilles entreprises en 1822, il s'entourait d'un forum ; un parvis monumental le précédait. Pendant des années, il servit aux plus étranges usages : tour à tour église, maison commune et des consuls, auberge, couvent des moines augustins, magasin d'entrepôt, siège du directoire départemental... Il recouvre en partie son ancienne splendeur artistique. Ses trente colonnes cannelées aux magnifiques chapiteaux corinthiens et la frise gracieuse de son entablement n'offrent plus trace de mutilation. Cependant, chose rare, les retouches se font peu sentir et l'ensemble, en dépit de certains détails manqués, est d'une ravissante harmonie.

NIMES

DU VIVARAIS EN LANGUEDOC 199

Fort judicieusement la Maison Carrée donne asile au musée des Antiques ; sous son péristyle et dans ses galeries intérieures s'abri-

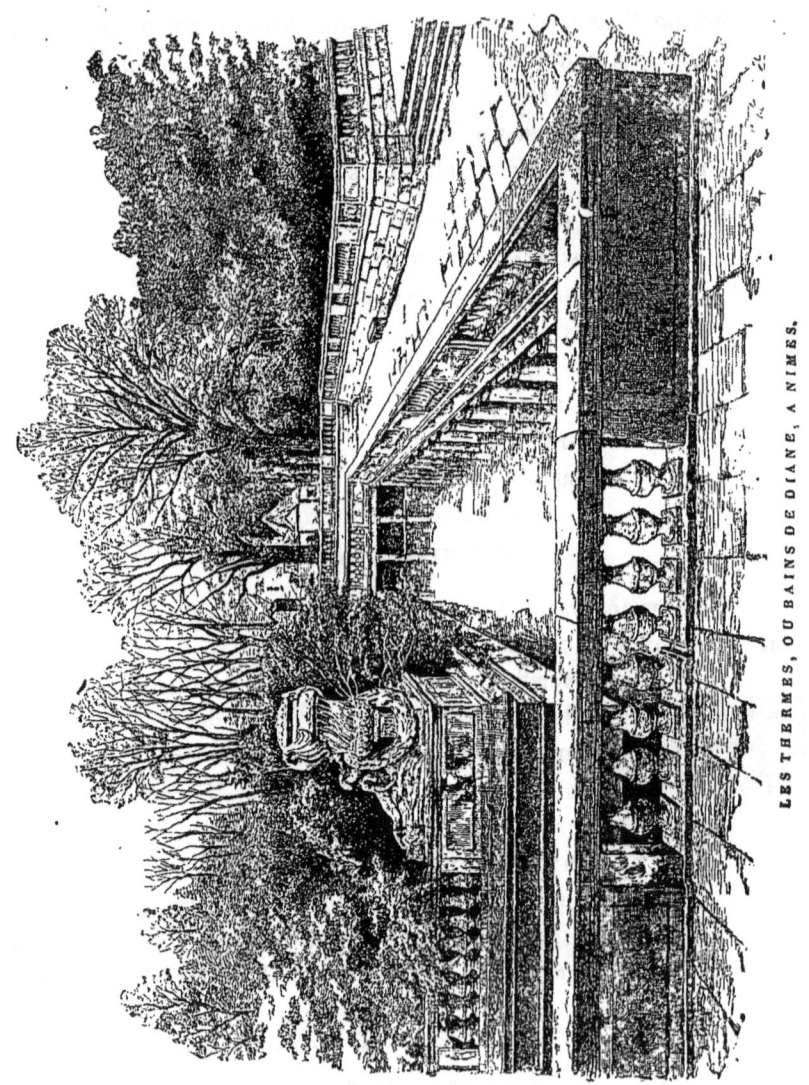

LES THERMES, OU BAINS DE DIANE, A NIMES.

tent des statues, des tombeaux, des stèles, des urnes lacrymatoires, des inscriptions intéressant l'histoire de la Gaule romaine, cent débris divers, relatifs aux Annales du grand *oppidum* des Volces Arékomiques et de la Nemausus latine, depuis l'autel consacré par les Celtes au dieu indigène Namaous, jusqu'aux effigies des Antonins, protecteurs de la cité

Après les Arènes et la Maison Carrée, les remarquables vestiges de Nemausus avoisinent, comme de raison, la nymphe bienfaisante, au temps des mythes, la plus adorée des divinités méridionales. Celtes Arékomiques et Gallo-Romains vouèrent également un culte à la fontaine ou source qui jaillit au pied du mont Cavalier et verse normalement, à la cité, vingt litres d'eau par seconde Suivez les canaux profonds, pareils à des fossés de ville forte, où s'écoule ce débit, vous arriverez au jardin de la Fontaine, orgueil de Nîmes. De fait, il est joli, enlace dans les contours de pelouses, de bosquets à la Le Nostre, les bassins en hémicycle calqués sur ceux de Versailles et construits sur des fondements antiques, où la nymphe penche son urne, parfois bien vainement. Des vases, des statues, décorent ces ombrages, celle entre autres du poète Reboul lequel enfin contemple de ses yeux de marbre un jardin tout différent de la ruine dont s'affligeaient ses yeux mortels :

> ... Tout dégringole.....
> Les vases sont fendus, les déesses sans nez ;
> Pan, manchot, a perdu sa flûte bocagère ;
> Le sein de la Diane est rongé par le lierre,
> Et les groupes joufflus de ses jeunes Amours,
> Par la mousse couverts, semblent de petits ours.

Sous les Romains, depuis l'empereur Auguste, une Nymphée célébrait la Fontaine de Nimes ; il en subsiste la Cella, appelée temple de Diane, édicule de 15 mètres de longueur sur 9 mètres et demi de largeur, couvert d'une coupole oblongue et renfermant des sculptures brisées. Des thermes existaient à côté de la Cella, leurs ruines sont encore visibles, sous les eaux basses. Au-dessus du Jardin, de la Cella, des Thermes, au-dessus des bassins échelonnés, où, quand il plaît au ciel, l'onde pure de la fontaine tombe en cascade, des allées gravissent le mont Cavalier, transformé en parc odoriférant et touffu de pins, d'orangers, de myrtes et de fusains. Au sommet de la hauteur charmante, s'élève l'énigmatique tour Magne, réduite à la hauteur de 28 mètres, car elle en eut de 36 à 40, et composée de trois étages superposés, en retrait les uns sur les autres. Qu'était-ce que la *Turris Magna* ? Un phare, un tombeau, un monument au dieu Nemausus, ou bien une simple tour à signaux ? On l'ignore : le géant de pierre a gardé son secret.

> Ton squelette a subi tant de vicissitudes
> Que l'on voudrait en vain lire sur ton chaos
> Les fils de la science y perdent leurs études
> Et nul n'a jamais pu que mesurer tes os.

Unique certitude imposée aux yeux, la tour Magne est un superbe

TOUR MAGNE, A NIMES

observatoire braqué sur la ville entière, les collines de sa banlieue, tachetées de mazets, piquetées d'oliviers et, bien au delà, sur les rives du Rhône, l'estompe des Alpines, la brume des rochers de Vaucluse, du mont Ventoux...

L'enceinte de Nemausus avait un développement de 6 000 mètres ; il en reste quelques pans, emboîtés dans des constructions particulières, et deux portes sur dix, la porte d'Auguste et la porte de France, celle-ci composée d'une seule arcade à plein cintre ; celle-là, plus ample, formée de deux grandes arcades et de deux petites, séparées par des pilastres corinthiens et couronnées d'une corniche supportant une frise où l'on parvient à déchiffrer ces mots :

IMP. CAESAR. DIVI. F. AUGUSTUS.
CSO. XI. TRIBU, POTEST. VIII.
PORTAS. MVROS. QVE. COL. DAT.

Une visite au vaste bassin, fort curieux, du *Castellum divisorium*, où l'aqueduc fameux du Pont du Gard apportait les eaux de la fontaine d'Eure, achèvera nos promenades dans la plus ancienne et, à la fois, la plus neuve partie de Nîmes. Cependant Nemausus ne s'arrêtait pas aux points que nous désignons ; elle occupait aussi la ville populeuse : les prisons passent pour remplacer une basilique de Plotine ; un temple païen précéda la cathédrale Saint-Castor, et ce sombre édifice offre encore des ornements romains que feront oublier aux artistes les merveilleuses sculptures romanes de la frise, représentant des scènes de la Genèse.

Du moyen âge, point d'autres œuvres : la protestante Nîmes, à ses heures de triomphe, dut renverser les monuments de l'idolâtrie papiste, avec toute l'énergie passionnée, aveugle dans sa violence, dont, catholique ou calviniste, royaliste ou républicaine, elle donna tant de preuves pendant les Terreurs, rouge et blanche. Mais, à défaut de monuments de pierre, l'histoire chrétienne de la ville ne manque pas de documents ; bien installée dans un vaste édifice affecté aux lettres et aux arts, la Bibliothèque urbaine contient cinquante mille volumes, deux cents manuscrits, sept mille médailles, excellente pâture pour les érudits. A côté de la Bibliothèque, un Musée expose quelques tableaux de maîtres, le *Cromwell* de Paul Delaroche, la *Locuste* du Nîmois Sigalon...

En la ville même et autour s'épand la florissante industrie nîmoise. Ses manufactures de châles, de foulards, surtout de tapis veloutés, — articles du pays, — de mouchoirs, de madras, de rubans, de galons, animent les faubourgs populeux, espacés sur notre route vers le plus rare édifice de la contrée, le Pont du Gard.

Ce débris grandiose de l'aqueduc de 41 kilomètres, qui conduisait d'Uzès à Nîmes les eaux d'Eure et d'Airan, est situé à trois lieues, dans le canton de Remoulens, au village de Vers, dans l'agreste vallée du Gardon. Il est plaisant de s'y acheminer en voiture. On traverse **le** Vistre aux eaux bourbeuses,

LE PONT DU GARD

Bezouce, Saint-Bonnet, Lafoux, des villages blancs et roses adossés à des rochers où se suspendent des ronces et du lierre, parmi des bois d'yeuses. Un pont suspendu mène à Remoulens, élevé sur une berge à l'abri des inondations du Gardon, inondations improbables et dont la seule idée vous fait sourire, quand on voit, sous le soleil de juin, la mince rivière sillonner à peine d'un filet d'eau qui s'évapore une grève caillouteuse qu'elle semble ne pouvoir jamais remplir. Ne vous y fiez pas, cependant. Survienne une pluie, une de ces grosses pluies brusques, formées, on dirait, de tous les souffles de la Méditerranée, le Gardon s'enfle en un clin d'œil, gronde, déborde et son écume ensable au loin la campagne où, maintenant, vous promène, de mamelon en mamelon, la route sinueuse. Un dernier pli de terrain s'efface, un dernier rideau se lève et vous découvre le triple rang d'arcades superposées qu constitue le pont romain. Appuyé à ses deux extrémités sur les collines dominant la vallée du Gardon, le vieux pont se dresse magnifiquement à la face du ciel, sur un fond de pelouses et de grèves, de rochers calcaires parsemés de bouquets de hêtres, de bouleaux, de chênes, de taillis d'yeuses : paysage austère, bien propre à en faire ressortir la beauté. « L'azur, dit le poète cigalier, emplit les arches de l'aqueduc solitaire du vieux pont abandonné ; combien de soleils, combien de lunes n'a point vu le pont romain !... »

> De cèu blu n'a plen si barri,
> Dré d'un li gourg dou Gardoun;
> Lou porto aigo solitari
> Lou vièu pont à l'abandoun.
> De soulèu emai de luno
> Quant ne a vist lou pount roman !

Combien, en effet, si, décidé par la renommée d'Agrippa, gendre d'Auguste, *curator perpetuus aquarum,* on lui attribue la construction du pont gigantesque ! D'ailleurs l'ouvrage est digne du grand ingénieur romain. Ses assises reposent sur des rochers taillés de niveau à un mètre ou deux hors du Gardon ; ses pierres, tirées d'une carrière voisine, sont posées à sec. Le premier étage est composé de six arcades d'inégale ouverture ; le second, de onze arcades en retrait, correspondant à celles d'en bas ; le troisième, beaucoup moins haut que les deux autres, de trente-cinq arceaux, aussi en retrait sur le second rang. Toutes les arches sont à plein cintre. L'ensemble a, de hauteur, $48^m,77$; sa plus grande longueur est de 273 mètres. On peut se risquer sur le pont féerique; il est restauré et plus n'est besoin, comme un voyageur du siècle dernier, de le traverser en rampant d'un bout à l'autre,

> Examinant à deux genoux
> Un débris de peinture à fresque,
> Et d'un œil anglais ou tudesque
> Dévorant jusques aux cailloux...

CHAPITRE VIII

EN AVIGNON

Sur un ciel de lapis-lazuli pointillé d'or, des murailles hautes, énormes, inégales, carrées, massives et toutes blanches, éclatantes de blancheur, d'une blancheur mate, se plaquent en durs reliefs énigmatiques. Vision du moyen âge éclairée d'une lueur éblouissante, ville gothique sous un ciel d'Italie, ville italienne en Gaule, c'est Avignon, sous le soleil de juillet, flambant son palais des Papes et sa Notre-Dame des Dômes, colosses dominateurs dressés, tout blancs, dans l'azur...

Nous regardons l'antique ville papale de la tonnelle d'un cabaret établi à la tête du pont, sur la rive droite du Rhône. Tonnelle fraîche, cabaret joyeux, rive bavarde, pont bruyant. Un peuple endimanché, coquet, flâneur, badaud, les anime de sa gaieté, de ses chants, de ses lazzis, de ses familiarités, de sa bonne humeur expansive. Il fait si bon et si beau, l'azur du ciel est si profond, le soleil doit si bien mûrir les fruits, et ce coquin de mistral qui ne souffle pas !

Mêlons-nous à la foule, traversons avec elle les 1000 mètres de largeur du grand fleuve. Ce ne sera point sur le pont, le pont fameux de la chanson enfantine, où tout le monde passe, tout le monde danse en rond, où les demoiselles font comme ci, et les capucins font comme ça, et les gens de tous métiers font comme ci et comme ça, avec toutes sortes de révérences et de génuflexions ; le glorieux pont où, du temps heureux des papes, s'il faut en croire Alphonse Daudet, les rues de la ville étant « trop étroites pour la farandole, fifres et tambourins se portaient au frais du Rhône » pour, jour et nuit, danser, danser... Notre pont est un pont suspendu, presque neuf, l'autre était un pont de pierre solidement construit, de 1177 à 1185, par les Frères Pontifes et par saint Bénézet, le berger saint Bénézet dont chacun, du vieillard au petit enfant, sait l'histoire en Avignon. Et nous-même, pouvons-nous l'ignorer et l'omettre ?

Bénézet était un pâtre des environs de Viviers, en Vivarais. Tandis qu'il gardait son troupeau, une voix mystérieuse, invisible, la voix de Dieu, lui commanda d'aller bâtir un pont sur le Rhône ; il objecta : « Seigneur, je ne possède que sept oboles, je ne sais pas où coule le Rhône, comment vous obéirais-je ? — Marche sans t'inquiéter, **reprit la voix, j'y pourvoirai.** » Il se mit en route : un ange en habit de pèlerin l'attendait pour le conduire au bord du fleuve, en face d'Avignon. Là, le guide céleste lui réitère l'ordre de Dieu : « Traverse le Rhône dans une barque de passeur, entre dans la ville et fais connaître ta mission à l'évêque et au peuple. » Mais, laissons parler la *Légende dorée* : « Bénézet, s'approchant de la barque, pria le batelier de le transporter sur l'autre rive pour l'amour de Dieu et de la Vierge Marie. Le batelier, qui était un juif, lui dit : « Je n'ai « que faire de ta Vierge Marie, j'aime mieux trois deniers que sa « protection. » L'enfant lui donna trois oboles, dont le batelier se contenta, faute de mieux, et il le déposa bientôt à la porte de la ville. Bénézet y entra et alla trouver l'évêque Pons, à qui il fit part de sa mission. L'évêque, ne le pouvant croire, l'envoya au viguier ; celui-ci l'écouta avec colère, mais lui dit : « Comment accompliras-tu « ce que les hommes les plus puissants, et même l'empereur Char-« lemagne, n'ont osé entreprendre ? Au reste, les ponts se composent « de pierres et de ciment ; je veux te fournir une pierre qui se trouve « dans mon palais ; si tu la portes, je croirai alors à la réussite de « ton projet. » Bénézet, plein de confiance en Dieu, se rendit au palais du viguier, suivi de tout le peuple, et là il souleva une énorme pierre que les efforts réunis de trente hommes n'auraient pu remuer, et la chargea sur ses épaules avec la même facilité que s'il se fût agi d'un petit caillou. S'avançant ainsi à la tête de la population, il vint au bord du fleuve placer cette pierre, comme fondation de la première arche. Les spectateurs, dans leur admiration, célébraient la puissance de Dieu. Le viguier, le premier, tomba à genoux, saluant Bénézet du nom de saint ; il lui donna trois cents sous. En quelques instants les dons de la foule s'élevèrent à cinq mille sous destinés aux frais de la construction. »

Ce pont miraculeux n'existe plus en entier depuis 1664 : une crue du fleuve le renversa, en emporta les débris. Il en reste quatre arcades. Dépassons la grande île de la Barthelasse, dont les feuillages touffus nous cachaient ces noires arcades ogivales ; voyez-vous sur une des piles une jolie chapelle du xii° siècle, dédiée à saint Nicolas, patron des mariniers ? elle renferme les reliques du bienheureux Bénézet.

... Abordons la rive gauche : le beau tableau entrevu par masses et grandes lignes se précise. Voici tout Avignon, pimpant et comme neuf, dans sa blanche ceinture de murailles gothiques, crénelées, flanquées de tours percées de mâchicoulis aux fines consoles à modillons. La singulière ville où l'on entre encore, ainsi qu'aux époques féodales, par neuf portes hersées, munies d'échauguettes et de guérites pour les veilleurs. Celle qui s'ouvre devant nous, au long d'une promenade fréquentée, est la porte de l'Oulle ; la suivante, à gauche, s'appelle porte du Rhône ; entre les deux monte le Rocher-des-Doms, l'Aouenion celtique, le « souverain des eaux », où, selon toute apparence, se fonda, pour dominer le cours du fleuve, le premier *oppidum* de la tribu des Cavares, la future *Avenio* gallo-romaine. On gravit ce rocher par les sentiers toujours ombreux d'un parc odoriférant et solitaire. Du sommet, où celui qui importa la culture de la garance en Avignon, source aujourd'hui tarie de l'ancienne richesse du Comtat, — le Persan Althen, — se dresse en effigie de bronze, on embrasse un paysage immense, d'une infinie délicatesse, une vaste plaine parsemée de bois et traversée de légères hauteurs que l'on dirait

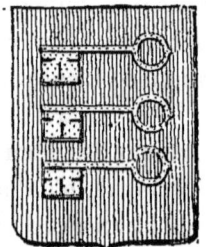

AVIGNON

tracées à petits coups de pinceau sur une toile grise et blanche, et que ferment au loin, par de grandes lignes onduleuses, les contreforts du Lubéron, la chaîne des Alpines, les Cévennes, la cime isolée du mont Ventoux. Les yeux ravis se détachent lentement, avec peine, de ce merveilleux panorama dont une lumière crue presse, accuse et fait saillir, avec une étonnante intensité, les moindres détails, les nuances les plus fines. Pourtant, d'autres plaisirs les attendent. Là, tout près. Descendez vers le midi la rampe du jardin des Doms ; voici, sur un terre-plein que précède un escalier monumental, le majestueux porche byzantin et le haut clocher de la métropolitaine Notre-Dame des Doms, accolant les rudes statures du palais des Papes.

L'église, imposante dans son antique simplicité, repose sur les fondations d'un temple païen et, peut-être, garde les matériaux d'une première basilique édifiée par l'empereur Constantin. Rebâtie en 1038, mais complétée ou compliquée, ornée ou défigurée trop souvent, du xie au xive siècle, elle n'offre plus qu'au dehors et dans son narthex roman, dans sa nef à plein cintre, le grand caractère qu'elle eut autrefois. Alors elle était remplie d'œuvres d'art dont il reste des bribes. Sous la voûte d'entrée devraient briller encore les fresques célèbres de Siméone Memmi, effacées en 1828 sous une couche de badigeon, vandalisme peut-être réparable. Par compensation, des tableaux de Nicolas et Pierre Mignard, du Parrocel, de Renaud le Vieux, de Simon de Châlons, une délicieuse *Vierge* de Pradier, des *Apôtres* du Bernus décorent les murs de Notre-Dame des Doms.

Plusieurs chapelles latérales sont sculptées et peintes à profusion. Les tombeaux des papes Benoît XII et Jean XXII, ce dernier, chef-d'œuvre du gothique fleuri ; ceux des archevêques Grimaldi et Marinis, dans le style galant et pompeux des xvie et xviie siècles, sont les belles reliques du passé. Plus modestement, sous une simple et brève épitaphe, ainsi terminée : *Passant, l'Histoire t'en dira davantage*, le « brave Crillon » repose dans la crypte à l'entrée du chœur, près de l'ancienne chaire des papes, toute en marbre blanc sculpté.

Le palais des Papes est le monument superbe d'Avignon, dont il symbolise l'histoire. En ce lieu, désigné sans nul doute, par sa situation et ses annales, au choix des souverains pontifes, s'éleva le *castellum* des proconsuls romains, celui des gouverneurs burgondes et francs ; la citadelle où les Sarrasins de Youssouf se défendirent en vain contre Charles Martel ; le palais des Évêques, et le palais des Podestats de l'éphémère République avignonnaise, modelée sur celles de l'Italie.

Sur ce point du rocher des Doms se concentra la résistance hardie et funeste des bourgeois d'Avignon, partisans des comtes de Toulouse, à la rude armée des barbares du Nord commandés par Louis VIII. Terrible en sa rancune, le roi de France vainqueur étouffa les institutions de la liberté. Le pape Clément V, avec l'agrément de Philippe le Bel, régna sans contrôle dans une ville privée de ses franchises, et son successeur, Jean XXII, résolut d'élever sur les ruines de l'inutile palais des Podestats sa demeure dominatrice. A son tour, Benoît XII, héritier d'un trésor de trois cent cinquante millions, renversa l'œuvre entreprise, et, sur un plan très large, très élastique, commença d'édifier l'ensemble de bâtiments, de tours et de chapelles, qu'à travers les dissensions intestines de l'Église, ses luttes contre les rois de France, les rois de Bavière, les empereurs d'Allemagne et les Romains, achevèrent Clément VI, Innocent VI, Urbain V et Grégoire XI.

PONT SAINT-BÉNÉZET EN AVIGNON

Incomparable à nul autre fut ce palais dans ses jours de puissance et de splendeur ; sombre et menaçant au dehors, clair et somptueux au dedans, disposé pour la défense et pour le luxe, fortifié savamment pour résister à toutes les attaques, et meublé de manière à contenter les goûts les plus voluptueux, assez épais pour se rire des catapultes, se railler des assauts, garder tous les secrets ; muni de tours, de portes, de poternes, percé de mâchicoulis, de créneaux, de barbacanes, traversé de herses, entouré de fossés, précédé de pont-levis imprenables ; mais aussi plein de riches appartements ornés à l'envi par les meilleurs artisans de la France et les plus célèbres artistes de l'Italie.

A présent, regardez : c'est un enchainement de façades en partie crénelées, à peine éclairées, froides et farouches ; de gigantesques arcades aveugles tracent sur leur nudité revêche des courbes ogivales ; sept tours carrées s'intercalent entre elles, nommées Trouillas, Trapube ou l'Estrapade, Saint-Jean, la Campane ou la Cloche, la Gâche, la tour des Anges, Saint-Laurent. Tout cela fait encore hautaine figure et commente mieux que parchemins la puissance redoutable des pontifes au moyen âge. Ils pouvaient se croire invincibles, à l'abri de ces murailles énormes ; ils l'étaient presque, car, si l'un d'eux, Urbain V, à Bertrand Du Guesclin, suivi des grandes compagnies, — bandes de soudards à qui rien n'était sacré, — n'osa refuser sa bénédiction apostolique, ni cent mille florins de son trésor particulier, en revanche, le schismatique Pierre de Luna, pape sous le nom de Benoît XIII, avec l'aide des Aragonais et Catalans, de Rodrigue de Luna, put soutenir pendant douze ans, de 1399 à 1411, un siège en règle dirigé par le maréchal de Boucicaut, aidé de tous les citoyens d'Avignon. Et si l'antipape, sur le point d'être pris, fut obligé de s'évader, son frère, assiégé derechef, ne quitta la place qu'à son plaisir, avec les honneurs de la guerre et laissant indemne le palais-forteresse, de mine encore si altière !

Mais approchez de ces apparences ; entrez, si le chef du corps de garde d'une caserne veut bien vous le permettre. Dépassez la voûte superbe de la porte principale, pénétrez avec le portier-consigne et son bizarre trousseau de clefs dans les corps de logis où résidaient les papes, entourés de cardinaux, de prélats, d'archiprêtres, dans toute la pompe du rang suprême, où ils convoquaient et présidaient des conciles. Pénétrez, mais d'abord effacez de votre mémoire les souvenirs inutiles, les grands souvenirs, les magnifiques images ; le palais des Pontifes est une caserne ; ses appartements et les nefs de ses chapelles sont abaissés, divisés, et répartis en chambrées vulgaires ; les sculptures de leurs pendentifs disparaissent sous le plâtre et la chaux. Une destination banale n'a rien épargné et rien ne vous rappellera les fastes abolis. Où, dans quelle salle fut reçue en audience solennelle la séductrice Jeanne de Naples, reine des Deux-Siciles

CHATEAU DES PAPES EN AVIGNON

et comtesse de Provence, laquelle, ayant fait étrangler son mari, André de Hongrie, osa solliciter l'absolution de ce crime et la permission d'épouser son amant, son complice, Louis de Tarente, et, l'un et l'autre, pardon et mariage, obtint en échange de sa bonne ville d'Avignon, autant que par le pouvoir de ses charmes vainqueurs ? Où, dans quelle salle, la sirène, accusée de nouveau, revint-elle prononcer pour se justifier un éloquent discours en latin ? Est-ce ici, est-ce là, que les délégués des Romains, Pétrarque et Colas Rienzi, le poète et le tribun, prièrent Clément VI de retourner à Rome ? On l'ignore ; on montre seulement, dans la tour Trouillas, le cachot où le tribun fut cinq ans enchaîné. On ignore tout ce que rien ne représente, et le salon où donnaient audience les papegaux de l'Isle Sonnante dont s'esbaudit Rabelais, et la chambre où se retiraient ces vice-légats habillés en *Scaramouche*, dont s'amuse le président de Brosse. Où sont les admirables décorations que les maîtres de la chrétienté, toujours artistes, recherchaient pour leurs demeures ? les fresques de Giotto, de Cimabué, de leurs émules ? Des suaves peintures des Primitifs, étalées sur tous les murs, il reste, par miracle, des lambeaux écaillés, des figures dont l'on s'est plu à crever les yeux. On admire ces fresques dans les oratoires de la tour Saint-Jean. Les unes groupent avec beaucoup d'art les prophètes et les prophétesses ; les autres, dues à Matteo Giovanetti de Viterbe, mettent en scène, sur les voûtes divisées en huit compartiments, des épisodes de la vie de saint Martial, de saint Jean-Baptiste et de saint Jean l'Évangéliste...

Aux siècles derniers, le palais des Papes n'était déjà plus que la résidence assez maussade d'un vice-légat plus ou moins fastueux et la garnison de sa *garde pétachine* (poltronne). L'appareil militaire n'était que pour rire, le prince de l'Église et vice-roi temporel gouvernant son petit État le plus pacifiquement du monde, sans jamais songer à se défendre contre les fantaisies agressives des rois de France. Louis XIV et Louis XV n'eussent fait qu'une bouchée des soldats du pape ; tous les deux le firent bien voir : le premier, en s'emparant deux fois de la ville, sans la moindre façon ni effusion de sang, en 1663 et 1687 ; le second, en l'incorporant au royaume, pendant près de six années, de 1768 à 1774. Ces menus incidents n'avaient pas d'influence fâcheuse sur la vie publique ; quand les troupes royales entraient par une porte, le vice-légat sortait par l'autre, et *vice versa*, et c'était tout.

D'aucuns, en Avignon, regrettent ce gouvernement débonnaire dont ils se font l'idée la plus flatteuse. « Ah ! l'heureux temps ! l'heureuse ville ! imaginé le poète des *Lettres de mon Moulin*. Des hallebardes qui ne coupaient pas, des prisons où l'on mettait le vin à rafraîchir. Jamais de disettes, jamais de guerres !... » Il en faut rabattre. Mais il est certain que la ville, avec ses trente-cinq monastères des deux sexes, sa commanderie de l'ordre de Malte, ses innombrables églises et chapelles où s'ébranlaient deux ou trois cents cloches, ses confréries de pénitents de toutes couleurs, les toilettes bizarres et les charmantes coiffures en dentelles des femmes, ses gardes suisses « en uniforme d'écarlate galonnés d'argent sur toutes les tailles », il est certain, disons-nous, que la ville devait avoir un aspect bien autrement pittoresque. Rassemblez en imagination cette foule diverse, bariolée, pétulante, criarde, sur la vaste place du Palais, inondée de lumière : rassemblez-la pour célébrer quelque fête, chômer Dieu, la Vierge ou les saints ou se réjouir de l'exaltation au trône pontifical du représentant sur la terre des hôtes du ciel... Les cloches de l'*Isle Sonnante* carillonnent à toute volée, les vieux canons asthmatiques toussent de leur mieux, les processions défilent, les bannières flottent, et de tous les côtés, robes rouges, noires, brunes, blanches, grises, saumon, chocolat, de moines, de religieuses et de pénitents, habits à la française de gentilshommes, jaquettes, culottes de velours et bas chinés soyeux de monsignori, paniers et jupes courtes de contadines, se frôlent, se mêlent ; révérences, salutations se croisent. Au milieu, douze fagots entassés attendent l'heure de faire un feu de joie ; des fantassins contiennent à grand'peine les curieux pressés d'assister à ce spectacle mirifique et, parfois, stimulant l'enthousiasme d'une innocente mousqueterie, tirent en l'air leurs vieux fusils à silex qui ratent, aux rires inextinguibles du populaire. Certes, ce tableau tumultueux ne manquait pas d'attrait ni de gaieté.

Il est loin, ce temps-là, aussi loin que les jours tristes, les sombres jours de 1791, où cette foule joyeuse, mais ardente et prompte à la colère, devenue soudainement féroce, poursuivait de ses cris de mort les soixante prisonniers du Comtat, que l'affreux Jourdan-Coupe-Têtes conduisait dans le palais des Papes. Le massacre de ces malheureux, assommés et précipités ensuite dans la Glacière, pour les punir de leur attachement au passé, à leurs traditions, à leurs intérêts, célébra la réunion définitive d'Avignon au royaume. Lamentable souvenir, ravivé vingt-quatre ans plus tard par les bandits de Trestaillon, par les meurtriers du maréchal Brune!

... Aujourd'hui, dimanche, la foule paisible qui se promène sur la place, écoute la musique et jette en passant un regard distrait sur la statue de Crillon, ne songe guère à tout cela, et n'y fait pas non plus songer. Elle est de bourgeois et d'ouvriers semblables à tous les bourgeois et à tous les ouvriers de France. Les femmes délaissent leurs jolis costumes d'antan pour les toilettes à la mode. Et tout ce monde, oubliant la langue musicale du doux pays de Provence, parle avec l'accent rocailleux du Midi, du Midi sec, le commun français. Combien vous le regrettiez, bon Roumanille, aimable poète, spirituel conteur, brave homme, en qui revivait et chantait l'âme gentille des troubadours! Votre bras sous le nôtre, vous nous disiez les gloires de votre cher Avignon, ses mœurs, ses usages et les mérites de sa vieille littérature, rajeunie avec tant d'éclat par les félibres et les cigaliers, vos émules, et par vous-même; par la *Mireio* et le *Calendau* du grand Mistral, la *Miougrano entreduberto* d'Aubanel, les *Oubretto* de Roumanille! Avec vous, ami d'un jour, ami toujours regretté pourtant, nous visitâmes les églises, les hôtels, les édifices religieux ou civils, intacts ou ruinés, légués à votre ville par un illustre passé : combien encore il en est d'admirables et d'intéressants!

Et d'abord, sur la place même du palais des Papes, voici, transformé en Conservatoire de musique, leur hôtel des Monnaies, exécuté, dit-on, d'après un plan posthume de Michel-Ange. Si cela est vrai, le génie du grand artiste somnolait, comme parfois celui d'Homère, car son œuvre est d'une bizarrerie invraisemblable. Imaginez une lourde façade carrée, divisée en deux étages, mais éclairée seulement au rez-de-chaussée de baies percées entre des bossages et des murs de refend. Aux étages aveugles, les fenêtres sont remplacées par des sculptures en relief d'un goût fantastique : masques de caractère suspendant à leurs bouches d'énormes guirlandes de fleurs et de fruits; dragons dont les ailes s'éploient et bouffent, comme des jupes de danseuse; hautes figures de génies joufflus accolant un blason. Une terrasse à balustrade, où se posent des oiseaux fabuleux, couronne cet édifice, séduisant malgré ses défauts, car il n'est point banal.

A ce curieux hôtel finit le quartier des Doms, encombré sur la droite d'un fouillis de maisons sales ou mal famées, serrées en des rues étroites, en des impasses, contournant les débris du château de la reine Jeanne. La place de l'Hôtel-de-Ville commence le moderne Avignon des commerçants, des rentiers, des publicains : elle est spacieuse, agréable, ornée d'un monument symbolique de la réunion à la France, en 1791, d'Avignon et du Comtat Venaissin. Le soir, on s'y réunit pour flâner, causer, faire les cent pas, les plus vaillants

VILLENEUVE-LEZ-AVIGNON — ABBAYE DE SAINT-ANDRÉ

continuant leur promenade par la belle rue neuve de la République qui mène à la gare. D'un côté sont les cafés, les restaurants à la mode, de l'autre, le théâtre et la mairie, fort élégants, construits, comme les remparts et la plupart des maisons modernes, avec ces belles pierres blanches des carrières de Fonvielle et des Angles, tendres à la taille et qui durcissent au grand air. Au-dessus de la maison commune, s'élance encore le beffroi du xiv° siècle, surmonté de sa flèche et de ses clochetons, entre lesquels on distingue Jacquemard et Jacquemarde, fantoches sonneurs des heures.

Maintenant, marchons au hasard, de-ci, de-là, en quête de belles choses, sûrs de ne point nous fatiguer vainement à les chercher. Il est des chefs-d'œuvre d'art en Avignon, bien qu'il ne soit plus la ville favorisée de jadis; nous les admirerons au petit bonheur des rencontres. Les églises surtout possèdent de rares sculptures, des tableaux de prix. Les Mignard, Simon de Châlons, Parrocel, y prodiguèrent leur talent. On vante justement Saint-Pierre pour sa charmante façade gothique aux vantaux merveilleusement ouvragés et sa gracieuse statue de la *Vierge*, œuvre du Bernus, idéalisant une adorable figure de contadine. Jadis, on voyait à Saint-Pierre, près de la sacristie, le tombeau de Parpaille, fameux chef de protestants ou de *parpaillots*, qui fut, en Avignon, exposé dans une cage de fer suspendue au mur du palais des Papes, puis décapité, afin, par un terrible exemple, d'empêcher la contagion de l'hérésie.

Saint-Didier a le retable de marbre blanc sculpté en 1841 par l'Italien Francesco, et qu'on appelait *les Images du roi René*; il représente avec finesse et naïveté le *Portement de Croix*. Saint-Antoine renfermait la sépulture de l'orateur-poète Alain Chartier; Saint-Agricol se décore d'une grande et belle fresque de Pierre de Cortone, d'une *Sainte Famille* du Trévisan et d'une *Vierge* de Coysevox, sculptée dans le chêne. En l'église du couvent des Cordeliers, dont subsistent le clocher et la nef, étaient le tombeau du chevalier de Folard, excellent écrivain militaire, et celui de l'idéale maîtresse de Pétrarque, de la belle Laure de Noves, comtesse de Sade, morte de la peste noire, en 1348. Elle avait alors quarante ans, onze enfants, l'amante platonique, tendre et d'une vertu sévère, chantée par le poète ! Un jour, François Ier voulut voir les ossements par deux fois séculaires de l'héroïne des *Canzoni* et des *Sonnetti*; il composa des vers à sa louange et les mit dans son cercueil : tout a disparu, qu'importe? Laure, de par la poésie, n'est-elle pas immortelle?

Poursuivons. Les trois confréries de pénitents, blancs, noirs et gris, demeurées en exercice, ont chacune leur chapelle riche en peintures magistrales : Franz Flor, Courtois, le Dominiquin, Reynaud le Vieux, Riminaldi, Mignard, Parrocel et l'original Simon de Châlons *pinxerunt*. Un couvent des Célestins, converti en pénitencier militaire, offre un cloître gothique, un réfectoire dont les lambris sont incrustés de nacre et d'ébène, une église aux fresques charmantes. Presque tous les ordres religieux ont laissé dans la ville des traces remarquables de leur long séjour : les Carmes, la vaste chapelle de Saint-Symphorien; les Bénédictins, l'église Saint-

Martial; les Jésuites, l'église du Lycée et la tour de la Motte, où fut l'observatoire astronomique du Père Kircher. Sur la place Pie, une tour et des murs crénelés rappellent la commanderie des Hospitaliers de Saint-Jean de Jérusalem.

Mais il n'y a pas que des églises et des couvents, en Avignon. Nous vîmes, chemin faisant, plus d'un hôtel flanqué de tourelles ogivales ou décoré dans le meilleur goût de la Renaissance. Rue de la Masse, l'hôtel Crillon a des bas-reliefs et des portraits en médaillon de grand style; la cour de l'hôtel de Sade, rue Dorée, mérite attention, et l'hôtel où se lit la devise, *Pro virtuto et fato*, et le plus complet de tous, sinon le plus élégant, l'hôtel de Villeneuve, qui renferme une bibliothèque

VILLENEUVE-LEZ-AVIGNON

et un musée, appelé musée Calvet, parfaitement digne de la Rome française.

La bibliothèque compte environ cent sept mille volumes, un grand nombre d'incunables, une précieuse collection d'ouvrages relatifs à l'histoire des provinces méridionales, œuvres des félibres, et deux mille huit cents manuscrits, plusieurs enrichis d'enluminures et de miniatures, et dont les plus beaux sont le *Missel* de Clément VII, les *Heures* du bienheureux Pierre de Luxembourg et le *Psautier* du maréchal de Boucicaut. Le Médaillier, des plus rares, comprend vingt-cinq mille pièces de toutes provenances, grecques, romaines, gauloises, royales, ecclésiastiques... Des inscriptions épigraphiques, beaucoup de bustes, de torses, de bas-reliefs; le tombeau d'Urbain V, ceux des cardinaux de Lagrange et de Brancas, du maréchal de la Palisse; une statue antique décapitée, mutilée, mais en ce qu'il en reste, du plus pur dessin ; des vases, des poteries, des bronzes ; toute la vaisselle en cuivre et en bronze d'un temple et sa lampe votive, une caricature de Caracalla, des mosaïques trouvées à Vaison, rappellent les périodes latines et féodales de l'histoire du Comtat Venaissin. La galerie de sculptures possède un chef-d'œuvre dans le *Christ* en ivoire sculpté en 1650 par Guillermin pour les pénitents noirs de la Miséricorde, et des œuvres de grand mérite, la *Cassandre* de Pradier, le *Faune* et le *Mercure* de Briand, la *Moissonneuse endormie* de Véray, tout à fait charmante, et le beau médaillon où le sculpteur Amy groupa fraternellement les modernes poètes provençaux : Mistral, Aubanel et Roumanille.

On retrouve dans les galeries de tableaux les peintures de Mignard et de Parrocel, mais aussi des Breughel, un Teniers, un Van den Welde, un exquis Hobbéma, un paysage de Ruysdaël, un portrait d'Holbein, un Granet, un Géricault ; une merveille de finesse, de naturel, de coloris due aux frères Le Nain : le ravissant portrait de la marquise de Forbin, abbesse d'un couvent de Provence, à l'âge de quatre-vingt-quatre ans ; des paysages de Saïn, de Rapin ; enfin, et surtout, recommandables non pour leur mérite intrinsèque, mais pour leur rareté, une série de panneaux, de toiles et de dessins, dus à la dynastie des Vernet, dont le chef, Antoine Vernet, naquit et fit souche en Avignon.

Telle est la ville historique, la ville artiste et commerçante : l'autre, celle de l'industrie, se répand dans les faubourgs, le long des 4 800 mètres de l'enceinte, très large ceinture encore, entre les grands parcs des communautés religieuses, les hospices, les casernes, les jardins maraîchers, des terrains vagues aérant les usines, les tanneries, les moulins mus par un affluent de la Sorgue, les fabriques d'instruments agricoles, les confiseries... Vastes espaces presque déserts, clôtures d'ombrages silencieux, fabriques environnées d'un calme profond, réseaux de petites rues paisibles, menus quartiers d'artisans serrés entre des couvents de recluses et troués de carrefours, de places, où s'élèvent des églises, des croix, des arbres, c'est un autre Avignon, dont une promenade autour des remparts, peu farouches et si jolis, si brillants au soleil, vous révèle le charme intime.

Ainsi, nous arrêtant de porte en porte, à chaque tour, ronde ou carrée, de cette ligne de défense élégante et forte, nous revenons à notre point de départ, à la porte de l'Oulle, à l'entrée du pont. C'est là que naguère débarquaient les voyageurs par bateau ; là qu'ils tombaient, bon gré, mal gré, eux et leurs bagages, dans les avides mains des portefaix, maîtres absolus et très redoutés des quais du Rhône. Ces trop énergiques serviteurs ne sont plus à craindre, et nous passerons tranquillement le Rhône sans encourir la moindre importunité ; nous allons à Villeneuve-lez-Avignon. Un village ? non, mais une petite ville infiniment curieuse en sa déchéance.

Villeneuve, au temps des papes, était la villégiature aimée de la cour pontificale. Les cardinaux, les prélats s'y plaisaient ; sous un ciel aussi pur que le ciel de l'Italie, leurs villas unissaient toutes les conditions de bien-être raffiné, de luxe et de fraîcheur réalisés dans leurs *vignes* de la campagne romaine. Des abbayes, auprès des fastueuses maisons des princes de l'Église, florissaient. Édifices religieux et mondains s'écroulent, leurs débris jonchent le sol et le spectacle de cette ruine incessante est des plus émouvants. Un historien avignonnais note cette impression : « Nulle part le passé ne fait avec le présent un plus saisissant contraste ; nulle part les ruines ne se mêlent plus étroitement aux maisons modernes, la mort à la vie. De grands hôtels béants, tout chargés de sculptures dégradées, souillées ; d'immenses constructions qu'il est aussi difficile d'entretenir que d'utiliser ; de pompeuses entrées qui s'ouvrent sur le vide ; des cloîtres où les ronces croissent en liberté ; des salles dont la voûte s'est écroulée ; des palais monastiques où des pauvres se taillent à grand'peine un abri ; une impression de mélancolie, de tristesse, que la gaieté même du ciel et l'animation d'une population industrielle et agricole ne parviennent pas à dissiper... » Cependant, parmi ces décombres traversés de rues poudreuses, quelques ruines se tiennent debout, quelques monuments de grand caractère disent la vie féodale et religieuse de l'ancienne Villeneuve. Sur la rive du Rhône se dresse, intacte, la tour gothique bâtie par Philippe le Bel ; on aperçoit dans la même direction le Rocher de Justice, d'où le lieutenant d'artillerie Napoléon Bonaparte foudroya de ses canons Avignon, un instant occupé par les troupes royalistes du marquis de Villeneuve. Au-dessus du bourg, sur le rocher du mont Andaon, l'abbaye de Saint-André, semblable à une citadelle, et dont la porte est flanquée de grosses tours, renferme un cloître dallé de tombeaux, une chapelle de Notre-Dame de Belvézet et une crypte ou grotte de Sainte-Casarie.

Une chartreuse du Val de Bénédiction, fondée en 1356, abrite dans ses murs délabrés des ouvriers, des jardiniers ; les jeunes voix claires, les voix de cigale des fileuses résonnent dans les froides cellules des cénobites, y accompagnent le bruissement du rouet mécanique inventé par le Vauclusien Philippe de Girard. Çà et là, de gracieuses sculptures ornent des bâtiments du moyen âge, de la Renaissance et du xviii° siècle ; une salle a gardé de charmantes fresques des Primitifs ; un cloître, tous ses arceaux, où des mûriers, des oliviers et des ronces mettent des rideaux verts.

L'église paroissiale est lambrissée de marbres précieux, remplie d'œuvres d'art ; certain tableau appendu dans la nef et représentant un Chartreux agenouillé aux pieds de la Vierge est un miracle de coloris digne du pinceau de Lesueur ; dans le chœur, la chaire abbatiale des Chartreux, toute en marbre blanc, offre de ravissantes figures.

Mutilés, superbes encore, l'hôtel Conti, le palais du cardinal de Giffon, la maison de Pierre de Luxembourg élèvent, devant de pauvres logis, des comptoirs, des celliers de marchands de vin, leurs portes monumentales et leurs façades armoriées, ornées de frises, de mascarons délicats, de cariatides sciées par le milieu. L'hospice-hôpital, qui fut un monastère de Franciscains, possède une petite merveille du xiv° siècle, le tombeau d'Innocent VI, entouré des plus luxuriantes floraisons du style gothique ; il rassemble dans un musée de menus débris des splendeurs éteintes, boiseries, tableaux, estampes, les portes en chêne sculpté de la Chartreuse, des portraits de cardinaux, de papes, d'abbés, un *Jugement dernier*, saisissant de frayeur et d'extase naïve... attribué au roi René.

A deux lieues, au sud de Villeneuve-lez-Avignon, la Durance, limite du département de Vaucluse, se jette dans le Rhône qui pénètre en Provence... Mais nous ne descendrons pas encore le beau fleuve ; nous le remonterons plutôt pour commencer par le nord nos excursions dans le Comtat. Ce voyage, par des rives capricieuses, est charmant. On double les grandes îles de la Barthelasse, d'Oiselet, de Piboulette, du Colombier, prairies, cultures, bosquets d'arbres et de fleurs, poussés et croissant au milieu des eaux troubles et tourbillonnantes. On aperçoit des coteaux élancés, semblables, dans ces plaines d'alluvion, à de véritables montagnes, à des montagnes blanches, chargées de villages et de ruines d'un relief étonnant. C'est

ORANGE

Roquemaure, illustré, selon la tradition, par le passage d'Annibal; c'est Châteauneuf-Calcernier, dont les flancs portaient les fameuses vignes du cru de Château-Neuf-des-Papes, et le sommet, le château des Pontifes, représenté par d'énormes pans de murailles effondrées c'est Caderousse, duché et château des Grammont-Caderousse, les brillants seigneurs de l'ancienne monarchie chez qui daignèrent loger François Ier, Charles IX, Henri III, Louis XIII...

Nous voici tout près d'Orange ; il conviendrait d'y entrer par la porte triomphale élevée au seuil de la ville antique, sous l'empereur Tibère, en commémoration de la défaite de Julius Florus et de l'Éduen Sacrovir, soulevés contre Rome. Après tant de siècles écoulés, le bel édifice, isolé dans un libre espace, n'a rien perdu de son élégance et de sa majesté, dignes du peuple-roi. Il faut s'approcher de ses colonnes cannelées aux chapiteaux corinthiens, de ses trois arcades, de ses frontons, pour apercevoir les outrages du temps et des hommes à leur beauté parfaite. Une façade est entièrement dépouillée de sa décoration originale, mais les trois autres, aux tympans, aux frises, aux archivoltes, offrent des reliefs superbes : ce sont des combats de fantassins et de cavaliers d'une fureur impitoyable, où s'entassent chevaux renversés, soldats écrasés, vaincus tendant la gorge au glaive ; ce sont d'horribles têtes de reptiles et de Gorgones, des trophées de chlamydes, de tuniques, d'étendards, de pilums et de lances, des couronnes de laurier, de saigles, des proues de trirèmes. Dans le pêle-mêle des sculptures, des mots ressortent, un entre autres : *Mario*, qui fit nommer l'arc de Tibère arc de Marius, et qui n'était que le nom d'un chef gaulois.

L'arc de triomphe serait la digne entrée d'une capitale et, sans doute, Orange, l'*Arausio* des Cavares, fut dans la Gaule romaine, sinon une capitale, du moins une grande ville. D'après Élisée Reclus, « les ruines de ses monuments en ont exhaussé le sol d'un mètre ». Elle n'est plus que l'ombre de ce qu'elle paraît avoir été, un enchevêtrement de rues étroites, insignifiantes. Quelque part, une statue de marbre y représente Raimbaud II, comte d'Orange, l'un des chefs de la première croisade. C'est l'unique souvenir accordé à la glorieuse lignée des comtes et des princes qui, du valeureux Guillaume au Court-Nez, élu par Charlemagne *comites* de la ville, pour l'avoir enlevée aux Sarrasins, jusqu'à Guillaume-Henri, le fameux stathouder et roi d'Angleterre, régnèrent sur ce petit État, érigé en fief indépendant. Mais, à défaut du château habité par ces illustres, Orange possède un autre et magnifique débris d'Arausio, c'est le *Théâtre*, contemporain de l'arc de triomphe, dont les murailles en grès vert, dressées au dehors comme une puissante forteresse, pouvaient renfermer 70 000 spectateurs.

Hormis son imposante façade, le Théâtre est en ruine ; des morceaux de statues, de bas-reliefs, de sculptures admirablement ouvragés, des fragments de marbre, de granit et de porphyre rouge, vert, blanc, indices d'un luxe prodigieux, couvrent le *postscenium* mais le dessin général en est fort bien indiqué. D'un côté, les gradins de l'amphithéâtre réservé au public et muni de ses couloirs montent, s'échelonnent, gazonnés ou fixés par des pierres de taille, jusqu'à la crête d'une colline où s'appuient les plus élevés; de l'autre, deux colonnes de marbre superbes marquent la scène, et

THÉATRE D'ORANGE

l'on distingue des loges, un foyer d'artistes. Ici devaient s'assembler les acteurs; par là ils devaient entrer en scène. Voici la loge du préteur ou du proconsul, vis-à-vis de celles du grand pontife et des vestales. L'écho, d'une sonorité profonde, est prêt à répéter les vers de Sophocle et les tirades de Sénèque le Tragique. Paraissez, acteurs, en cothurne et le masque au visage! Entre, peuple, en costume romain! l'illusion sera complète.

... Aux alentours d'Orange, combien de villages, de bourgades vous arrêteraient, si l'on était de loisir! Mornas, Montdragon, aux ruines gothiques; l'importante Bollène entourée des murailles et remplie des œuvres du moyen âge; et, dans la vallée de l'Aygues, si pittoresque, Visan, son pèlerinage de Notre-Dame des Vignes, son église Saint-Martin, que recommande *la Vierge aux Sept douleurs*, un des plus beaux tableaux de Pierre Mignard ; puis Valréas, ancienne capitale du Haut-Comtat, et Nyons, curieusement groupée au pied de la tour de Randanne, dans une gorge franchie par un pont colossal du xvie siècle!

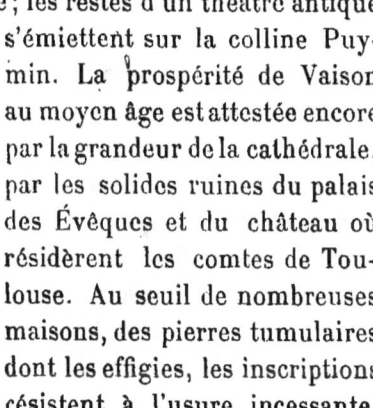

VAISON

Dans la même région, la vallée de l'Ouvèze, plus grandiose, nous mènerait à la gallo-romaine Vaison, la *Vasio* des Voconces. Pas une ville du Comtat n'a fourni plus d'antiquités au musée Calvet, et les fouilles poursuivies par les archéologues sur son territoire ne sont jamais infructueuses. Un pont romain y traverse un défilé de l'Ouvèze ; les restes d'un théâtre antique s'émiettent sur la colline Puymin. La prospérité de Vaison au moyen âge est attestée encore par la grandeur de la cathédrale, par les solides ruines du palais des Évêques et du château où résidèrent les comtes de Toulouse. Au seuil de nombreuses maisons, des pierres tumulaires dont les effigies, les inscriptions résistent à l'usure incessante, disent combien fut animée autrefois la modeste cité d'aujourd'hui.

... De Vaison, quel bon marcheur se refuserait le plaisir d'une ascension au géant du Midi, au mont Ventoux, dont la cime, couronnée de neige pendant les deux tiers de l'année, se voit de si loin et, dans ce pays de plaines ensoleillées, de plaines d'or et de sombres verdures, paraît si étrange, si mystérieuse. Écoutez le poète de *Mireio* :

> E Ventour que lou tron labouro,
> Ventour, que, venerable, aubouro
> Subre li mountagnolo amatado soute éu,

Sa blanco tèsto fin qu'is astre
Coume un grand e vièi baile-pastre (1).

La route est directe, circule par la vallée du Grossol entre les sommets de plus en plus hauts des chaînes de Vacqueyras et du Rissas... Tout à coup, la cime grandiose surgit devant vous, d'une base énorme, « toute ruisselante de sources et ceinte de verdure ». L'accès en est facile par des chemins, des sentiers en pente douce évitant les combes sauvages, à travers des bois naissants, des plantes balsamiques aimées des abeilles, des terrains nus célant les os fossiles de grands lions, de sangliers, de gazelles, d'hipparions. En maintes places, des massifs de chênes truffiers sortent du sol où on les plante de plus en plus, depuis que l'utile berger Joseph Talon, le *reboisier* ou chercheur de truffes, en donna l'exemple et, sans le savoir, renouvela la fortune de la région, deux fois compromise par le phylloxéra et par la découverte de l'alizarine, rivale heureuse de la garance.

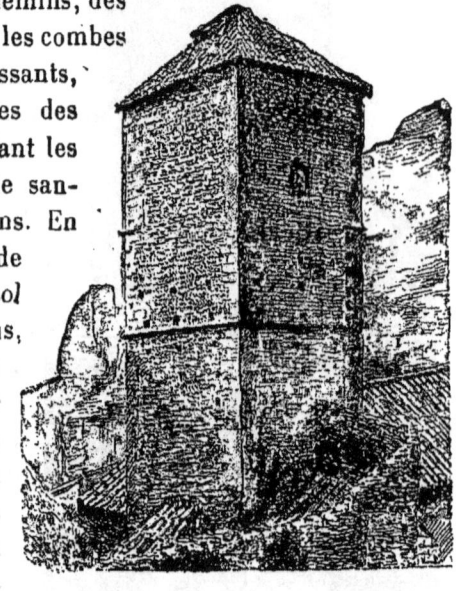

MORNAS

A faible distance du Ventoux, sous son ombre immense et les vents qu'il déchaîne, est Carpentras, sur une colline dominant le torrent de l'Auzon, que traverse un aqueduc de quarante-huit arcades. Elle est charmante, cette petite ville, et vous ne comprendrez jamais pourquoi d'aucuns, à Paris, spirituels comme un vaudeville, ne peuvent, sans rire niaisement, prononcer son nom.

(1)   Et le Ventoux que laboure la foudre
         Le Ventoux qui, vénérable, élève,
   Sur les montagnes blotties au-dessous de lui,
          Sa blanche tête jusqu'aux astres,
        Tel qu'un grand et vieux chef de pasteurs.

Affable, industrieuse, intelligente, distinguée entre toutes par son goût éclairé pour les sciences et les arts, elle doit ces qualités supérieures à de longues et glorieuses traditions. L'antique *Carpentoracte* gallo-romaine fut l'un des grands sanctuaires des Druides ; une cité brillante au temps des empereurs ; la capitale du Comtat, l'émule d'Avignon, au moyen âge. Plusieurs conciles s'y réunirent : en 1314, un conclave s'y assembla pour donner un successeur à Clément V Les états de la province y siégèrent jusqu'à la fin du XVIII° siècle ; les assises de Vaucluse s'y tiennent aujourd'hui. A témoin de ce passé, Carpentras peut citer l'Arc de Triomphe romain debout dans la cour de son Palais de Justice, décoré par Mignard ; la haute porte féodale dite Porte d'Orange ; la cathédrale de Saint-Siffrein, ornée de statues par Bernus, élève du Puget, de tableaux par Cortone, Parrocel, les Mignard ; le riche et artistique Hôtel-Dieu construit au XVIII° siècle, par les soins et grâce aux largesses du trappiste dom Malachie d'Inguibert, évêque de la ville. De ce généreux donateur proviennent les peintures, les médailles d'un musée qui se recommande

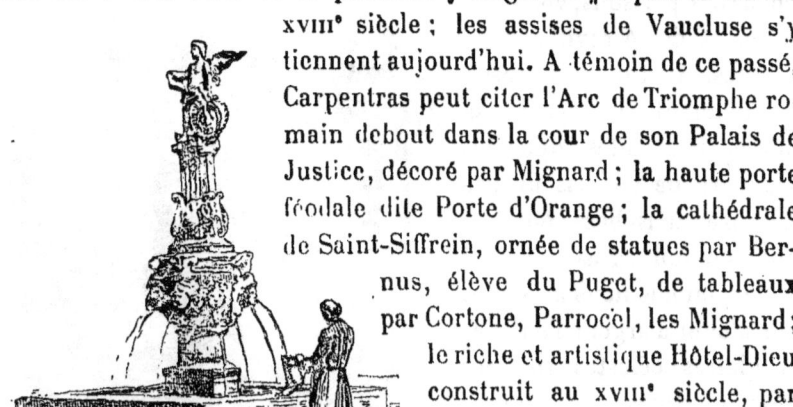

FONTAINE DE L'ANGE A CARPENTRAS

aussi par ses collections archéologiques, — et une bonne part des 25 000 volumes et des 1 200 manuscrits de la Bibliothèque.

Au Ventoux, dominateur des plaines radieuses, sillonnées de canaux, se rattache la chaîne de Vaucluse dont les collines s'abaissent vers les fraîches vallées de la Sorgue et du Calavon. Il est d'intéressants villages parmi ces hauteurs : Venasque qui donna son nom au Comtat Venaissin ; Velleron, où s'effrite le château gothique des Crillon ; Pernes, bourgade active et populeuse, aux portes fortifiées ; enfin, et surtout, Vaucluse, immortalisé par le séjour de Pétrarque, mais vraiment d'une beauté naturelle, agreste et fière, inexprimée dans les rimes précieuses du poète. Croyez-nous, allez-y pédestrement depuis le Thor, distingué par sa jolie église Sainte-Marie-au-Lac, et par les ruines du vieux château de Thougon, ou depuis l'Isle, bourg hospitalier, tous les deux enlacés par les eaux limpides, bleues, rapides, de la Sorgue, bienfaisante arroseuse de jardins embaumés, tourneuse infatigable de moulins et de machines.

L'Isle emprunte à la Sorgue son éclairage à la lumière électrique, ce qui ne l'empêche pas d'y pêcher des poissons, voire des truites et des écrevisses succulentes. Il lui doit aussi, certainement il doit à sa source, aux sites que les étrangers ne se lassent pas d'admirer, la richesse éblouissante de son église du xvii° siècle : jamais nous ne vîmes plus d'or et d'argent s'enlever en gloires célestes sur des lambris ornés de figures pieuses...

De l'Isle, deux lieues à peu près vous séparent du défilé de Vaucluse, deux lieues de plate campagne au bout des-

PORTE NOTRE-DAME A PERNES

quelles apparaissent des collines médiocres, mais singulières, roches stratifiées, blanches, de distance en distance affectant des aspects bizarres de tours rondes et penchées, de châteaux gothiques, de profils humains. Probablement elles servirent de modèles à ces paysagistes du xviii° siècle, dont les estampes si connues prêtent aux montagnes des figures de faunes hirsutes, de vieillards

    Dont le menton fleurit et dont le nez trognonne.

Ces roches calcaires s'élèvent de plus en plus, se dressent en murailles verticales, graduellement montent à 200 mètres, tout à coup se détournent et côtoient alors la rive droite de la Sorgue, bordée sur l'autre rive de roches semblables, fermant le vallon où naît la fontaine de Vaucluse

A l'entrée du merveilleux vallon, un paysage d'une beauté classique : au premier plan, une charmante église romane du xii° siècle ; à droite, une avenante hôtellerie festonnée de glycines; au second plan, un roc énorme, aux flancs larges, à la cime aiguë, chargé en bas des maisons vertes et roses de Vaucluse, en haut, des ruines

RUINES DU CHATEAU DE THOUZON, PRÈS DU THOR

gothiques du château de Philippe de Cabassol, évêque de Cavaillon, et qui plus est, devant la postérité, ami de Pétrarque.
. Longtemps vous retiendrait à le contempler ce tableau dessiné par la nature avec le talent d'Hubert Robert; mais on est pressé de saluer l'illustre Nymphe. La Sorgue vous trace le chemin, un chemin ravissant, en dépit des usines qu'elle fait mouvoir, car, hélas! le poétique vallon n'est pas une solitude! Transparentes,

vertes, d'un vert intense, chaud, impénétrable, ses ondes caressent des fucus, des mousses, du cresson, des herbes, des fleurs d'une luxuriance admirable. Elles franchissent, grondeuses, un barrage ; le vallon se resserre, des blocs de rochers veloutés de mousse et de lichen s'amoncellent dans son lit. Les hauteurs riveraines accusent des formes étranges, se modèlent en obélisques, en aiguilles, en pyramides, soudain se rejoignent, et c'est là, de leur sommet,

FONTAINE DE VAUCLUSE

que tombe en cascade la Sorgue. Elle vient de loin, l'ensorceleuse, des Alpes de la Drôme, du Ventoux, des avens insondables de Ferrassières, de Saint-Christol, où s'engouffrent les eaux de pluie qui cheminent et se clarifient dans les couches imperméables du terrain néocomien. Le spectacle de sa chute est beau, mais il est rare ; le plus souvent elle s'écoule sans bruit, par maintes fissures des roches basses. Sauf au temps des crues, la Nymphe de Vaucluse, en longue robe d'argent semée d'escarboucles, ne fait pas entendre sa voix sonore comme la foudre ; doucement elle jase en fontaine mélodieuse, sur un rythme digne du joli poète des *Rime*.

Pétrarque l'écouta pendant bien des années, ce murmure de la

Fontaine; il en a fixé l'harmonie dans ses vers, écrits ici même, dans une retraite ainsi dépeinte : « J'ai des jardins, et rien au monde ne leur ressemble. L'un est ombragé, propre à l'étude, consacré à Apollon ; il est en pente à la naissance de la Sorgue, terminé par des rochers inaccessibles ; l'autre est plus près de ma demeure, moins sauvage, agréable à Bacchus, au milieu d'un courant rapide, séparé par un petit pont d'une grotte voûtée, impénétrable aux rayons du soleil. »

PONT JULIEN A APT

Une auberge affiche la prétention d'avoir été la demeure du poète, son cabinet d'étude ; qui sait? Peut-être est-ce vrai, et ne fallait-il pas aux innombrables admirateurs du génie un asile où rêver quelques instants aux amours de Laure et de Pétrarque? On relira le sonnet charmant gravé ici même

> Lieti fiori e felici, e ben nate erbe,
> Che Madonna passando premer suole;
> Piaggia ch'ascolti sue dolci parole,
> E del bel piedé alcun vestigio serbe;
>
> Schietti arboscelli, e verdi frondi acerbe;
> Amorosette e pallide viole;
> Ombroso selve, ove percote il sole,
> Che vi fa co suoi raggi alte e superbe;
>
> O soave contrada, o puro fiume,
> Che bagni' l suo bel viso a gli occhi chiari,
> E prendi qualità del viso lume :
>
> Quanto v'invidio gli atti onesti e cari !
> Non fia in voi scoglio omai, che per costume
> D'arder con la mia fiamma non impari (1).

(1) Fleurs heureuses et joyeuses, prairies fortunées, — Depuis que ma Dame, passant, foule votre sol ; — Il me plaît que vous entendiez ses douces paroles, — Et de son pied charmant gardiez quelque trace;
Simples arbustes, rameaux verts et piquants; — Gentilles et pâles vio-

... Non par une route aisée, comme celle de l'Isle, mais par des sentiers de montagnes, on peut, de Vaucluse, aller visiter les restes de l'abbaye de Senanque fondée en 1148, dans un vallon sauvage, et Gordes dont l'Hôtel de Ville, ancien château de la Renaissance, bâti en 1541, garde une magnifique cheminée de 10 mètres de longueur. A une lieue de Gordes, près du pèlerinage fréquenté de Notre-Dame-des-Lumières, passe une petite ligne de chemin de fer dont le point terminus, Apt, mérite le voyage. On suit le cours du Calavon, entre la montagne de Lubéron et la chaîne de Vaucluse ; de loin se profile le pont construit par l'empereur Julien pour desservir l'antique capitale des Vulgientes, et le clocher d'une cathédrale, édifiée du xi° au xvii° siècle, annonce la petite ville moderne. On aimera cette église, marquée au goût somptueux de l'autorité cléricale et comblée d'objets rares. Tels : un sarcophage en marbre blanc des Pyrénées, tout orné de statues de l'époque gallo-romaine; un tableau où, sur fond d'or,

TOUR D'AIGUES

se détache, à la façon byzantine, un Saint-Jean-Baptiste revêtu du grand manteau de l'ordre de Saint-Jean-de-Jérusalem ; une chaîne, un reliquaire émaillés, œuvres de valeur précieuse et d'intérêt.

lettes ; — Ombreuses forêts que perce le soleil, — Dont les rayons vous font hautes et superbes;

O suave contrée, ô pure rivière — Qui baignas son beau visage, ses yeux splendides, — Et de les avoir vus pris un éclat singulier;

Combien je vous envie ces chastes et rares privautés! — Que du moins à présent tous les rochers de ce vallon, instruits par votre exemple, — Brûlent pour elle de ma flamme amoureuse.

… Apt commande une région abrupte de rochers, de sources, de grottes, la région montueuse du Lubéron, pays des hérétiques vaudois, que désolèrent au xvi° siècle les plus abominables persécutions. Du versant nord au versant sud de la chaîne de Cabrières, d'Aigues à Mérindol, vous retrouverez les cendres des vingt-trois villages impitoyablement incendiés par les troupes du vice-légat d'Avignon et de François I", tandis que l'on massacrait, étranglait, brûlait leurs habitants, sans distinction d'âge ni de sexe. C'est pourtant à cette époque de fanatisme atroce qu'un baron de Santal bâtissait, au village de la Tour-d'Aigues, un château vaste, pompeux et galant, dont les restes, dominés par une énorme tour carrée du xi° siècle, sont encore admirables. Des fossés, emplis par les eaux du lac de la Bombe, entourent ses murs, longs de 80 mètres et larges de 60 ; une majestueuse porte arquée y donne accès.

CHAPITRE IX

A TRAVERS LA PROVENCE

Forcalquier, les Mées, Perruys, Lure, Digne... oh! les grises, les mélancoliques petites villes! Des rocs sourcilleux les emplissent d'ombre et elles reflètent la tristesse des pays maigres en proie aux durs hivers. Eh quoi! est-ce la Provence, cela? Venus si vite des collines élégantes et des plaines jolies du Comtat, en sommes-nous déjà si loin? Oui, c'est la Provence, mais non la *Gueuse parfumée* des félibres, la terre de soleil et de joie chantée par Mistral. Regardez où nous sommes : partout à l'horizon, d'âpres montagnes aux sommets dénudés, aux flancs ravagés; entre elles coule à pleins bords la Durance, lente et limoneuse ; à gauche, vers l'ouest, s'enchaînent les hauteurs de Lure, auxquelles se rattache le sublime Ventoux; à droite, la Bléonne traîne son filet d'eau, parfois torrent désastreux, sur un lit de cailloux, entre des berges parsemées de débris arrachés aux montagnes. Et les yeux, nulle part, ne rencontrent un sourire de la nature; de rares plantations de mûriers parsèment des terrains bien exposés à la lumière ; par endroits, des chênes verts brunissent les cimes, des oliviers blondissent dans les enclos.

Et vite, devant nous, les villes passent sans presque nous laisser d'impressions. Digne, le pauvre chef-lieu des Basses-Alpes, groupé à la base d'un énorme cône de granit, nous montre sa vieille cathédrale qui prétend dater de Charlemagne et remonte seulement au xii° siècle ; Sisteron, ses roches stratifiées, si pittoresques, ses murailles, ses tours gothiques au milieu de ses promenades, et son étrange citadelle où fut prisonnier le prince de Pologne Casimir, frère du roi Wladislas; les Mées, son vieil aqueduc; Peyruis, les ruines de trois châteaux gothiques, et celles, aux environs, le long de la Durance, au midi, du prieuré des Bénédictins de Ganagobie, qui garde un bien élégant portail d'église ogivale, à dentelures mauresques... Lurs ensevelit dans son ombre les restes de la seigneuriale demeure des évêques de Sisteron ; c'est presque une solitude, traversée, animée chaque année par les nombreux pèlerins qui vont dévotieusement prier la Vierge Mère en sa haute chapelle de Notre-Dame-des-Anges, sanctuaire révéré par toute la Provence.

Forcalquier, bâti en amphithéâtre, n'a pas gardé le château d'où ses fameux vicomtes, au moyen âge, étendirent leur domination sur une vaste partie du Dauphiné et du Comtat; la résidence où le comte de Provence, Raymond Bérenger IV, suivi d'une brillante cour de gentilshommes, s'adonnait aux spirituels plaisirs du *guay saber*, tandis que ses quatre filles, quatre futures reines, étaient élevées dans le château voisin de Saint-Maxime (1). Mais c'est assez pour le renom de cette petite ville d'avoisiner un des sites extraordinaires des Alpes; à moins d'une lieue vers le nord, sur un plateau farouche s'élèvent, et, comme en bataille une armée de géants hydrocéphales, se rangent les fameux rochers, aux sommets énormes, appelés *Leis mourré*; soit, en réalité, des tables et des blocs d'un calcaire compact et rugueux, haussés sur des piliers de marne argileuse, que lentement les pluies corrodent et les vents amincissent, si bien qu'ils laisseront un jour choir leurs pesants fardeaux.

DIGNE

Reillanne, Céreste, ont des débris romains, comme Riez, *Colonia Julia Augusta Reiorum*, dont les magnifiques colonnes corinthiennes et la mystérieuse rotonde ou Panthéon exercent la sagacité des archéologues.

Ces beaux restes d'une civilisation disparue, surprenants et comme égarés au milieu de ces monts farouches, de ces plaines dévastées, prouvent que la région des Basses-Alpes fut jadis plus florissante. Alors, dans les vallées de l'Asse, du Verdon, de la Durance, de vastes forêts absorbaient les eaux des torrents qui les submergent, depuis qu'on a déboisé sans prévoyance, par une aveugle avidité. La guerre non plus ne les avait pas encore ruinées, mais depuis! Les expéditions d'Italie, au XVI° siècle, leur furent désastreuses et davantage l'atroce système de défense conçu et pra-

---

(1) L'aînée, Marguerite, épousa Louis IX, roi de France; la seconde, Henri III, roi d'Angleterre; la troisième, Jayme I⁺ʳ, roi d'Aragon; la quatrième, Béatrix, Charles d'Anjou, frère de saint Louis, qui devint roi de Naples.

tiqué par le connétable Anne de Montmorency, pour arrêter l'invasion des troupes de Charles-Quint. Michelet dépeint : « l'effroyable sacrifice de toute une province, cent villes ou villages brûlés et détruits, un peuple de paysans sans abri, sans instruments, sans nourriture et pas même de quoi semer? Ce fut le résultat de 1536... » Puis, les impitoyables luttes religieuses, les incursions du duc de Savoie sous Louis XIV, les affreux pillages des pandours en 1746... C'est trop pour un tel pays que d'avoir à combattre la nature et les hommes, et les dommages qu'il éprouve sont si longs à réparer qu'ils

DIGNE

semblent définitifs. Il y a cependant de beaux sites sur les bords du Verdon; on ne perdra point sa peine si l'on va tout doucement, résigné au train-train de la diligence, visiter, par des chemins pittoresques, la petite Castellane, au pied d'un roc formidable, Moustiers-Sainte-Marie, les thermes de Gréoulx et, surtout, son ancien château de Templiers...

Manosque est déjà une gentille ville de Provence, sentant bon l'olive et la figue; le soleil incendie ses larges promenades tracées à la base du Mont-d'Or et rafraîchies par la Durance. Bien qu'un tremblement de terre, en 1708, l'ait en partie bouleversé, il a du caractère encore, et ses portes de Soubeyran et de la Saulnerie ne manquent pas de style. Puget, le grand artiste provençal, sculpta le buste en argent de Gérard Yung, fondateur de l'ordre des Hospitaliers, que l'on voit à l'Hôtel de Ville. Ce Gérard Yung n'était pas sans doute un mince personnage, et l'on ne peut qu'admirer l'œuvre de Puget. Mais nous aurions voulu contempler aussi, dans la maison commune, un portrait de cette chaste fille du consul de Manosque, Antoine de Volland, laquelle, ayant attiré sur sa beauté les regards du vainqueur de Marignan, à son passage à Manosque, en 1516, se défigura pour échapper à l'amour du trop galant roi François Ier. Un tel accès de vertu, qui valut à la ville le surnom de Pudique, méritait bien un souvenir.

RIEZ

A partir de Manosque, la vallée de la Durance, très large entre les monts abaissés, les roches calcaires piquées de verdures sombres, offre de plus riants aspects. Sur le sol engraissé par les dépôts successifs, incessants, de la rivière chargée d'humus, le blé croît sans efforts, où il fait sec; et dans les parties basses, fréquemment arrosées, s'étendent des prairies, des pépinières, des vergers, des cultures de mûriers, de garance, de plantes potagères. Une contrée tout agricole n'est jamais sans agréables petites villes embellies au moyen des profits du marché, du superflu de sa richesse. Celle-ci a Peyrolles, Pertuis, Cadenet, Lambesc, La Roque-d'Autheron dont les églises sont intéressantes, sculptées, ornées de tableaux, de boiseries. Elle possédait abbayes et châteaux. A trois lieues de Pertuis, vers l'ouest, près du chemin de fer qui y stationne, Mirabeau fut la seigneurie des Riquetti, mais un édifice moderne remplace le manoir de ces glorieux. L'abbaye de Sylvacane, près de La Roque-d'Autheron, est devenue une ferme de la plus rare espèce, car elle occupe les bâtiments, claustraux du XVe siècle, un cloître, une salle capitulaire. Ansouis, aux alentours de Pertuis, garde la résidence somptueuse des Sabran.

Au midi de la Durance, ses minces affluents, presque des ruisseaux, souvent à sec, sillonnent la région de marnes blanches dont la grande ville est Aix, l'*Aquæ Sextiæ* latine, l'une des capitales de la Province Romaine et la métropole réelle, administrative, judiciaire de la Provence, jusqu'à la fin du xviii° siècle. Aix s'étale en plaine, au-dessus de la vallée de l'Arc; il s'adosse au chaînon d'Éguilles d'où l'on voit au loin s'estomper, fines et légères éminences, la montagne de Trévarès, le Grand-Sembuc, la montagne de Sainte-Victoire, la montagne du Cengle, de Rodegnas, l'Olympe, toutes à falaises et, par leur élégance, leur brune végétation, évoquant l'image radieuse de la Grèce.

Une avenue spacieuse de platanes séculaires peut donner au voyageur la plus favorable idée des splendeurs de la ville d'Aix, c'est le cours Mirabeau; il est décoré de trois fontaines qui s'efforcent en vain, durant l'été, d'y verser un peu de fraîcheur; l'une d'elles, il est vrai, débite de l'eau chaude. Mais on attendrait beaucoup mieux de la colossale fontaine de la Rotonde, ornée de statues allégoriques, de lions géminés et de figures d'enfants montés sur des cygnes. La troisième fontaine, plus modeste,

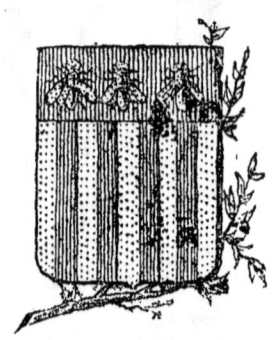

AIX

est surmontée d'une statue du roi René, ce prince légendaire de la Provence et de l'Anjou, David d'Angers *sculpsit*.

Exacte, tous les soirs, à contempler ces trompeuses, à contempler aussi les statues de Truphème figurant le *Commerce* et l'*Industrie*, ironiques images de réalités fuyant une ville à moitié morte, la foule descend de ses rues obscures pour y goûter les douceurs de la flânerie en plein air et les plaisirs de la vanité. Là, vous apparaît pour la première fois le Provençal chez lui. L'air « brave », la tête en arrière, le chapeau sur l'oreille, la physionomie mobile, narquoise, vive et curieuse; il marche avec l'allure et le train d'un capitan, le verbe haut, le geste assuré, et, fermant un œil, ouvrant l'autre, celui qui se trouve de votre côté, vous jette en passant un regard de commissaire-priseur qui vous scrute, vous évalue des pieds à la tête. En dépit de son allure conquérante, ce petit homme brun,

16

barbu, trapu, est le meilleur fils du monde et le plus séduisant : vous ne trouverez nulle part plus d'obligeance et de politesse qu'auprès de lui. Mais, s'il vous déplaît, observez les femmes, ou plutôt, admirez ces filles du soleil, où rayonne en tout son éclat la poésie sensuelle du Midi. Fleurs des races grecque et latine mélangées aux Celtes dans les âges lointains, la plupart avouent le bienfait de l'antique alliance par le riche incarnat de leur teint, couleur de pêche ou d'orange, leurs traits d'une incomparable finesse et d'une merveilleuse distinction. Brunes ou blondes, la peau rose ou ambrée, en plus d'une se reproduit le type romain de la Transtévérine, le fier profil des camées impériales ou la délicate correction de la Vénus athénienne.

De petites rues montueuses, étroites, tranquilles, se compose la ville d'Aix, ce Versailles de la Provence, dont elle a la saisissante mélancolie. Les beaux hôtels, dans ces rues, se touchent presque, tous de grand style, ornés de portiques, de pilastres aux chapiteaux corinthiens, de mascarons, de corniches soutenues par de triomphantes cariatides, tous célébrant par leurs grandes portes armoriées, ouvertes pour les carrosses, et leurs hautes fenêtres à claveaux sculptés, l'ancienne fortune parlementaire de la cité. Ces demeures, aujourd'hui trop grandes, semblent désertes ; comme dans le faubourg Saint-Germain de Paris, nul bruit de vie agissante ne s'en échappe : quelques-unes mêmes, portes béantes, façades tombantes, avouent qu'elles sont abandonnées. Dans l'un de ces nobles quartiers s'élève l'église de Saint-Jean-de-Malte que surmonte une flèche du XVe siècle ; elle a de beaux tableaux de Jouvenet et de Mignard et renferme le tombeau élevé naguère, car l'original fut détruit, à la mémoire d'Alphonse II, roi d'Aragon et comte de Provence, et de son fils Bérenger IV. Bien qu'en style troubadour, l'édicule est assez joli et une inscription gravée en lettres d'or exprime singulièrement le long amour de la province pour ses anciens maîtres et ses regrets d'un passé poétique et chevaleresque :

PERPETUÆ MEMORIÆ ALPHONSI II EJUSQUE FILII
RAYMONDI BERANGARII IV INCLYTORUM PROVINCIÆ COMITUM
QUORUM PRÆSIDIO ET DEPOSITIIS TANDEM ARMA
CIVILIBUS FESTIVA EQUITUM NOBILIUMQUE CERTAMINA
POETARUMQUE FACTA CONCERTATIONES POPULORUM,
ANIMOS GRATO ÆMULATIONE OCCUPAVERUNT.

Les bâtiments de la Commanderie, dont Saint-Jean était l'église,

CATHÉDRALE D'AIX

abritent les collections archéologiques et les tableaux qui forment le petit musée de la ville.

Une grande et large rue rassemble, au centre de la ville, les édifices particulièrement remarquables : la vaste cathédrale de Saint-Sauveur, construite du ix° au xv° siècle, diverse, bizarre, mais offrant de belles parties : un portail daté de 1476, dont les statues expriment avec beaucoup d'énergie les caractères tranchés du type provençal ; une nef imposante, de magnifiques tapisseries d'Arras déroulant l'histoire de Jésus-Christ; un tryptique de Van der Meer, *le Buisson ardent*; un tableau de Finsonius de Bruges ; à l'entrée, huit colonnes monolithes de marbre antique et de granit entourent le baptistère ; on dit qu'elles proviennent d'un temple du Soleil.

L'Hôtel de Ville, auquel se rattache, par une haute arcade, un beffroi du xvi° siècle, est l'un des grands hôtels d'autrefois ; la statue du maréchal de Villars, costumé en *Imperator* et proclamé invincible, en décore l'escalier d'honneur; dans une des salles est installée la bibliothèque Méjeanes composée de cent vingt mille volumes et manuscrits, léguée par le marquis de Méjeanes, dont le buste par Houdon accompagne ceux de Vauvenargues, de Péresc, de Tournefort, d'Adanson par Ramus, illustres enfants de la ville. Un autre hôtel superbe, celui des Thomassin-Saint-Paul, est occupé par l'Université, les neuf bureaux de l'Académie et des Facultés des lettres et ceux de la Faculté de droit, Aix, patrie des Portalis, des Siméon, n'ayant jamais cessé d'être une ville de légistes consacrée à l'étude des lois.

Comme si elle avait pris à tâche de justifier son nom, Aix est semée de fontaines plus ou moins abondantes : fontaine Mignet, surmontée du buste de l'historien ; fontaine de Saint-Louis, avec le buste de Louis IX ; fontaine des Prêcheurs, ornée d'une pyramide portant un aigle aux ailes éployées ; fontaine du Consul ; et toutes ces fontaines offrent tant d'inscriptions développées en beau latin qu'il semble à l'étranger que c'est la langue naturelle du pays. Si l'on ne parle pas latin en Provence, du moins on y parle le dialecte qui s'en rapproche le plus, après l'italien, le sonore et flexible provençal. Et vraiment cet idiome, si énergique dans la bouche des hommes, si gracieux sur les lèvres des femmes, sied à ce pays de soleil, beau comme la terre romaine.

Voyez, vers l'orient ou l'occident, s'enchaîner ses collines embroussaillées d'arbres verts, presque noirs, avivant leur blancheur mate ;

elles se profilent sur l'azur ardent de l'horizon en contours d'une vigueur et d'une pureté ravissantes ; à leurs flancs s'accrochent des verdures plus tendres, les arbrisseaux ténus de l'Orient, des plants d'oliviers couleur de cendre, des bouquets de chênes verts et d'yeuses, des sycomores, et ces végétations, mêlées aux figuiers, descendent en des vallons fertiles. D'une harmonie grave et douce, les paysages ont le charme particulier de la nature antique, comme elle nous apparaît dans les vers de Virgile et dans les tableaux du Poussin. Les muses de Sicile auraient pu, s'y trompant, les choisir pour théâtre de leurs idylles. Les bergers dont, çà et là, les chèvres grimpent les rochers et broutent le cytise, ressemblent aux pâtres du Latium. Pourquoi n'entendons-nous pas résonner la flûte de Pan dans ces bocages? Les divinités agrestes ne se cachent-elles pas dans ces grottes? Et l'une d'elles, si Thyrsis et Corydon se disputaient le prix du chant, ne viendrait-elle pas les écouter et couronner le vainqueur? Lycidas, Mœris, Mœlibée, Tityre, n'était-ce pas ici votre Mantoue? Si ce n'est vous, ce sont vos fils ou vos frères dont les félibres racontent les amours, les combats et les joies champêtres.

Dans ce tableau, où les créations du génie latin sont si bien à leur place, qu'on n'en peut concevoir d'autres, les rudes édifices du moyen âge détonnent un peu, font comme une tache : ainsi, non loin du vallon de Cholonet, comparable aux plus gracieux de la Thessalie, le château de Vauvenargues flanqué des grosses tours du xiv° siècle. Mais la demeure féodale repose sur les bases d'un castellum romain, et l'illustre marquis de Vauvenargues, le stoïque gentilhomme, le philosophe humain dont les pensées, les jugements, unissent la douceur persuasive à la gravité profonde, n'est-il pas de la race des Cicéron et des Marc-Aurèle?

A Roquefavour, dans la vallée de l'Arc, l'œuvre de l'homme et l'œuvre de la nature se font mutuellement valoir, et rien n'altère la pureté des lignes amples et sévères d'un site grandiose. Comparable au pont du Gard, qui lui servit de modèle, un aqueduc construit de 1842 à 1846, par l'ingénieur de Montrichier, pour amener les eaux de la Durance dans le canal de Marseille, découpe sur l'horizon trois rangs d'arcades à plein cintre reliant entre elles, sur 400 mètres de longueur, deux collines escarpées. Il existe ailleurs des ouvrages aussi hardis, aussi parfaits, mais ils produisent rarement l'effet majestueux que donne à celui de Roquefavour une vibrante et lumineuse atmosphère.

Par la vallée de l'Arc, le chemin de fer vous conduit aux bords de l'étang de Berre, vaste petite mer intérieure créée par l'autre, l'immense Méditerranée, aux temps préhistoriques. Des vapeurs et des voiliers naviguent sur les eaux saumâtres de cet étang, dont la circonférence n'a pas moins de 72 kilomètres et la superficie de 15 000 hectares. Ils font le cabotage et la pêche pour les petites villes, les calanques établies sur le littoral : Rognac, Berre, Saint-Chamas, Istres, Saint-Mitre, les Martigues ; ils desservent plusieurs salines et se chargent aussi, au temps des récoltes, des amandes, des olives, des figues et des raisins croissant près du rivage, sur les collines arrondies.

Nous reverrons l'étang de Berre ; le train nous mène ailleurs, dans la plaine étrange de la Crau, parsemée encore aux deux tiers des cailloux du déluge gaulois lancés du ciel par Hercule, ou plutôt, car la science abolit la légende, jonchée des galets apportés par la Durance et par le Rhône. Cependant, de toutes parts, des canaux sillonnent cette plaine, si longtemps inculte que des troupeaux seuls y trouvaient quelque pâture : canal d'Istres, canal de Craponne (celui-ci construit au xvie siècle par Adam de Craponne), canal des Alpines, canal d'Arles, canal de Langlade, tous irriguant des limons fertiles, colmatant, engraissant le sol rebelle, et bientôt elle se métamorphose, la Crau ! De splendides moissons y mûrissent au soleil.

Il y a de jolies petites villes très anciennes et des villages curieux dans la Crau, et tout à côté, dans les Paluds et les Alpines. Salon, Eyguières, le pittoresque Lamanou, Alleins, Malemort, arrosés par les canaux de Craponne et les Alpines ; Pélissanne, Orgon, Cavaillon, sur la fertile Durance ; Verquières, Eygalières, Saint-Remy, renfermant des ruines gallo-romaines. Cavaillon, populeuse, florissante et noire cité, enrichie par l'industrie et surtout par l'agriculture, est, avec Carpentras, le grand marché de la région, le grand pourvoyeur, au printemps, des halles parisiennes en primeurs, fruits et légumes. De nombreux canaux d'irrigation favorisent ses cultures maraîchères. Nullement dénuée d'œuvres artistiques, il se pare d'une porte triomphale gallo-romaine, de l'ermitage roman établi au sommet de la colline Saint-Jean dont il occupe la base, et de sa cathédrale Saint-Véran, œuvre de la fin du ix° siècle, déparée par les architectes modernes, tout de même luxueuse et plaisante, avec ses beaux tableaux de Mignard et de Parrocel, ses boiseries peintes et dorées, son cloître du xi° siècle...

Mais il faut voir Saint-Remy et Salon. En celui-ci, l'église de Saint-Laurent, collégiale du xiv° siècle, gardant le tombeau du bizarre prophète des *Centuries*, Michel de Nostradamus, de son vivant chanoine de Notre-Dame; en celui-là, les superbes monuments de Glanum, l'antique cité florissante, détruite par les Visigoths à la fin du v° siècle

Ces monuments s'élèvent, isolés, sur un plateau ardu ; l'un, arc de triomphe privé de son attique et dont les bas-reliefs sont mutilés ; l'autre, mausolée gigantesque et du plus charmant dessin. Celui-ci, beaucoup plus rare que l'autre et mieux conservé, présente un socle carré ayant 6^m,50 sur chaque face. Ce socle porte un premier étage décoré de bas-reliefs figurant à grands traits frustes des scènes de combats prises entre des pilastres et des guirlandes festonnées. Le deuxième étage, percé d'arcades, est orné de chapiteaux feuillus et de frises délicates, et porte, sur un riche entablement, un lanternon dont la coupole laminée repose sur dix colonnes corinthiennes. On soupçonne l'origine de ces beaux édifices ; selon certains archéologues, l'arc de triomphe célébrerait la victoire de Jules César sur Vercingétorix, et le consul romain aurait consacré le mausolée à la mémoire de son oncle Caïus Marius. Simples conjectures. Quoi qu'il en soit, ils sont l'orgueil des Paluds et des Alpines, où ils maintiennent la juste admiration et le culte intelligent du passé. Ne leur devez-vous pas, poète de Maillanne,

    Umble escoulan doù grand Oumero,

bon Mistral, un peu de votre génie? Nous sommes ici chez vous, et ces belles pierres se dressent au seuil de vos épopées rustiques. Il nous suffira de franchir les élégants sommets des Alpines pour trouver le superbe rocher des Baux et le Paradon, et Maussane, et Mouriès, villages aux noms harmonieux où vécurent vos héros. Nous verrons le mas de micocouliers, le clos d'amigdalines de maître

Ambroise; la « tant poulido Mireio », la belle Mireille, viendra s'asseoir sur le banc hospitalier de l' « Oustau », à côté de Vincent, le fils du vannier, et, de nouveau, le séduira par sa grâce ingénue. Qui pourrait lui résister ?

> Lou gai soulèu l'avié s pelido
> E nouveleto y afrescoulido
> Sa caro a flour de goulo avié doux pichot trau (1).

Nous irons avec eux en pèlerinage aux Saintes, nous assisterons à la *ferrade* des taureaux de la Camargue, nous les suivrons dans leurs amours; et nous verrons aussi, avec votre Calendau, la fête du Soleil, si joliment décrite :

> Erian au tèms de la Soulenco
> Pertout la joio meissounenco,
> Li carreto ramado, emè de Sant Aloi
> Li bandeiroun vougant à l'aire;
> Pertout li voù farandoulaire,
> Pertout, sus li roussin amblaire
> E flouca de plumet, lis amourous galoi
> Menant sis amouroso, en groupo... (2).

Incomparable à la morte *Glanum*, mais comme elle entièrement en ruines, les Baux, sur un roc déchiré des Alpines, révèle le moyen âge, comme sa voisine l'antiquité. Il n'y a plus que trois cents et quelques âmes dans ce hameau dont la puissante famille des Porcelets fit une des premières cités fortes de la Provence, et, par les exploits, la fortune et les alliances de ses maîtres, l'égale des grands États féodaux. La maison des Baux, Bertrand de Baux ayant épousé la princesse Tiburge d'Orange, régna sur cette ville romaine, donna des papes à la chrétienté, des gouverneurs au Languedoc, compta parmi les hauts vassaux de Louis XI, les lieutenants chevaleresques de François Ier et, quand la branche directe disparut, se perpétua dans les Nassau, les stathouders de Hollande, les rois d'Angleterre. De

---

(1) Le gai soleil l'avait éclose, — Et fraîche autant qu'ingénue, — Sa chair à fleur de joue avait deux fossettes.

(2) C'était la fête du soleil; — Partout la joie de la moisson — Et les charrettes enfeuillées, et voltigeant à l'air, — Les fanions de saint Éloi ; — Partout l'essai des farandoles; — Partout, sur les roussins ambulants — Et empanachés de plumes, les gaillards amoureux — Menant en croupe leurs amantes.

magnifiques débris témoignent de sa grandeur : un vaste château effondré, démantelé par l'artillerie de Richelieu et dont le temps sculpta la pierre friable de la manière la plus fantastique ; un édifice appelé palais des Porcelets, occupé par les sœurs; des stèles, des remparts et des maisons paysannes, surprenantes avec leurs façades blanches, ouvragées du xv° au xvi° siècle.

Finie cette excursion au pays du grand félibre, que le train nous

ARC DE TRIOMPHE DE SAINT-REMY

ramène au Rhône ! Là, Tarascon, tranquille, blanche et poudreuse, fait vis-à-vis à la remuante Beaucaire, et l'on dirait que l'on gagne dans celle-ci les petites rentes que l'on grignote dans celle-là. Et voici que nous apparaissent les héros familiers d'un autre poète charmeur, fils du Soleil, qui sut traduire en langue française les grâces piquantes du Provençal. Tartarin, devant sa porte, humant le frais, nous regarde passer ; Bézuquet nous observe de sa pharmacie ; le terrible commandant Bravida, « ancien capitaine d'habillement », se demande si nous ne sommes pas un lecteur de cet abominable Alphonse Daudet qui l'osa railler, brrrr !!! Et quelque émule du petit Pascalou, sans emploi pour le moment, sollicite l'honneur de porter nos bagages... Le pauvre! Son insistance nous touche; qu'il nous indique le chemin du château, de Sainte-Marthe et de la Tarasque, ces hautes curiosités de la ville? Il y consent. Nous y sommes.

Bâti sur un roc à pic, le château de Tarascon dresse au bord du fleuve un lourd bâtiment carré du xv° siècle, percé de fenêtres arquées dans le style Tudor et couronné de mâchicoulis. Des fossés l'entourent ; il s'ouvre du côté de la ville, et l'on y arrive par un pont-levis aboutissant à une longue voûte où sont sculptées les armes des comtes de Provence. Nous voudrions bien y entrer, voir de très belles salles aux plafonds de solives peintes et une petite pièce dont les murs, nous dit-on, sont ornés de dessins gravés dans la pierre représentant toutes les formes de navires usités du xv° au xvi° siècle, et des châteaux. Désirs superflus! Ce n'est pas pour rire que les fenêtres du château fort sont munies de grilles épaisses; la résidence du roi René est une prison, inaccessible à quiconque, sauf aux malfaiteurs.

Jadis armé en guerre, le château de Tarascon regardait bien en face le château carré de *Belli Quadrum*, *Bel-Caïré*, Beaucaire, autour duquel se forma la fameuse ville. Ils se menaçaient, se provoquaient, se combattaient, comme Semlin et Belgrade aux bords du Danube, quand ils ne s'alliaient pas contre l'ennemi commun. Aujourd'hui, on va fort innocemment de l'un à l'autre de ces vieux ennemis par un pont suspendu de cinq travées et, du milieu du fleuve, très large, enlaçant dans ses eaux troubles des langues de sable couvertes de roseaux et d'osiers, on distingue fort bien le donjon triangulaire à plate-forme dentelée, les remparts et la chapelle romane de la forteresse. Elle domine toute la petite ville, son réseau de rues étroites aux vieilles maisons, aux tours séculaires, ses églises, son Hôtel de Ville bâti sous Louis XIV, son gentil édifice gothique de la Croix-Couverte, et le port actif, établi sur les quais d'un canal spacieux. Elle domine aussi la promenade du Pré, dont les ormeaux et les platanes abritent au mois de juillet les marchands d'alentour, venus pour prendre part à la foire célèbre établie par les comtes de Toulouse au xii° siècle. Extraordinaire alors était cette foire de Beaucaire, où plus de trois cent mille étrangers plantaient tentes et baraques, si extraordinaire, riche et productive, qu'elle produisait à la ville un revenu toujours envié, cause de guerres sanglantes, de sièges mémo-

LES BAUX

rables, comme ceux de 1216, de 1413.. Il n'en existe plus que l'ombre, mais le marché des cuirs y est toujours important.

Et Tarascon ? Et Sainte-Marthe, la Tarasque ? Sainte-Marthe à un bien joli portail soutenu par des colonnes de marbre aux beaux chapiteaux. Elle possède le tombeau Renaissance d'un gouverneur de Provence pour le roi René et des tableaux de Carle Van Loo, de Parrocel, d'Annibal Carrache, des Mignard, et plusieurs toiles de Vien célébrant la vie de la patronnesse du lieu qui dompta la Tarasque. Ce miracle est représenté dans l'église Saint-Jacques. Suivant une estampe populaire, la Tarasque était un monstre à figure humaine, aussi féroce et redoutable que l'hydre de Lerne : son corps se cuirassait d'écailles plus dures que diamants, une énorme arête en

TARASCON

dents de scie formait son échine, il marchait sur de courtes jambes aux pieds griffus. Que symbolisait-il ? Un mal matériel ou moral ? La peste ou l'hérésie ? Tant il est que sainte Marthe parvint à l'enchaîner, à la grande joie des Tarasconais qui, tous les ans, commémorent leur délivrance par une plaisante procession où figure le monstre, lequel est ensuite consumé par un feu de joie, aux sons de la musique, aux bruits des chants, tandis que se déroule la farandole.

Des inséparables Tarascon et Beaucaire à la ville d'Arles, deux à trois lieues s'étendent, deux à trois lieues de plaines encadrées par les silhouettes légères des Cévennes et des Alpines. Des canaux d'irrigation de tous les côtés traversent ces plaines grises, clairsemées de *mas*, métairies ou villas entourées de cultures symétriques que protègent contre le mistral des haies en roseaux serrés ou des charmilles ; tranchant sur l'uniformité plate des cultures, le pâle feuillage des oliviers, les brunes pyramides des cyprès, les peupliers et les pins de port majestueux, font çà et là, sur un horizon de lumière, de grandes ombres.

Arles !... De loin nous l'avons aperçue. Le môle colossal des Arènes dépassait le niveau des maisons entassées sur des ruines illustres, et notre cœur, agité par l'histoire et par la poésie, a battu d'émotion. Nos lèvres murmurent les vers de Mistral :

>. . . . . . Se sabias la grando vilo qu'es
> Arle! Talamen s'estalouiro .
> Que, d'où grand Rose que revouiro,
> N'en tèn li sèt escampadouiro !

>. . . . . . Arle, dins rèn qu'un estivage
> Meissouno proun le blad, pèr se nourri, se voù
> Sèt an de-filo. . . . . . .
>. . . . . lou cèu,
> O drudo terro d'Arle, douno
> La bèuta puro à ti chatouno,
> Coume li rasin à l'autouno,
> De sentour i mountagno e d'aleto a l'aucèu (1).

Et les étonnantes phrases de l'édit rendu le 23 mai 418 par l'empereur Honorius pour fixer en Arles le siège des députés de toutes les provinces des Gaules, nous reviennent à l'esprit : « L'heureuse assiette de la ville d'Arles la rend le lieu d'un si grand abord et d'un commerce si florissant qu'il n'y a point d'autre ville où l'on trouve plus aisément à vendre, à acheter et à échanger le produit de toutes les contrées de la terre... On y trouve encore à la fois les trésors de l'Orient, les parfums de l'Arabie, les délicatesses de l'Assyrie, les denrées de l'Afrique, les nobles animaux que l'Espagne élève et les armes qui se fabriquent dans les Gaules. Arles est enfin le lieu que la mer Méditerranée et le Rhône semblent avoir choisi pour y réunir

---

(1) ... Si vous saviez la grande ville que c'est, — Arles! si loin elle s'étend — Que, du grand Rhône plantureux — Elle tient les sept embouchures !... — ... Arles en un seul été — Moissonne assez de blé pour se nourrir, si elle veut, — Sept ans de suite,...

... Le ciel, — ô féconde terre d'Arles! donne — Sa beauté pure à tes filles, — Comme les raisins à l'automne, — Des senteurs aux montagnes et des ailes à l'oiseau.

leurs eaux et pour en faire le rendez-vous de toutes les nations habitant sur les côtes et sur les rives qu'elles baignent. »

Ainsi les navires, faits pour la mer, apportaient dans cette ville les marchandises du monde entier, et la florissante agriculture se joignait au commerce universel pour enrichir *Gallula Roma*, « la petite Rome des Gaules ». Au premier rang des cités de l'empire décadent, elle en devint l'une des capitales avec Constantin. L'heureux vainqueur de Maxence y résida dans un vaste palais tout de marbre et d'or, d'où son fils, Constantin le Jeune, gouverna l'Occident. Constantin III, Honorius, Avitius y régnèrent ensuite. Arles,

PONT RELIANT BEAUCAIRE A TARASCON

à cette époque, resplendit de toute la pompe des cours où la minutieuse étiquette asiatique multipliait autour du trône sacré les fonctions et les costumes pour un perpétuel cérémonial. Il regorgea d'*inclytes*, de sérénissimes, d'illustrissimes ; il abrita des guerriers et des prêtres de toutes les nations ; il vit les barbares aux longs cheveux, vêtus de sayons de chèvre, apporter au pied de l'empereur les plaintes ou les ordres farouches des hordes contenues à grand'peine par les légions, dans les limites de la Belgique et de la Séquanie. Les plus éloquents rhéteurs plaidaient sous les portiques de son forum ; un poète comme Sidoine Appollinaire y entendit déclamer en vers quintessenciés les louanges des Césars. Des conciles y furent tenus : l'an 314, une de ces assemblées condamna solennellement la secte des donatistes. Il eut cent mille habitants, peut-être davantage. Les édifices affectés aux plaisirs étaient d'une grandeur et d'un luxe inouïs. Souvent, des fêtes ordonnées par l'empereur les remplissaient d'un peuple immense, exhubérant d'enthousiasme. De solides remparts, construits avec une science militaire encore remarquable, en assuraient l'existence et la prospérité. Et, certes, si l'on eût dit, l'an 405 du Christ, à quelque descendant des Cœnobrigiens, à quelque citoyen de *Arelata Constantina*, que sa ville n'était pas immortelle et qu'un jour viendrait où les curieux en exhume-

BEAUCAIRE

raient de rares débris, enfouis pendant quatorze siècles sous des huttes, il aurait traité de *stultus* et de *demens* l'insolent visionnaire !

Et pourtant ! Les murailles d'*Arelata* n'empêchèrent point d'y entrer les Visigoths d'Euric et de Gésalric, les Ostrogoths de Théodoric, les Francs des Mérovingiens. Ces avides barbares pillèrent sans doute les richesses accumulées par les empereurs ; ils ne furent pas non plus respectueux des œuvres du génie latin, étrangères à leur race. Ils commencèrent la ruine de la brillante cité et le zèle farouche de l'Église nouvelle la consomma. Hilaire, archevêque d'Arles, et son disciple, le diacre Cyrille, prêchant la destruction des temples païens où l'on adorait les idoles, de l'amphithéâtre où les premiers chrétiens étaient exposés aux bêtes, du théâtre où les mimes représentaient des dieux, entraînèrent facilement la foule ardente et mobile : sous ses coups tout s'écroula. Les décombres montèrent à d'incroyables hauteurs, la terre les recouvrit, on les oublia, et sur elles on bâtit peu à peu la ville célèbre du moyen âge. Car, nullement abandonnée, Arles eut encore des jours de gloire insigne ; elle fut la capitale semi-barbare de Boson, roi de Bourgogne cisjurane, et de Rodolphe Welf qui réunit les deux Bourgognes, cisjurane et transjurane, dans un éphémère royaume d'Arles ; celle aussi du sinistre

ARLES

Rathbert, fils de Rodolphe et petit-fils de Charles,
Qui se dit empereur et qui n'est que roi d'Arles.

représenté par le poète, dans la *Légende des siècles*, au milieu d'une cour de bandits titrés, et tenant son conseil au palais d'Ancône :

Vêtu de son habit de patrice romain
Et la lance du grand saint Maurice à la main.

Échappée à la domination humiliante de ces princes de hasard, et capable par sa fortune de résister aux convoitises féodales, Arles devint une ville libre, gouvernée comme les républiques italiennes, dont elle fut l'égale et l'alliée, par des consuls et des podestats. Et l'on se demande pourquoi la puissante république d'Arles ne songea point à tirer de l'ombre les splendeurs ensevelies de *Constantina*. C'eût été pour ses libres institutions un beau décor que le Forum romain ! Et le cadre des Arènes eût singulièrement rehaussé la majesté des assemblées du peuple !

Arles !... Le train s'est arrêté au seuil de la ville ; hâtez-vous d'oublier ces souvenirs de grandeur, ou préparez-vous à la plus étrange désillusion. Dès vos premiers pas dans une allée de trembles, vos yeux découvrent la ruine, d'abord féodale. Deux tours rondes, énormes, écimées, commandent l'entrée d'un carrefour marqué par une fontaine que décore une peinture en céramique de Paul Balze, surmontée d'un lion en bronze — le *Lion d'Arles* — de Caïn, le tout à l'honneur de *Amadeou Pichot, decor litteratorum*, fils de la poétique cité. On lit sous le buste du fondateur de la *Revue britannique* le quatrain provençal :

> Siéu Arlaten, vous dise, e noun pas un arlèri :
> Escoulan eisila, quant de fes à Paris,
> Ai pensa tout en plour, n'en lasiéu pas mistèri,
> I campas ounte anave, enfant, gasta de nis (1).

Dépassez ce carrefour ; pénétrez, sans choisir entre elles, dans un écheveau extraordinaire de rues étroites, longues, crochues, rabo-

ENTRÉE D'ARLES

teuses, pareilles aux sentiers tournoyants et compliqués d'un labyrinthe, et comme eux susceptibles de vous ramener malicieusement sans cesse à la même place. Si vous vous égarez, quelque bonne âme charitable, peut-être une belle fille issue des Hellènes, vous remettra le fil d'Ariane, et les monuments restés debout s'offriront d'eux-mêmes à votre curiosité.

Les Arènes, situées à peu près au centre de la ville, sont inévitables. Elles forment un ovale allongé, colossal, dont l'axe a 140 mètres de longueur et dont la plus grande largeur est de

(1) « Je suis Arlésien, vous dis-je, et non pas un infatué (*arlèri*, par dérision, arlésien): que de fois à Paris, écolier, exilé, pensai-je tout en pleurs, je n'en fis pas mystère, aux champs où j'allais enfant détruire des nids... »

103 mètres, et présentent deux étages de portiques aux colonnes arrondies, sans chapiteaux ni frises sculptées. Chaque rang de portiques comprend soixante arcades cintrées d'inégale largeur; à l'édifice s'appuient quatre tours carrées, bâties par les Sarrasins au viiiᵉ siècle, pour défendre l'accès d'une formidable citadelle. Au dedans, quarante-trois rangs de gradins en pierre pouvaient contenir vingt-cinq mille spectateurs ; beaucoup sont rompus, mais le dessin général subsiste On parcourt les couloirs où la foule se répandait,

ARÈNES D'ARLES

les vomitoires pratiqués pour les sorties ; on distingue les sièges de l'empereur et des vestales; des loges aveugles, réservées aux prêtresses, s'ouvrent encore en maints endroits pleins d'ombre discrète.

Assez près des Arènes, le théâtre d'Auguste, construit, selon l'archéologue, dans les mêmes proportions que celui d'Orange, n'a laissé que des vestiges, quelques rangs de gradins circulaires réservés aux spectateurs, un orchestre pavé de marbre, une porte latérale, cinq arcades et deux colonnes corinthiennes dont les mgnifiques chapiteaux supportent un débris d'archivolte. Ces colonnes, longtemps enterrées tout debout dans les décombres, indiquent le *proscenium*; l'acteur en vedette passait entre elles pour saluer le public avant d'entrer en scène. L'orchestre est jonché de sculptures

A TRAVERS LA PROVENCE

remarquables, fragments de statues mutilées, de bas-reliefs, de fûts

ARLES — THÉATRE ROMAIN

de colonnes, de frises, mais les trésors décelés par les fouilles sont épars au musée du Louvre et dans les musées étrangers. On ne connaît, pour les avoir admirés à Paris, la *Vénus d'Arles*, le *Bacchus*, le *Silène*, le *Satyre Marsyas vaincu et supplicié sous les yeux d'Apollon*, chefs-d'œuvre en marbre pentélique, empreints de la pure beauté athénienne ? On voit à différentes places les trous où l'on engageait les poteaux destinés à soutenir le *velarium*.

Un jardin protège de ses grilles et de ses ombrages le théâtre antique, exposé pendant tant de siècles aux profanations d'un peuple oublieux de son passé. Aujourd'hui encore, combien peu d'Arlésiens, attentifs à la voix des historiens et des poètes, ont l'orgueil de leurs ruines ! Mais elles attirent les étrangers, grâce auxquels les deux hôtels de la place du Forum, jadis place des Hommes, chôment rarement.

Des portiques du Forum subsistent deux colonnes d'ordre corinthien, engagées dans la façade de l'un des hôtels. Les monuments superbes qui s'élevaient sur ce point de la ville sont enfouis au niveau des caves ; il faut descendre dans des souterrains pour constater l'ampleur et la beauté de leurs fondations. « Tout ce qui avoisinait le Forum, écrit un Arlésien, était monumental et magnifique. C'étaient le palais impérial (*Aula Trollæ*), avec sa façade de marbre et ses fontaines jaillissantes ; les deux temples d'Auguste et de Minerve, le théâtre, le palais du Prétoire et les Thermes... » Le palais de la Trouille s'étendait du Forum aux bords du Rhône ; c'est là qu'on en retrouve les restes : un hémicycle fenestré de pierres et de briques cimentées et des remparts solidement dressés contre les quais. Les temples ont disparu ou sont transformés. Notre-Dame-la-Major, indifférente église où l'on garde quelques reliques de saint Césaire, appelées *Pontificalia*, remplace celui de Vesta. Le Prétoire s'est changé en basilique de Saint-Trophime. Le musée conserve quelques fragments d'un aqueduc qui, traversant le fleuve, amenait dans la ville des eaux puisées aux sources des Alpines.

Telle est la malheureuse *Aurelata Constantina*, réduite en poussière, à l'exception de quelques morceaux dont le temps et le vandalisme n'ont pu avoir entièrement raison. On voit devant l'Hôtel de Ville s'élever un obélisque en granit gris, d'un genre unique en Europe et comparable seulement à ceux de l'Égypte. Il a 16 mètres de hauteur, les angles de sa base reposent sur quatre lions de bronze :

c'était la *media-spina* d'un cirque immense, effacé. Voulez-vous vous pénétrer des plus mélancoliques regrets ? Visitez le Musée lapidaire, installé dans l'ancienne église Sainte-Anne et comblé de chefs-d'œuvre mutilés, admirables encore de pureté, de grâce et même de sentiment. Ce sont des frises aux luxuriantes fioritures, des masques tragiques ou burlesques, des sirènes penchées pour verser en des vasques de marbre le vin des réjouissances publiques : un autel de Mithra, des stèles, des autels votifs dédiés à des êtres chéris ; des bas-reliefs funéraires d'un art achevé. Et si vos yeux lisent

ABBAYE DE MONTMAJOUR, PRÈS D'ARLES

quelque part les louanges, délicates et justes, décernées par un père éploré à la beauté, à la distinction d'esprit de sa fille unique, et, dans maintes formes, bustes ou statuettes, s'ils évoquent cette figure de jeune Gallo-Romaine sitôt enlevée à l'amour des siens, peut-être se mouilleront-ils de larmes involontaires !...

A côté de ces débris charmants, gisent des vestiges d'édifices chrétiens. La comparaison leur est fâcheuse. Quelle rude naïveté dans leurs dessins, leurs sculptures ! Quelle lourdeur de traits ! Quelle maladresse d'invention ! Et, pour un peu de caractère inspiré par une foi barbare, quelle faiblesse de génie et de talent ! On mesure ainsi d'un coup d'œil le dommage infligé à la civilisation par la chute brutale du paganisme.

Le plus curieux monument de l'art chrétien se trouve en face de ce musée splendide, c'est l'église autrefois primatiale de Saint-Trophime, consacrée en 606 par saint Virgile et reconstruite au xii° siècle. A cette époque remonte le grand portail dont l'architecture unit le style roman au style ogival. Dans un fronton piqué de consoles s'inscrit une ample arcade cintrée aux voussures sculptées. Au milieu du tympan siège la roide figure du Sauveur, entourée des emblèmes des quatre évangélistes. Des scènes du Jugement dernier e déroulent dans la frise; la légende de saint Étienne orne les entre-colonnements; ces sculptures minutieuses sont du caractère le plus expressif. L'intérieur contient les mausolées de saint Trophime et de l'archevêque Gaspard de Laurens, de moindres sépultures, un sarcophage du iv° siècle, des tableaux de prix, entre autres une superbe peinture du xv° siècle représentant un concile provincial, présidé par saint Césaire, et jugeant un évêque de Riez, accusé de simonie. Le trésor possède des objets d'art : un oliphant du xi° siècle, une cassette du xv° siècle.

A Saint-Trophime se rattache un cloître élevé à diverses époques, mêlant le cintre à l'ogive, la courbe byzantine au trèfle sarrasinois. De charmantes sculptures, très variées, s'épanouissent aux chapiteaux de marbre et l'ensemble est un résumé parfait de l'histoire de l'art religieux du x° au xv° siècle.

Entre Saint-Trophime et le Musée, le moyen âge et l'antiquité, l'Hôtel de Ville représente le xvii° siècle; c'est un noble édifice bâti sur les plans, corrigés par Mansart, d'un architecte arlésien, Jacques Peytret. Il encastre une tour du xvi° siècle surmontée d'une coupole servant elle-même de piédestal à la statue de Mars, en bronze, très populaire, et que tout bon Arlésien nomme l'*Homme de bronze*. Le vestibule de l'hôtel mérite attention; vaste et circulaire, il repose sur des colonnes rondes et courtes, posées à la circonférence, et les sections, accusées par de légères courbes, ne se tiennent que par l'appareillage. Cette architecture hardie fait l'admiration des connaisseurs; mais, quand elle fut inaugurée, les assistants, de peur qu'elle ne s'écroulât sur eux, s'enfuirent en maudissant Jacques Peytret resté impassible au centre de son œuvre.

Des couvents, des églises, les restes de l'abbaye de Saint-Césaire, quelques hôtels armoriés ouvrant de larges portes cochères en des rues pourtant impraticables aux carrosses, flâneurs, vous remarquerez en passant ces legs du passé. Puis, faisant le tour de la ville, vous irez, du pont et des quais du grand Rhône qui la sépare de son faubourg de Trinquetaille, à la route d'Avignon qui la limite à l'est, et, de celle-ci, à la route de Marseille, sa frontière au sud. Là, arrêtez-vous ; laissez à droite les promenades des Lices, des canaux de Craponne et de Bouc, et prenez à gauche le chemin des *Aliscamps*. Ces Champs-Élysées ne sont pas une promenade banale, mais, selon le sens même du mot antique, un séjour de morts inhumés en terre

BARCARIN AU BORD DU RHONE DANS LA CAMARGUE

sainte et supposés bienheureux. La nécropole arlésienne existait déjà à cette place au temps des Gaulois et des Gallo-Romains ; elle reçut, pendant plusieurs siècles de paganisme, des urnes funéraires, des lacrymatoires, des cippes, des sarcophages, mais, un miracle l'ayant purifié, sa renommée fut si grande aux âges fervents du christianisme, qu'on lui envoyait les morts de bien loin, en Provence, et au delà. Ces cadavres lui parvenaient munis de sommes d'argent pour payer leurs obsèques, de divers cadeaux destinés aux confréries de pénitents, d'objets familiers qu'on supposait capables de les distraire ou de leur être utiles dans l'autre monde, et de menues pièces de monnaie destinées à les rendre agréables au céleste portier du paradis, comme jadis les païens au nocher Charon. Dans les villes situées sur les bords du Rhône, les riches défunts étaient mis dans des caisses ou des tonneaux enduits de résine, puis lancés au fil du fleuve, comme une barque ; le courant les emportait, et, s'il en faut croire les pieux chroniqueurs, ils s'arrêtaient d'eux-mêmes, par l'effet d'un remous surnaturel, au bord du cimetière. N'est-ce pas ainsi que les choses se passent encore sur les rives du Gange, à la fin du XII° siècle ? Dix-neuf chapelles très riches s'élevaient entre les tombeaux dont il y eut à un moment quatre rangs superposés. Dante et Pétrarque célébraient alors la nécropole arlésienne. Mais avec le temps, la foi populaire dans les vertus surnaturelles des Aliscamps chancela, s'éteignit ; désertés, abandonnés à d'odieuses profanations, les sépulcres violés livrèrent leurs reliques précieuses à des mains sacrilèges, mais très humaines. Plus d'un bourgeois et d'un paysan en emporta dans sa maison les lourdes pierres vides. Maintenant une large allée d'alisiers et de platanes séculaires couvre un double rang de sarcophages antiques et chrétiens, d'inscriptions, d'armoiries, le tombeau des consuls d'Arles morts de la peste en 1720, l'oratoire des Porcelets et la chapelle ruinée de Saint-Honorat. C'est tout, et c'est beaucoup, car l'ombre légère des feuillages revêt encore de poésie rêveuse et de charme mélancolique le vain décor des Aliscamps.

Les environs d'une ville illustre sont rarement sans intérêt; Arles, reine de la Camargue, a Montmajour. Des Aliscamps, poursuivez une heure durant votre chemin hors de la ville par la route d'Avignon ; vous verrez à l'est, sur un coteau calcaire éclatant de blancheur, s'élever les restes considérables de l'abbaye de Montmajour, fondée au VI° siècle et si puissante au moyen âge que l'abbé marchait l'égal des archevêques et résistait même au pape. Une ferme occupe aujourd'hui la vaste abbatiale construite au XVII° siècle. De grosses tours se dressent à côté de cet édifice ; la plus haute, datée de 1369, se couronne de mâchicoulis ; gravissez son obscur escalier et de sa plate-forme se déroulera sans bornes, sous vos yeux, l'immense paysage de la Crau, ses vignobles renaissants, ses bois d'oliviers, ses figuiers, ses buissons de myrtes, et ses Alpines blanches et sa forteresse des Baux, mouchetées de cyprès, de chênes verts.

Beaucoup de grands personnages se faisaient enterrer à Montmajour ; il reste quelques-unes de ces tombes armoriées dans l'église et le cloître. En celui-ci, les chapiteaux offrent d'admirables sculptures symboliques, les têtes puissantes du soleil, de la lune, du bœuf, du lion..., toute une série d'ornements étranges, dignes d'être commentés par les iconologues. Une crypte et ses annexes sont fort curieuses ; d'énormes murailles gardent les anneaux de fer auxquels on enchaînait les moines coupables de quelque péché ; en des angles ténébreux se dissimulent les *in pace* où, dans les cas de faute grave, de révolte, d'hérésie, on les condamnait au pain d'angoisse ,

REMPARTS D'AIGUES-MORTES

des inscriptions entaillées profondément dans la pierrre exhalent encore les plaintes de ces malheureux

Au bas de Montmajour, une jolie chapelle de Sainte-Croix remonte à l'an 1019, et, dans le flanc méridional de la colline, une église souterraine de Saint-Pierre, creusée dans le roc, renferme le confessionnal, ou plutôt l'ermitage de saint Trophime. Assurément cette caverne, où il était aisé de se cacher, servit de refuge aux premiers chrétiens pendant les persécutions.

Mais la vraie campagne arlésienne, c'est la Camargue, où nous allons. Un peu au-dessous de la ville, à Fourques, le Rhône *fourche* : vers le sud-ouest descend le Grand Rhône, vers le sud-est le **Petit Rhône** qui n'entraîne à la mer que les quatorze centièmes du débit, fluvial Ces deux rivières impétueuses embrassent les 73 000 hectares de l'île de la Camargue, formée des alluvions drainées par le fleuve, de sables limoneux, de terre humide, d'étangs, de marécages. Le vaste delta longtemps appauvri, rendu malsain par les hautes digues élevées contre les ravages du Rhône, mais qui retenaient à l'écart ses dépôts fécondants, redevient la terre fertile vantée par l'empereur Honorius et le poète Mistral. Les vignes, chassées de la haute vallée par le phylloxéra, y prospèrent; le monstre microscopique s'y noie. On y récolte par milliers d'hectolitres les céréales, du blé, la *saissette* d'Arles. Les agriculteurs lui prodiguent leurs ressources et leur énergie; des robines d'eau douce dessalent le terrain, des canaux d'irrigation l'assèchent; le désert de jadis se métamorphose en jardin. Déjà trois à quatre mille hommes habitent la Camargue; mais ses hôtes par excellence, ce sont les immenses troupeaux de bêtes à laine, au nombre de quatre-vingt mille, les trois mille chevaux blancs issus de la race arabe, les *manades* de buffles, de taureaux, errant libres dans les pâturages. Ces troupeaux font la richesse et le plaisir du pays. Vienne le jour des courses, les sujets choisis des manades, conduits par les plaines semées d'aubes argentés, d'ormeaux blancs, de saules, de peupliers, d'ajoncs, iront dans les amphithéâtres romains de Nîmes et d'Arles, réjouir un peuple amoureux d'excitations violentes.

Mais, notez ceci pour votre gouverne : aux courses de buffles, l'Arlésienne préfère la ferrade des taureaux. Comme l'Andalouse ou la Castillane, la gracieuse fille de la Provence aime les jeux de la force virile et de la courageuse adresse. Souhaitez-vous la voir dans tout l'éclat de sa beauté fameuse, rehaussée d'un costume original seyant à merveille, animée par les palpitantes émotions du spectacle, les plus vifs sentiments, tâchez d'assister à la fête que le poète de *Mireio* proclame :

> Ero un bèu jour de grand ferrado
> Pèr veni faire la virado,
> Li Santo, Faraman, Aigo Morto, Aubaroun,
> Avien manda dedins lis erme
> Cènt cavalié de si plus ferme (1).

---

(1) C'était un beau jour de grande ferrade, — Pour rassembler les bœufs, — Les Saintes, Faraman, Aigues-Mortes, Albaron — Avaient envoyé dans les friches — Cent cavaliers de leurs plus fermes.

Mais qu'est-ce que la ferrade ? Le voici, depuis un temps immémorial et d'après le vieil écrivain Poldo d'Albenas : « Or donc, ainsi que chacun, père de famille ou mesnagier a certaine quantité de

AIGUES-MORTES — LA TOUR DE CONSTANCE

bœufs, il est besoin, s'il ne se veut mettre en hasard de les perdre (car ilz ne s'enferment ordinairement ne jour ne nuict es estables ou granges), qu'il note de sa marque ou armoiries la race et succession d'iceux ou de deux en deux ou pour le plus de trois ans, parce que les taureaux plus aagés ne sont aisez à estre ains marquez ; ce qu'on fait en une plaine bien grande n'ayant ne cailloux, ne buissons, toute descouverte, seche, et la plus dure qu'on peut choisir ; sur un bout de laquelle l'on fait venir tout le betail et a l'autre fin d'icelle y fait-on un « buyer » et feu assez grand pour chauffer les ferrements et marques emmanchés de longues hastes. En ceste plaine se trouvent les gardiens du gros bétail, circonvoisins en grand nombre, montés sur chevaux du haras du pays, qui sont autant legers à la course qu'il est possible, et portant en main au lieu de lance un long bois ferré ainsi qu'un trident, fors que le fer du milieu est plus court que les autres

LES SAINTES-MARIES

deux. Ainsi à force et surtout le troupeau on choisit les jeunes taureaux non encore marquez, que à courses de chevaux et coup de tridens l'on chasse jusqu'auprès du feu où y a gens à pié qui les attendent, et se ruant le taureau sur l'homme de sursaut, ayant ia esté harassé et piqué par ces chevaucheurs a tous leurs tridens, l'homme qui l'attend se destournant à costé, le saisit par les cornes, et à la mode de la lucte lui baille un croc en iambe et le pousse à terre ; il est aisement enferré du fer chault et ainsi marqué. »

Tel est le spectacle qui fait briller les yeux, battre le cœur, agite les lèvres des passionnées Arlésiennes. Les unes, blondes, fines, délicates et rieuses comme les filles de l'Attique ; les autres, brunes, nobles, graves, ardentes, ainsi qu'il sied à leur beauté de statues romaines ; d'autres, souples, coquettes, enjouées, bondissantes,

comme les Mauresques dont elles reproduisent le type fascinant...
L'Arlésienne est l'incomparable fleur de la Provence; que ne pouvons-nous rester auprès d'elle? mais il faut achever ce voyage, quitter l'enchanteresse.

Le train nous conduit aux bouches du fleuve; il passe à Saint-Gilles, situé près du canal d'Aigues-Mortes à Beaucaire, à deux kilomètres du Petit Rhône. Saint-Gilles fut l'*Heracleo*, la ville d'Hercule des Grecs, l'un des ports de Nîmes, le lieu d'embar-

PORT-SAINT-LOUIS DU RHONE

quement des croisés au XII° siècle, quand, par le bras du Rhône, large et non vaseux, les navires remontaient jusqu'à lui. Au moyen âge, une des abbayes les plus renommées de la chrétienté attirait à Saint-Gilles une foule de pèlerins; en 1042, un concile s'y réunit pour modérer l'incessante fureur des guerres féodales et décida d'imposer à tous la *Trêve de Dieu*. Le plus valeureux des comtes de Toulouse, Raymond IV, s'appela Raymond de Saint-Gilles. Depuis longtemps disparu, le sanctuaire a laissé quelques ruines, exposées dans le chœur de l'église; un escalier à hélice dit la *Vis de Saint-Gille*, regardé comme un modèle de coupe de pierres, et trois portes splendidement ornées de colonnes de marbre, de statues, de bas-reliefs...

De Saint-Gilles, la plaine sans fin visible va, s'abaissant, vers la mer; des étangs au loin miroitent et semblent fuir; l'humide étendue est hérissée de roseaux. Puis les vignes reparaissent, les mas, et de claires verdures entourent les durs et sombres remparts d'Aigues-Mortes. La ville, fondée en 1246 sur le bord de la mer, en est aujourd'hui à plus d'une lieue, mais un canal en fait remonter les flots iusque dans son port où les bateaux de petit tonnage arrivent aisément pour se charger de roseaux, de sel ..

D'aspect, Aigues-Mortes n'a point changé : le bon sénéchal de Joinville reconnaîtrait le lieu où il s'embarqua avec « le bon sainct homme de roy » et l'host de la septième croisade pour aller combattre les Sarrasins en Palestine. L'enceinte, élevée de 1272 à 1275 par Philippe le Hardi, d'après celle de Damiette, a conservé ses murs crénelés, ses tours rondes, et ses portes munies de mâchicoulis et de herses qu'il lui suffit de fermer, en cas d'inondation, pour se mettre à l'abri. Le donjon, appelé tour de Constance, fut bâti par les soins mêmes de Louis IX, dont la statue décore une place de la ville. Mais les couvents, que l'on peut imaginer fort nombreux, n'existent plus. Un clocher du xiiie siècle appartenait à celui des Cordeliers ; un mas, aux alentours, est l'unique reste de l'abbaye de Psalmody. De petites maisons grises se pressent au pied d'une église du xive siècle ; on est surpris de trouver entre elles deux ou trois beaux logis de la Renaissance, aux magnifiques cheminées.

A l'est d'Aigues-Mortes, le Rhône-Mort, qui fut un bras du vrai Rhône à des époques inconnues, et le Petit Rhône découpent la Petite Camargue. Des étangs innombrables qui furent des golfes, les boucles des *grau* sans cesse déplacées, les *sansouires*, entaillent le littoral de la mer, et, peu à peu, le fleuve, charriant par seconde deux mille mètres cubes d'alluvions qu'il verse dans la Méditerranée, les comble de sable et de boue, les ajoute à la terre ferme, toujours grandissante.

La capitale de la Camargue, Saintes-Maries, — les Saintes du peuple et du poète — meurt tout doucement de vieillesse entre le Petit Rhône et l'étang Impérial, à quelques pas de la Méditerranée. Son église fortifiée, étrange édifice du xiie siècle, était un but de pèlerinage pour tous les fidèles de la Provence, car elle renferme, on l'assure, les tombeaux de sainte Marie, mère de l'apôtre saint Jacques le Mineur, et de Marie Salomé. Deux lions de marbre, sur le porche de l'église, ont peut-être donné leur nom au golfe du Lion ; autrefois ils signalaient la petite ville, enrichie par les offrandes apportées de toutes parts, aux pirates siciliens et barbaresques, et l'on montre encore, au centre de la nef, le puits qui fournissait de l'eau potable aux assiégés, cachés dans ses pieuses murailles comme dans une citadelle.

Retranchée de la Camargue par une branche du fleuve, le bras de Fer, l'île du Plan-du-Bourg termine le delta. Le Rhône, très profond,

LE GRAU DU ROI — ENVIRONS D'AIGUES-MORTES

large de plus de 300 mètres, forme, aidé du canal Saint-Louis, Port-Saint-Louis, rade magnifique et sûre, de plus en plus fréquentée, accessible aux bâtiments de 1 000 à 2 000 tonneaux et de 4 à 5 mètres de calaison. Puis il se glisse, le majestueux fleuve, et s'enfonce silencieusement dans la mer, et ses eaux jaunâtres, chargées du limon amassé dans un voyage de 220 lieues à travers la Suisse et la France, se fondent, indistinctes, dans les flots bleus de la Méditerranée.

CHAPITRE X

MARSEILLE

A l'est de l'humide delta, conquête permanente de la terre sur la mer, on retrouve la rocheuse et sèche Provence, la chère gueuse parfumée des félibres. Entre l'étang de Berre et la Méditerranée, la chaîne de l'Estaque dresse ses crêtes couronnées de pics, allonge ses flancs où s'alignent le mûrier, l'olivier, le figuier, l'amandier. Non plus incertaines et vaseuses, transformées incessamment par les alluvions du Rhône, mais nettes et dures, les côtes dentelées de la mer offrent de rudes escarpements battus en vain des flots furieux, et creusées dans le roc, les anses profondes et sûres des *calanques*, où les bateaux pêcheurs fuyant la tempête se blottissent, comme des mouettes dans les trous des falaises.

Dans cette région de la Provence, presqu'île de Martigues, banlieue de Marseille, déjà tout animée du mouvement de la grande ville maritime et peuplée par elle, le voyage est d'un charme captivant. On passe entre deux nappes d'azur, les yeux ravis de la splendeur des choses, l'esprit enchanté du spectacle original de la vie du peuple de France le plus indépendant, le plus prime-sautier. Au large des vaisseaux flottent, arborant les pavillons de tous les pays du monde. Plus près du rivage, des barques, voiles déployées, semblent des cygnes glissant sur un lac immobile. Rehaussé par le contour bleu des eaux et la tache noire des conifères, le sol poudroyant éclate de blancheur crue, le soleil l'embrase, le dévore et crible les vagues d'étincelles vagabondes, illusionnantes paillettes d'or. Cependant l'air est frais, d'une saveur légèrement amère, parfumé des émanations du romarin, de la lavande et du thym, plantes des âpres collines. Et dans ce pays, merveilleux de lumière, merveilleux de couleur, s'éparpillent une multitude de maisonnettes aux toits rouges, aux façades claires, presque sans jardin, dédaigneuses de l'ombre, sans défense contre l'ardente brûlure de l'astre, dont les rayons incendient leurs fenêtres en feu.

Qu'importent aux propriétaires de ces *bastides* l'incandescence du ciel, l'aridité du sol ? Commerçants, commis, ouvriers de Marseille, ils ne demandent à ces lilliputiennes villas, à ces rissolantes maisons de campagne, que quelques heures par semaine de libre oisiveté. D'une race d'hommes avisés, entreprenants, robustes, sobres, de facile et flexible humeur, ils ne tiennent guère à l'apparence et ne se rebutent pas pour si peu. Qu'un horizon marin se déploie à leur vue, — comme une perspective d'existence aventureuse, toujours à portée de leurs désirs ; que sur leur table frugale figurent des concombres, des olives, de l'aïoli, des coquillages, un poisson pris

ÉTANG DE BERRE

dans leur filet, et quelquefois une grive à la chair aromatique tuée de leurs bons fusils dans les vignes, que leurs caves recèlent une futaille de vin ou simplement un estagnon d'huile fine, nos gens sont contents et n'en souhaitent pas davantage. La bastide réalise ces vœux modestes ; la bastide, naïf orgueil, amour sincère du Marseillais.

Ces habitations « de plaisance » commencent à se répandre de tous les côtés à partir de Martigues ; elles sont bientôt si nombreuses qu'elles forment autour de Marseille comme une immense ville champêtre de l'aspect le plus singulier. Tout s'y confond ; on y rencontre pourtant quelques groupes distincts : Marignane, sur les bords de l'étang de Bolimon que la chaussée de Marius — le nom du vainqueur des Cimbres et des Teutons est immortel ici — sépare de l'étang de Berre, Signac, les Pennes. Ces bourgades sont sur notre route, mais il y a plaisir à s'arrêter d'abord à Martigues, la « Venise provençale ».

Martigues, ou les Martigues, est un petit port actif, remuant et pittoresque, pris entre l'étang de Berre et l'étang de Caronte, que remplit la Méditerranée. On n'y admire pas le moindre palais de marbre et il n'a de commun avec la reine de l'Adriatique que d'être bâti sur des îlots, reliés par des ponts en pierre et en fer. Ces îlots sont au nombre de trois, appelés Jacquières, l'Ile et Ferrière.

FOS

Séparés jusqu'en 1581, ils ont chacun leur église, et si l'on ne va pas en gondole de l'un à l'autre, on peut s'y rendre en bateau. La jolie façade sculptée, les peintures murales, les orgues ouvragées de Sainte-Madeleine, dans le quartier de l'Ile, méritent une promenade de ce genre. Tout proche est le simple, commode et solide bassin de 4 hectares où vient aboutir le canal du Bouc, creusé du Rhône et depuis Arles à travers la Crau : on le nomme le port. Marchands et pêcheurs du littoral, venus de l'étang de Levalduc, de Fos, de Port de Bouc, de La Lèque, y débarquent volontiers; on y vend à la criée des oursins, du thon, de l'huile, cent autres produits, même txotiques, et par l'animation tapageuse, le sans-gêne des propos, les ypes populaires de vendeurs et de chalands aux gestes brusques, à ea voix grasse, c'est l'image en raccourci de la Joliette et du Port-Vieux. On y entend gronder le fameux « troun de l'air » de la cité phocéenne ; Martigues est déjà comme un embryon de Marseille. Ce qu'il sera si jamais l'étang de Berre, rendu accessible aux vaisseaux de fort tonnage, devient la grande rade de réserve, le chantier de construction et le vaste entrepôt indispensable au premier port de la Méditerranée, qui le sait ?...

... D'interminables faubourgs blancs et poudreux de couvents, d'usines, de chantiers, de jardins clos, nommés Château-Gombert, Montalivet, Saint-Barthélemy, Saint-Just, la Blancarde, les Chartreux, Sainte-Marthe, Belle-de-Mai, puis de larges rues silencieuses bordées

LES MARTIGUES

de petites maisons élégantes, bastides urbaines de négociants et de commis assez à leur aise pour contenter à la ville même leurs goûts invétérés d'indépendance — heureux, cent fois heureux, qui peut emporter dans sa poche la clef de son logis et se passer de concierge, sinon de propriétaire! — enfin, dans un quartier presque désert, inégal, laid, une gare sans importance, banale, indigne d'une si grande ville, nous sommes à Marseille, au lieu dit Saint-Charles. Le cimetière est là, et rien autour ne décèle la vie exubérante de la cité, que l'on croirait morte tout entière. Mais descendons la pente rapide de quelques rues sourdes, voici le boulevard d'Aix ou les allées de Meilhan : déjà le bruit, la fête, le luxe d'un peuple riche, étourdissant d'entrain.

D'abord sur le boulevard d'Aix. Avec son prolongement, le cours

Belzunce, — décoré du nom et de la statue de évêque, immortalisé par son courage et son dévouement, — il limite le vieux Marseille concentré dans le fouillis étrange de ses rues et ruelles hautes qui montent vers la mer, mais dont les hôtes, par ce jour de soleil éblouissant, débordent sur les spacieuses voies modernes, qu'ils emplissent de leurs gestes, de leurs cris, de leurs rires, de leurs disputes, de leurs jurons : tous mobiles et sonores comme les flots, dont ils sont l'écume. Avez-vous rêvé de fantaisie en plein air, de drame et de comédie en plein vent, d'éloquence naturelle coulant de sources à pleine gueule? Regardez, écoutez-les. Vous traversez leur foule bariolée, paresseuse ou mouvante; chaland ou voyageur, elle vous guette, vous entoure, vous presse, vous parle, vous prend aux yeux aux oreilles, au nez, vous étonne et vous amuse.

Arrêtez-vous à l'arc de triomphe, que David et Ramey décorèrent de bas-reliefs à la gloire des fastes guerriers de la République et de l'Empire, à la gloire aussi de ces énergiques volontaires de 1792, qui, les premiers, clamèrent la *Marseillaise* dans les rues de Paris, les lazzarones de Marseille le transforment en refuge. Plusieurs, hommes et femmes, hâlés, haillonneux, colis de voyages, épaves de naufrages, dorment couchés à demi sous la voûte,

La tête à l'ombre et les pieds au soleil,

lézards du Midi. Venus de loin, d'Italie, d'Espagne, de la Grèce, des Amériques, ils semblent bien las de leurs courses errantes à la recherche de la fortune ou seulement de la sécurité. Pourtant l'un s'est assis, éveillé par la faim, pour peler une orange, déchiqueter dans un papier gras un poisson frit ou grignoter une croûte de pain frottée d'oignon. Un autre, ayant sur le corps un lambeau d'habit noir, cire les bottes d'un passant. Celui-ci, à l'appel d'un garçon d'hôtel, s'est levé pour aller charger des bagages, celui-là propose des lacets, dont il a sur le bras une pacotille. Autant d'êtres livrés aux chances de la vie nomade, ballottés de la terre ferme à la mer capricieuse, peut-être de l'opulence à la misère, et seuls responsables de leur sort. Qui s'en inquiète, ici? personne. Le natif régulier les coudoie avec indifférence, leur jette un regard distrait et prononce *in petto* : « Qu'ils se débrouillent, ils sont libres. Bon va ! » — Mais il ne les dédaigne pas, ne les repousse pas, s'ils vont à lui pour offrir du travail ou des services, ne leur oppose point des formalités, des scrupules. L'esprit des républiques marchandes est en ce Phocéen ; homme pratique, il sait tirer parti de tout homme et de toute chose, c'est sa manière d'être humain, c'est la bonne. L'aisance, la simplicité, la familiarité des manières dénuées d'orgueil, de pose, voilà le charme extérieur de la société marseillaise.

Vingt hôtels, entre lesquels vous cherchez le vôtre, se suivent du boulevard à la Cannebière, et des auberges, des cafés, des brasseries, des « assommoirs ». A leurs portes, sur les trottoirs, comme sur la

PORT DE BOUC — TOUR SERVANT DE PHARE

chaussée et les allées d'arbres, grouille l'armée des vendeuses de poissons, de fruits, de pâtes, de gâteaux. Coiffées d'une marmotte ou d'un châle relevé sur leur tête, habillées d'une jupe voyante, parfois pieds nus, un éventaire suspendu à leur cou ou traînant une voiture à bras, elles annoncent en leur idiome guttural et musical des oranges, des olives, des dattes, des figues de Provence et de Barbarie, des bananes, des coquillages... Et leur poitrine débraillée se renverse pour donner plus de force à la voix, leurs poings se campent sur la hanche, leurs faces se lèvent, elles vous appellent, vous provoquent d'un air délibéré, franc et hardi, prêtes à la riposte, à la querelle, à la caresse, et vous admirez l'éclat de leurs yeux, la promptitude de leurs mouvements, l'ardeur de leurs paroles, la beauté sculpturale de leurs poses. Ce sont de vraies filles du soleil, qui dore le teint ambré des jeunes, a tanné comme cuir la peau hachée de rides des vieilles, et de l'âme de chacune fait jaillir à tout instant l'étincelle de la passion.

Les allées de Meilhan, la rue de Noailles, la Cannebière, — en somme, une seule voie, large, ombrée, magnifique, rassemblant les hôtels luxueux, les théâtres, les concerts, les beaux magasins, les cafés multicolores, dorés, somptueux, en de hautes maisons brillantes, et — surtout près du port, dans l'illustre Cannebière — éveillant par des étalages de bijouterie, d'étoffes rares, de bibelots chers, la convoitise de l'étranger désireux d'emporter en son pays un souvenir de France, tirant l'œil du matelot pressé de dépenser en prodigue le prix d'un engagement ou l'économie d'une longue navigation. Négociants exotiques à la peau d'ivoire, à la barbe d'ébène, en vêtements trop cossus chargés de breloques d'or, marins au long cours dont la démarche balancée rythme le roulis du vaisseau, Turcs et Levantins coiffés du fez, Grecs de l'Archipel en culotte courte et veste brodée, longs Arabes en burnous flottant, futurs voyageurs des messageries, à destination de l'Algérie, de l'Orient, de l'Extrême-Orient, la sacoche en bandoulière, procédant aux dernières emplettes, tous défilent, circulent, contemplent, et mêlent leurs costumes différents, leurs allures fiévreuses ou nonchalantes aux habits simples, à la désinvolture des indigènes, armateurs, commissionnaires, courtiers, fabricants, boursiers, banquiers, qui vont et viennent, rapides, décidés, le chapeau sur l'oreille, l'œil agile, aux écoutes, la lèvre souriante, la poitrine ou le ventre en poupe, de l'avant, toujours! Dans les rangs de ce monde cosmopolite, où se confondent rastaquouères et millionnaires, se glissent, ondulent et se pavanent les jolies femmes, un peu grasses, en toilettes éclaboussantes, et les parfums émanés de leur sillage s'ajoutent aux odeurs des roses ou des violettes, selon la saison, que les jeunes bouquetières, prestes, enjouées, droites, fières, comme si leur front portait un diadème, offrent et promènent de toutes parts.

Vous êtes au centre, non géométrique, mais réel de la ville, au centre de son immense négoce, dont sont tout animées à votre gauche les belles rues Saint-Ferréol, Grignan, Paradis, et précisément sur le seuil du vaste et fastueux palais de la Bourse, où se traitent les plus grosses affaires du littoral de la Méditerranée. Là se règle l'importation des blés de Russie, des principautés danubiennes et de l'Orient. des cotons de l'Inde et de l'Égypte, des sucres des Antilles, des cafés de la Côte Ferme, des vins d'Espagne, des bois du Canada, des thés et des soies de la Chine, des cuirs de l'Amérique du Sud, des guanos du Pérou, des pétroles des États-Unis, des graines oléagineuses de l'Afrique occidentale, des bestiaux de l'Espagne, de l'Italie, des laines et des minerais de fer de l'Algérie, et l'exportation des produits provençaux, l'huile, le savon, les pâtes alimentaires, les salaisons, les conserves... Des allégories, dues aux sculpteurs Guillaume, Gilbert, Truphème, Gilbert, Travaux, ornent ce palais où nous voulons surtout noter les statues élevées aux célèbres ancêtres des modernes Phocéens : Pythias, Euthymènes, les grands navigateurs de Massilia, au IVe siècle de l'ère antique.

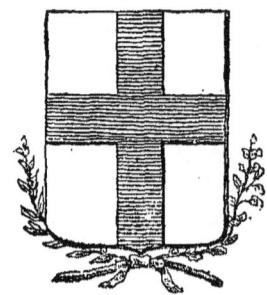

MARSEILLE

Ces statues amènent la pensée vers les origines de la ville glorieuse, et dans l'ordre des temps historiques, déjà si vieille, fondée l'an 1 de la XLVe olympiade ! Où fut son commencement au sein de la naïve tribu gauloise des Ségobriges, non plus industrieux alors que ne l'étaient les insulaires des Marquises, à l'époque de Bougainville et de Cook ? Suivant de vraisemblables conjectures, ce fut dans la presqu'île montueuse qui borne et domine au sud le Port-Vieux. Quittez, pour un moment, les quais de ce port admirable, ses vaisseaux, sa forêt de mâts, son peuple mouvant et bigarré de marins, de portefaix, de débardeurs, de flâneurs, ses échoppes d'écaillères, son tumulte inouï, et, doublant le square désert de la Colline et les hauteurs escarpées que couronne la basilique de Notre-Dame de la Garde, parcourez l'espace, clairsemé d'habitations chétives, les terrains vagues compris entre l'église Saint-Victor, le fort Saint-Nicolas, l'inutile et vide palais du Pharo, le hameau des Catalans; voilà l'emplacement probable de cette fameuse Massalie, qui devint Massilia, puis Marseille. Sur un point de cette côte, si fréquemment, furieusement balayé par le mistral et le siroco, un jour des Phéniciens abordèrent, établirent une première colonie, qui disparut. On a recueilli les idoles, les tombeaux laissés par ces premiers occupants que les Grecs inventifs, *Græci mendaces*, firent oublier. Si l'on en croit ces beaux conteurs de fables, le marchand phocéen Euxène ou Protis, débarquant sur les terres du roi Massi, obtint par ses présents l'amitié de ce chef des Ségobriges et, par les grâces de sa personne, toucha le cœur de la blonde Gyptis ou Peta, fille de Massi. Au festin donné en l'honneur de l'étranger, la princesse, invitée à se choisir un époux, lui tendit la coupe des fiançailles, après y avoir trempé ses lèvres. Leurs amours conquirent à la civilisation des Hellènes le rivage hospitalier ; la rivale de Tyr, de Carthage, d'Athènes, s'éleva. Et elle s'appela Massalie, des mots μασσα αλιευ (*attache le câble*), prononcés par le Phocéen, quittant sa galère... Transparente légende, masque charmant de la vérité, car le mot Euxène — Ευχη — signifie désir ; et Protis, προτις, veut dire le premier, étymologies significatives.

Massalie, Massilia, cité antique, prospère, opulente, libre, même sous la domination romaine, n'a laissé que des vestiges ; ruinée par les Barbares, rongée par la mer (sur une superficie de 250 mètres, depuis Jules César), ce n'est plus qu'un nom, un souvenir de grandeur, mais les races des anciens colons n'ont pas quitté le sol provençal. Combien de natifs reproduisent encore le type matériel et moral du brun Asiatique, souple, habile, insinuant, voluptueux et fourbe ! Combien, celui du Grec aux traits fins et délicats, à l'esprit rusé, séduisant causeur, inépuisable rhétoricien, fourni d'arguments pour toutes les causes que son intérêt lui conseille de soutenir avec l'apparence de la sincérité, par la grimace de la véhémence ou l'air du détachement !

Les restes de Marseille chrétienne ne sont guère plus nombreux que ceux de Massalie, mais ils sont plus considérables. Entre les villes des Gaules acquises à l'Évangile, elle compta parmi les plus ferventes. Son abbaye de Saint-Victor est grande aux regards des exégètes pour la pure doctrine, la vertu et les œuvres de ses moines. Elle fut, dans le haut moyen âge, une pépinière de saints prédicateurs, d'hommes de science, et elle se survécut longtemps à elle-même.

Aujourd'hui, un sombre édifice gothique, crénelé, flanqué de bastions et de contreforts, orné de sculptures romanes, nu d'ailleurs au dedans, et bâti sur de profonds souterrains, c'est le témoin délabré de ce passé vénérable.

Dans le temps où les fidèles honoraient l'abbaye de Saint-Victor florissait aussi le sanctuaire de Notre-Dame de la Garde ; bâti sur un roc au-dessus de la ville et de la mer, il recevait les prières, les vœux et les offrandes des marins. A côté s'élevait le château fort dont parlent les folâtres voyageurs Chapelle et Bachaumont « comme d'une méchante masure tremblante, prête à tomber au premier vent, » et telle qu'ils frappèrent à la porte doucement, de peur de la jeter par terre. Alors quelqu'un au monde, un

MARSEILLE — LA CANNEBIÈRE

courtisan, avait le titre vain de gouverneur de Notre-Dame de la Garde.

> Gouvernement commode et beau
> A qui suffit, pour toute garde,
> Un suisse, avec sa hallebarde,
> Peint sur la porte du château.

De nos jours, un temple byzantin de marbre et d'or remplace l'humble chapelle et le château en ruine ; de très loin se profile à la face du ciel bleu son clocher compliqué de miradors et de balcons et que surmonte la colossale statue de la Vierge Mère, escortée de quatre anges joufflus, sonnant du buccin. La nef intérieure déploie les extrêmes splendeurs religieuses : ce sont des soubassements en marbre rouge d'Afrique, des revêtements en marbre de Carrare, de lourdes colonnes en marbre vert des Alpes, des pavés en mosaïque et, sur la coupole, des figures d'anges et de séraphins, des animaux créés par le songeur de l'Apocalypse, des oiseaux mystiques dans une atmosphère d'or et d'azur. Fixés aux murs par des clous dorés, mille ex-voto rehaussent ce luxe prodigieux, savant, presque profane des aveux naïfs et des simples hommages d'une foi toute populaire profonde.

Ailleurs, sur l'autre rive du Port-Vieux, les rives des bassins annexes, se répandait, au moyen âge, Marseille gouvernée par l'évêque et par le podestat, républicaine et chrétienne, en relations fréquentes, égales et fraternelles, avec les républiques de l'Italie. Vous plaît-il d'en aller voir les rares débris ? Pour ne point revenir sur vos pas, prenez la mer. Sur un signe de vous, un batelier s'approche ; il vous fera parcourir sans fatigue la vaste étendue du port, vous découvrira ses quais immenses et le spectacle de son incomparable activité. La barque, se coulant entre les vaisseaux de toutes formes et de tous pavillons, laisse l'île Saint-Jean, les murailles de l'ancien château des chevaliers de Malte et sa grosse tour du xv° siècle. La voici dans l'avant-port sud, elle passe sous les feux du Phare qui domine la grande jetée du large. Successivement elle louvoie dans les eaux troubles, fumantes, odorantes, des bassins de la Joliette, des Docks, de la Gare maritime, d'Arenc, du bassin National, des bassins de radoub, de l'avant-port du nord. Les magasins et les hangars des Docks, bondés de marchandises, vous apparaissent, leurs quais fourmillant de débardeurs chargeant des wagonnets, portant des ballots, poussant des fardeaux, roulant des tonneaux : petits hommes aux muscles d'Hercule, superbes héros de Pujet, originaux de ses puissantes cariatides ! Les vapeurs soufflent et beuglent, les grues grincent, plongent, piquent de leur bec crochu et soulèvent les colis entassés dans les navires ; on entend l'énergique rumeur des chantiers, et les « han ! » des hommes de peine, et les ordres du bord, criés dans les porte-voix.

Débarquez à la Joliette, près de la côte rugueuse où s'érige encore

LE PRADO A MARSEILLE

inachevée, la cathédrale romano-byzantine, écrasant de son énorme stature, de ses cinq dômes, de ses façades en pierre blanche de Calissame et pierre verte de Florence unissant leurs nuances somptueuses, la noire église *la Major*, antique métropolitaine, édifiée peut-être sur les fondations d'un temple de Baal, et réduite, avant de bientôt s'effacer, à son obscure abside du xi° siècle...

Puis gravissez une rampe ; remarquez sur ce chemin, qui fut un lamentable chemin des morts, le buste et l'inscription accordés au dévouement héroïque du chevalier Rose pendant la terrible peste de 1722...

O cette peste ! O l'affreux, l'ineffaçable souvenir d'une ville ravagée, décimée, presque anéantie par un fléau qui prend dans la masse humaine, au hasard, par milliers, ses victimes, et les tue en même temps qu'il les attaque ! Terrorisée, muette d'épouvante, la malheureuse ville semble déserte, tandis qu'elle regorge de morts et de mourants ; chaque maison a ses pestiférés que leurs proches, fuyant la contagion, abandonnent à l'atroce et prompte agonie. Parents, amis, voisins ne se connaissent plus, et le fils délaisse son père, le frère sa sœur. Seules des mères s'attachent en désespérées aux corps convulsés, déjà rigides de leurs enfants. Et dans les rues, gisent les cadavres à demi nus, violets, putrides ; personne n'a le courage de les inhumer, et, comme pour se venger des vivants, ils exhalent une horrible odeur et propagent de plus en plus l'horrible mal. Il faut, pour rappeler la foule aux plus élémentaires devoirs de l'humanité, au plus simple instinct de conservation, les sublimes exemples de l'évêque et de l'échevin, du pasteur d'âmes et du magistrat civique, inébranlables dans cette ruine immense des caractères, sans cesse organisant les secours, consolant les malades, relevant les cœurs !...

Or, la ville affligée de 1722 n'a pas disparu tout entière ; en voici les restes :

Le Vieux Marseille ouvre au bout de la rampe ses rues étroites, aux pavés pointus, aux pentes ardues, presque sans trottoirs ; ses rues gluantes, glissantes, puantes, grouillantes ; ses rues où bouillonnent de gros ruisseaux d'eau sale ; ses rues ordurières, crapuleuses, fangeuses ; ses rues d'ignobles bars, de cabarets suspects, d'auberges louches, de vicieuses sentines, mais ses rues palpitantes de vie et d'intérêt, aux vieux logis, festonnés, sculptés, des derniers siècles, ses rues précieuses à l'historien, inoubliables de l'artiste.

Marseille illustre est ici, la République du moyen âge, soumise et domptée à force de supplices par Charles d'Anjou ; la grande cité du royaume de France, frémissante sous le joug, que le connétable de Bourbon essaya de séduire par l'appât d'un retour à la liberté ;

la ville courageuse, assiégée vainement en 1524, par son tentateur

MARSEILLE. — LE VIEUX PORT

évincé ; la ville catholique et ligueuse, que ses décemvirs complotèrent de livrer au roi d'Espagne Philippe II, et que sauva l'audacieuse conspiration du Libertat ; la ville malsaine décimée plusieurs fois chaque siècle par les choléras, les fièvres et les pestes, si bien que la vie moyenne, sous l'Empire, n'y dépassait pas encore vingt ans ; la ville dévote, prudente, ennemie des excès, que terrorisa le conventionnel Fréron : la ville des autochtones et des premiers conquérants, où les enfants, pieds nus, jouent à la marelle comme

ÉGLISE SAINT-VICTOR A MARSEILLE

les gamins d'Athènes, où de blondes filles, aux visages de camée, semblent des contemporaines d'Aristophane, où des poissardes, des marchandes de galette, de fouaces, de friture à l'huile, pareilles aux commères du Pirée, « s'engueulent » comme les femmes de la Lysistrata !

Peu de monuments en cette ville séculaire ; elle a perdu les hôtels bâtis et sculptés par Puget, son fils immortel ; la célèbre église des Accoules, renversée en 1793, n'existe plus que de nom. L'Hôtel de Ville est un sobre édifice à la Louis XIV. Seule, à l'extrémité du Port-Vieux, la *Consigne* offre des œuvres d'art : un bas-relief de Puget, *la Peste de Milan*; de belles peintures de David, de Gérard, de Paul Guérin, d'Horace Vernet, de Tanner...

Moins pittoresque, la ville moderne abonde au contraire en vastes et somptueuses constructions; elle a l'ostentation du « monument » Le Palais de Justice, l'Hôtel de la Préfecture, — deux palais, — a décorations, sculptures, bas-reliefs et statues symbolisant les idéales vertus conventionnelles, coûtèrent des sommes fantastiques, dépensées à de massives architectures de la plus solennelle banalité. Encore le « temple de Thémis » fait-il excuser son importance : il

LE PALAIS DE LONGCHAMP

convient à ce pays de légistes éminents, d'orateurs politiques, de logiciens, de cerveaux froids et largement compréhensifs, et il ne sera pas trop grand pour contenir l'éloquence des émules de Mirabeau, de Portalis, de Siméon, d'Adolphe Thiers, si jamais la terre provençale produit encore de tels hommes!

Non dans ses édifices, mais dans sa clarté, la netteté, le mouvement, l'éclat de ses rues Saint-Ferréol, de Rome, du Paradis, de Grignan, de ses cours, réside l'agrément du moderne Marseille, et l'élégance, le brio de son peuple, la grâce coquette et fière des femmes vous enchantent. Il possède cependant des palais-m ées, des écoles, une bibliothèque, un cabinet des médailles, dignes de sa fortune : que le tramway vous y conduise.

Le palais des Arts, de Longchamp, œuvre et chef-d'œuvre de Bartholdi qui l'imagina, et de Henri Espérandieu qui l'exécuta, est d'une aérienne et légère beauté que ne met pas assez en valeur la perspective froide d'un sec boulevard. Il méritait mieux. D'un style bien supérieur au palais parisien du Trocadéro, auquel il fait songer, que ne s'éleva-t-il, comme lui, sur la bordure sinueuse d'un grand fleuve fuyant vers un horizon de collines vertes ! Il dessine un hémicycle ; au centre, des colonnes triomphales, portant des génies ailés, dressent une coupole surmontée de griffons, et de chaque côté se courbe un

PHARE DE PLANIER A MARSEILLE

rang d'arcades, découpées sur l'azur du firmament: il rappelle ainsi les admirables décors de Piranèse. Au-dessous du pavillon du milieu descend de 40 mètres de hauteur, s'arrondit un château d'eau gardé magnifiquement par le tigre, la panthère et les deux lions de bronze fauves de Barye, accroupis sur ses gradins. A droite et à gauche, des tritons soufflent dans la conque marine, quatre Termes robustes soutiennent la corniche circulaire de leurs épaules voûtées.

Au palais de Longchamp habitent d'un côté la Sculpture et la Peinture, de l'autre les Sciences naturelles ; les premières sont, à gauche de l'hémicycle, indiquées par les médaillons en bronze du Poussin et de Puget ; les médaillons d'Aristote et de Cuvier désignent les secondes. Le musée des Arts ne semble pas riche, nous en avons oublié les œuvres, à l'exception d'un excellent portrait de Puget, et des superbes cariatides de ce grand maître provenant du port de Toulon Encore nous souvient-il d'un joli portrait de la marquise de Pompadour, par Nattier. Mais nos yeux ont retenu surtout l'exquise vision de deux larges et lumineuses peintures du poète-philosophe Puvis de Chavannes, l'une exprimant la grandeur naissante de Massilia, fille de la Grèce, l'autre la gloire de Marseille « porte de l'Orient ».

Visitez le Jardin Zoologique, verdissant derrière le palais, puis l'École des Beaux-Arts, et son incomparable médaillier aboudant en monnaies grecques, romaines et provençales, et, las des maisons brûlantes, allez aux promenades rafraîchies par les brises ; il en est de délicieuses. Telle, l'avenue du Prado, suite ininterrompue de villas alignant de chaque côté, pendant une lieue, d'opulentes façades et des jardins embaumés par les plantes exotiques et les roses. Cette avenue mène au château des Fleurs, propriété de la Société de tir, à la fine plage du Prado, aux bains de Roucas Blanc et à l'entrée du parc Borely. Ce grand parc,

NOTRE-DAME DE LA GARDE A MARSEILLE

dont le fossé de l'Huveaune borde l'un des côtés, renferme le champ de course, et, dans un élégant pavillon, un musée d'antiquités phéniciennes, de tombeaux romains, une collection lapidaire recueillie en Égypte, de précieux vestiges du vieux Marseille, un luxueux oratoire.

Plus charmante encore, plus longue aussi, la promenade ou route de la Corniche domine et côtoie la Méditerranée pendant 7 kilomètres. Vous marchez entre les ombrages de rares villas, parmi lesquelles rougeoie la façade Louis XIII de la villa Talabot, et la mer parsemée d'îles, qui surgissent de la calme étendue des flots bleus en durs reliefs, sombres ou clairs. Reconnaissez-en la plus proche, la

CHATEAU D'IF

plus curieuse des îles, le fameux château d'If, ses noires murailles, ses tours rondes, son donjon construits par François Ier, la prison d'État où languirent Mirabeau et le mystérieux homme au « Masque de fer », la geôle légendaire où le génie conteur d'Alexandre Dumas fit souffrir Edmond Dantès, futur comte et prodigieux nabab de Monte-Cristo, héros de roman aussi réel et vivant dans l'imagination des foules que ceux de l'authentique histoire.

Avec l'île d'If se groupent les îles Pomègue, Triboulen, Ratonneau ; vous apercevez dans celle-ci les bâtiments de la Quarantaine, établis en vue de prévenir la contagion, et le Lazaret, supérieurement organisé pour les soins à donner aux maladies redoutables que les vaisseaux rapportent de l'Orient. Marseille devait des soins particuliers à cet hospice si nécessaire, lui que tant de fois désola, dépeupla la peste asiatique. Et le pauvre homme ressuscité par le divin Maître, l'apôtre Lazare, duquel, suivant la tradition consacrée, Massilia reçut l'Évangile, Lazare, le pitoyable patron des lépreux et

LA CIOTAT

des lazarets, méritait l'hommage de cette belle œuvre d'humanité. Oh ! le tableau merveilleux à contempler, douloureux à quitter :

la mer sereine, les rivages étincelants ! Pour en prolonger la jouissance dans nos yeux ravis en extase, nous nous sommes, à mi-chemin, assis à la terrasse de Roubion, restaurant délicat. On nous a servi les plats vantés de la cuisine marseillaise, une soupe aux poissons, l'aïoli, la bouillabaisse, régals dont on apprécie la saveur excitante après une marche en terre provençale, sous le soleil, dans la brise.

Autour de nous, des jeunes gens festoyaient, des éphèbes aux profils d'Hellènes. Ils sablaient le champagne, et riches, débordant de sève, exaltaient leur bonheur de vivre ici, leur patrie. Nous prenant à témoin de leur juste allégresse, ils disaient : « Qu'y a-t-il de plus beau et de plus doux que Marseille ? Où l'existence est-elle plus facile et moins monotone ? Le monde entier nous apporte son or, la nature nous prodigue ses enchantements. Voyez avec quelle mollesse caressante et comme amoureuse la Méditerranée baigne nos rivages parfumés. La charmeuse nous sourit sans cesse, nos sourires répondent aux siens. Notre ville affairée ne lasse point, et nous avons la force de nos travaux ; mais s'il nous fallait le repos des villégiatures, nous n'irions pas le chercher au loin. Combien de profondes retraites, de paysages gracieux et paisibles en nos environs ! Les vallons des Aygalades, de Saint-Séan, de l'Estaque, Gemenos, comparable au fameux Tempé, Aubagne et ses champs fertiles, La Ciotat et ses raisins muscats ! Mais que sert d'énumérer nos biens ? Un mot les résume tous : Marseille, à l'entrée du paradis terrestre, commence la Côte d'Azur ! »

INDEX ALPHABÉTIQUE

A

ʼ gues-Mortes	265
Aime	45
Aix-les-Bains	34
Aix (Provence)	237
Alais	191
Alaise	129
Albertville	44
Albon (Ruines d')	139
Alleins	242
Allevard	155
Ambérieu	47
Amphion	14
Anduze	191
Annecy	31
Annonay	175
Ansouis	236
Apt	231
Arbois	129
Arles	249
Aubagne	288
Aubenas	182
Auxonne	107
Avignon	205
Aygalades (Les)	288

B

Bagnols	190
Barbe (Ile)	78
Barcelonnette	170
Baume-les-Dames	116
Baume-les-Messieurs	130
Baux (Les)	244
Beaucaire	246
Beaujeu	83
Beaune	94
Bellegarde	2
Belleville	83
Belley	47
Berre (Étang de)	242
Besançon	116
Bessèges	191
Bezouce	203
Bollène	223
Bonneville	30
Bourdeau	36
Bourdeaux	187
Bourg	132
Bourg-d'Oisans	165
Bourg-Saint-Andéol	189
Bourg-Saint-Maurice	45
Bourget (Le)	36
Bourgoin	16ʼ
Bouveret	15
Briançon	166
Brieg	23
Brignais	76
Broyes	108

C

Caderousse	221
Camargue (La)	262
Carpentras	225
Castellane	235
Cavaillon	242
Céreste	234
Chalon	92
Chambéry	36
Chamonix	25
Champagnole	131
Charmettes (Vallon des)	42
Châteauneuf-Calcernier	221
Châtelard	44
Chillon (Château de)	15
Ciotat (La)	289

Citeaux	98
Clairvaux	130
Clarens	15
Clos-Vougeot (Le)	98
Cluny	87
Cluzes	30
Collonges	79
Colluire-et-Cuire	79
Colombey	19
Conliege	130
Coppet	13
Crémieu	161
Crest	173
Cruas	186
Cully	13
Culoz	46

D

Dampierre-sur-Salon	112
Die	173
Die Rotten (Les sources du Rhône)	24
Dieu-le-Fit	187
Digne	233
Dijon	98
Dôle	126
Dombes (Les)	82
Donzère	188
Douvaine	14
Duingt	32

E

Embrun	170
Évian	14

F

Ferney	10
Fontaine-Française	107
Forcalquier	234
Fourques	261

G

Ganagobie	233
Gap	171
Gard (Pont du)	202

Garde-Adhémar (La)	188
Gemenos (Vallon de)	288
Genève	2
Gevrey-Chambertin	98
Gordes	231
Grande-Chartreuse (La)	157
Grand'Combe (La)	191
Gray	109
Grenoble	145
Gréoulx	235
Grignan	187
Guillestre	170

H

Haute-Combe	36
Héricourt	114

I

Isle-sur-Sorgue (L')	227

J

Joux (Château de)	124

L

Lachamp-Condillac	187
Lafoux	203
Lamanou	242
La Mûre	165
Lanslebourg	46
La Roche-Pot	94
La Roche-sur-Toron	31
Lausanne	13
La Voulte	177
Léman (Lac)	11
Lons-le-Saunier	130
Lully	13
Lure	113
Lurs	233
Luxeuil	113
Lyon	49

M

Mâcon	83
Maillanne	243

INDEX ALPHABÉTIQUE

Malemort	242	Nolay	94
Mandeure	116	Nuits	98
Manosque	236	Nyon	13
Mantaille	138	Nyons	224
Marignane	269		
Marlioz	36		

O

Marsanne	187		
Marseille	271	Orange	222
Martigny	19	Orgon	242
Martigues (Les)	270	Ornans	123
Maubec	187	Oullins	76
Maurienne (La)	45		
Maussane	243		

P

Meillerie	15		
Menthon	32	Paradon (Le)	243
Mérindol	232	Pélissanne	242
Meximieux	48	Pernes	226
Milly	90	Pertuis	236
Mirabeau	236	Pesmes	108
Mirebel	130	Peyruis	233
Modane	46	Pierre-Bénite	76
Montbarrey	127	Pierrelatte	189
Montbéliard	115	Poligny	129
Mont-Benoît	125	Pontarlier	123
Mont-Dauphin	170	Pontcharra	155
Montdragon	223	Pont-de-Claix	161
Montélimart	186	Pont-en-Royans	144
Monthey	19	Pont-Saint-Esprit	189
Montigny-lez-Arsures	129	Port-Saint-Louis	267
Montmajour (Abbaye de)	260	Pousin (Le)	177
Montmaur	173	Privas	77
Montmélian	43		
Montpezat (Gravenne de)	183		

R

Montreux	15		
Mont-sous-Vaudrey	127	Reillanne	234
Morez	131	Remoulens	203
Mornas	223	Reverculoz	19
Morteau	125	Riez	234
Mouchard	128	Rions	46
Mouriès	243	Ripaille (Château de)	44
Moustiers-Sainte-Marie	235	Rives-sur-Fure	144
Moutiers	44	Roche-Cardon (La)	79
		Rochechinard	144

N

		Rochemaure	186
		Rolle	13
Nans-sous-Sainte-Anne	129	Romanèche	83
Nantua	132	Romans	142
Nimes	195	Roque-d'Autheron (La)	236

Roquefavour (Aqueduc de)	241	Martin-le-Colonel	144
Roquemaure	221	Michel	46
Rosans	173	Paul	170
Roussillon	138	Paul-Trois-Châteaux	188
Rumilly (Vallée de)	34	Pierre-d'Albigny	44
		Pierre-de-Chartreuse	157
		Point	90
		Rambert	78

S

Saillans	173	Remy	243
Saintes-Maries	266	Restitut	189
Salette (La)	165	Seine-l'Abbaye	107
Salins	128	Vallier	138
Sallanches	30	Véran	168
Salon	243		
Sassenage	152		
Sathonay	79	**T**	
Savigny	98	Tain	140
Seez	45	Tallard	173
Septmoncel	131	Tarascon	245
Serres	173	Tencin	155
Seurre	93	Thônes	32
Sévrier	32	Thonon	14
Seyssel	34	Thor (Le)	226
Sierre	21	Thorins	83
Sion	19	Tignes	45
Sisteron	233	Tour-d'Aigues (Château de la)	232
Songieu	47	Tournon	177
Suze la-Rousse	189	Tournoux	170
		Tournus	92
		Tresserve	36
Saints		Trévoux	80
Ambroix	191	Trient	25
Antoine	144		
Bonnet (Gard)	203	**U**	
Bonnet	173		
Claude	131	Uriage	152
Cyr	79	Uzès	192
Étienne-de-Saint Geoire	144		
Genis-Laval	76	**V**	
Gilles	265		
Jean-de-Losne	93	Vaison	224
Jean-de-Maurienne	45	Valais (Le)	16
Jean-du-Gard	191	Valence	140
Jean-en-Royans	144	Valgorge	184
Jean-le-Centenier	184	Vallon	184
Jorioz	32	Valréas	224
Laurent-du-Pont	145	Vals-les-Bains	133
Marcellin	144	Vaucluse	226

INDEX ALPHABÉTIQUE

Vauvenargues (Château de)	241	Villeneuve-de-Berg	184
Velleron	226	Villeneuve-lez-Avignon	219
Venasque	226	Villersexel	114
Vénox	165	Virieu (Ain)	47
Ventoux (Le)	224	Virieu (Isère)	160
Vesoul	112	Visan	223
Vevey	13	Viviers	185
Veynes	173	Vizille	161
Vienne	136	Voiron	144
Villefranche (du Rhône)	83		

TABLE DES GRAVURES

Genève...	8
Geneve. — Confluent du Rhône et de l'Arve....................................	9
Maison de Voltaire à Ferney..	17
Saint-Gingolph. — Frontière française..	19
Évian..	21
Sion..	23
Vallée de Chamonix...	26
Glacier des Bossons...	27
Paysan de la Savoie...	28
Cheminée du Brévent...	29
Saint-Gervais. — Pont du Diable...	30
Cascade près de Sallanches...	32
Annecy. — Port et château...	33
Gorges du Fier...	35
Annecy. — Entrée du pont de la Caine..	37
Le Rhône à Seyssel..	38
Lac du Bourget. — Château de Bourdeau...	39
Moulins de Grésy...	41
Abbaye de Haute-Combe...	42
Montmélian..	43
Vallée d'Albertville...	44
Saint-Jean-de-Maurienne. — Tour de l'Horloge................................	45
Clocher de la cathédrale de Saint-Jean-de-Maurienne et montagne du Grand-Chatelard...	47
Lyon. — Abside de Notre-Dame de Fourvière...................................	51
— Vue de la Saône. — Pont du Palais de Justice...................	53
— Cathédrale Saint-Jean...	55
— Manécanterie près de Saint-Jean.....................................	57
— Église d'Ainay..	59
— Place Bellecour..	61
— Statue de Jacquard...	63
— Rue de la République..	65
— Le chemin de fer à la Ficelle..	67
— Ancien pont du Collège sur le Rhône.............................	69
— Le parc de la Tête-d'Or...	73
— Pont de la Guillotière...	75
L'Ile Barbe aux environs de Lyon...	77
Bords de la Saône près de Mâcon..	81
Mâcon. — Église Saint-Vincent..	85
Maison romane à Cluny...	87

Tombeau de Lamartine. — Cimetière de Saint-Point	89
Chalon-sur-Saône	93
Hôtel-Dieu de Beaune	95
Clos-Vougeot	97
Fontaine-lez-Dijon. — Patrie de saint Bernard	99
Tour de Bar à Dijon	100
Dijon. — Ancien palais des ducs, des gouverneurs et des États de Bourgogne	103
École de droit de Dijon	104
Auxonne	105
La Saône à Gray	109
Vesoul	111
Luxeuil. — Cour de l'Abbaye	114
Château de Montbéliard	117
Ruines romaines de la Porte Noire à Besançon	119
Besançon. — Quai d'Arènes	121
Vue de Dôle	125
Villa Grévy à Mont-sous-Vaudrey	127
Lons-le-Saunier	129
Pont de Saint-Claude	131
Nantua	132
Bourg. — Église Notre-Dame	133
Église de Brou	135
Tour Sainte-Colombe et bords du Rhône à Vienne	137
Porte d'Orange à Vienne	138
Les bords du Rhône à Valence	139
Romans. — Tour de Jacquemart	142
Saint-Antoine	143
Voiron	145
Hôtel de Ville de Grenoble	147
L'Isère à Grenoble	149
Cuves de Sassenage	150
Uriage	151
La Côte Saint-André	153
L'Isère à Saint-Nazaire. — Route d'Allevard	155
Allevard. — Tour du Treuil	156
Château de Pontcharra où naquit Bayard	157
La Grande-Chartreuse	159
Halles de Crémieu	161
Château de Vizille	163
Notre-Dame de la Salette	164
Obélisque du mont Genèvre près Briançon. — Frontière franco-italienne	165
Saint-Véran, à 2070 mètres d'altitude, village le plus élevé de France	166
Porte d'Embrun	167
Barcelonnette	169
Gap	172
Gorge des Grands-Goulets	174
Vieille rue à Annonay	176

TABLE DES GRAVURES

Le Rhône à Tournon	179
Privas	181
Vals	183
Le Rhône à Viviers	185
Viviers	187
Ancien château de Montélimart	189
Uzès	192
Château de Montfaucon, près d'Uzès	193
Les Arènes de Nîmes	197
Les Thermes, ou bains de Diane, à Nîmes	199
Tour Magne, à Nîmes	201
Le pont du Gard	203
Pont Saint-Bénézet en Avignon	209
Château des Papes en Avignon	211
Villeneuve-lez-Avignon. — Abbaye de Saint-André	215
Villeneuve-lez-Avignon	217
Orange	221
Théâtre d'Orange	223
Vaison	224
Mornas	225
Fontaine de l'Ange à Carpentras	226
Porte Notre-Dame à Pernes	227
Ruines du château de Thouzon, près du Thor	228
Fontaine de Vaucluse	229
Pont Julien à Apt	230
Tour-d'Aigues	231
Digne	235
Riez	236
Aix-en-Provence. — Cathédrale	239
Arc de triomphe de Saint-Remy	245
Les Baux	247
Tarascon	248
Pont reliant Beaucaire à Tarascon	250
Beaucaire	251
Entrée d'Arles	253
Arènes d'Arles	254
Théâtre romain à Arles	255
Abbaye de Montmajour, près d'Arles	257
Barcarin, au bord du Rhône, dans la Camargue	259
Aigues-Mortes. — Remparts	261
— La tour de Constance	263
Les Saintes-Maries	264
Port-Saint-Louis du Rhône	265
La Crau du Roi. — Environs d'Aigues-Mortes	267
Étang de Berre	269
Fos	270
Les Martigues	271
Port de Bouc. — Tour servant de phare	272

Marseille. — La Cannebière	271
— Le Prado	279
— Le Vieux Port	281
— Église Saint-Victor	282
— Le palais de Longchamp	283
— Phare de Planier	284
— Notre-Dame de la Garde	285
— Château d'If	286
La Ciotat	287

TABLE DES MATIÈRES

AU PIED DES ALPES

I. — Lacs et glaciers	1
II. — Lacs et glaciers : en Savoie	25
III. — Lyon	49

LES RÉGIONS DE LA SAONE

IV. — Du Beaujolais en Bourgogne	79
V. — En Franche-Comté. — En Bresse	108

LA GRANDE VALLÉE

VI. — Le Dauphiné	136
VII. — Du Vivarais en Languedoc	175
VIII. — En Avignon	205
IX. — A travers la Provence	233
X. — Marseille	268
INDEX ALPHABÉTIQUE	289
TABLE DES GRAVURES	295

www.ingramcontent.com/pod-product-compliance
Lightning Source LLC
Chambersburg PA
CBHW071134160426
43196CB00011B/1888